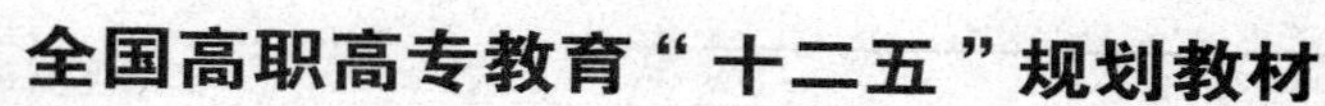
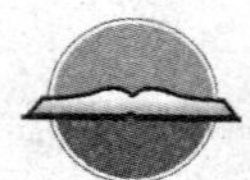

全国高职高专教育“十二五”规划教材

动物疫病综合防制技术

【畜牧兽医及相关专业使用】

张其艳
车有权 主编

中国农业科学技术出版社

图书在版编目（CIP）数据

动物疫病综合防制技术/张其艳，车有权主编．—北京：中国农业科学技术出版社，2012.8

ISBN 978-7-5116-0829-1

Ⅰ．①动…　Ⅱ．①张…②车…　Ⅲ．①兽疫—防疫　Ⅳ．①S851.3

中国版本图书馆 CIP 数据核字（2012）第046282号

责任编辑　闫庆健　李　芸
责任校对　贾晓红　郭苗苗

出版发行　中国农业科学技术出版社
　　　　　北京市中关村南大街12号　邮编：100081
电　　话　（010）82106632（编辑室）（010）82109704（发行部）
　　　　　（010）82109709（读者服务部）
传　　真　（010）82106632
网　　址　http://www.castp.cn
经 销 者　各地新华书店
印 刷 者　北京富泰印刷有限责任公司
开　　本　787mm×1092mm　1/16
印　　张　13
字　　数　321千字
版　　次　2012年8月第1版　2012年8月第1次印刷
定　　价　20.00元

《动物疫病综合防制技术》编委会

主　　编　张其艳　车有权

副 主 编　胡新岗　王彤光　包　敏

编　　委　（以姓氏笔画为序）

王彤光　（上海农林职业技术学院）

王艳丰　（河南农业职业学院）

车有权　（黑龙江农业职业技术学院）

包　敏　（辽宁医学院畜牧兽医学院）

张　磊　（黑龙江生物科技职业学院）

张其艳　（云南农业职业技术学院）

胡新岗　（江苏畜牧兽医职业技术学院）

魏冬霞　（江苏畜牧兽医职业技术学院）

主　　审　金璐娟　（黑龙江畜牧兽医职业学院）

前言

为适应我国快速发展的畜牧兽医事业对高职高专教育的要求，根据教育部《关于加强高职高专教育人才培养工作的意见》《关于全面提高高等职业教育教学质量的若干意见》和《关于加强高职高专教育教材建设的若干意见》精神，编者于2008年11月正式开始了《动物疫病综合防制技术》教材的编写。

《动物疫病综合防制技术》编写的指导思想：以《中华人民共和国动物防疫法》和相关的《条例》《规程》《标准》为依据，紧密结合养殖业生产第一线对动物疫病防制的实际需要，以培养高素质、高技能畜牧兽医专门人才为目的，突出教材的思想性、科学性、先进性和实用性。

《动物疫病综合防制技术》编写的原则：突出“以养代防、预防为主、防重于治”的现代动物疫病综合防制概念；强调动物疫病综合防制技术的整体性、系统性和各项技术措施的相关性；注重从动物疫病的“总体防制”上，而不是从疫病的“个体防治”上编写。充分讲述相关专业所需动物疫病综合防制技术的基本概念和知识，对相关的新技术、发展现状和趋势作补充。主编对部分内容和结构进行了调整，对偏离编写原则的许多内容作了删除重写。

目前，我国动物疫病主要发生和流行于农村养殖户、规模化、集约化养殖场，也是防制的重点和薄弱环节，而畜牧兽医专业学生今后有相当部分就业于基层和养殖生产一线。本教材的中心内容就是怎样在基层或养殖场实施动物疫病综合防制技术；综合防制技术包括的主要具体措施、操作的程序和方法、影响因素和应对办法等；同时，涉及政府、各级兽医行政主管部门和国家技术业务部门的行政行为和监管职责。本书可作为相关专业的教材和基层畜牧兽医工作者、各种规模养殖场动物疫病防制参考用书。

本教材编写中，得到了云南省动物疫病预防控制中心一些长期从事疫病防制和扑灭工作的专家悉心指导，黑龙江畜牧兽医职业学院金璐娟教授对稿件做了认真审阅，为保证本书的质量提供了大力支持，在此表示诚挚的感谢！

由于编者的水平有限，时间也较仓促，教材中尚存在缺点和不足，恳请批评指正。

编　者

2012 年 6 月

目　　录

第一章　概　论

第一节　动物疫病概论

一、动物疫病的概念

动物疫病是由某些特定病原体引起的动物疫病，包括由致病性的细菌、病毒、真菌、螺旋体、霉形体、衣原体、立克次氏体、放线菌等微生物感染动物而引起的传染病和由病原性蠕虫（吸虫、绦虫、线虫、棘头虫）、原虫（鞭毛虫、梨形虫、孢子虫、纤毛虫）、节肢动物（主要为部分蜱、螨、虱、蝇蛆等）感染或侵袭动物而引起的寄生虫病。它们属于两门独立的学科，均属于预防兽医学的主要内容。动物疫病的流行是疫病在动物群体中发生、发展和终止的过程，一般表现为从动物个体临床感染发病到群体感染发病。

动物疫病的发生和发展，必须具备三个要素：即病原（感染来源）、传播途径（感染途径）和易感动物，其中任何一个环节的自然或人为阻断，都能使动物疫病的发生和流行过程中断或停止。

（一）传染或感染来源

传染或感染来源是指动物体内有某种病原微生物寄居、生长、繁殖，并能排出体外的动物个体或群体。包括受感染的临床患病动物和隐性病原携带者。

1. 患病动物　发病动物是最重要的传染来源。不同病程阶段的动物，作为传染来源的意义也不相同。患病动物能排出病原体的整个时期称为传播期。处于发病前驱期和症状明显期的发病动物，病原体排出量极大，致病力较强，作为病原感染的作用也较大；处于潜伏期和转归期的发病动物是否具有病原感染作用，在不同病种间存在明显差异。各种动物疫病的隔离期一般都根据传播期的长短来确定。为了控制病原，对患病动物的隔离时限，原则上要到传播终结为止。

2. 病原携带者　是指没有可见临床症状表现，但能携带并排出病原体的隐性感染动物，是疫病反复发生，难以根除的更具危险性的病原动物，也称为带菌动物、带毒动物、带虫动物等。一般分为潜伏期病原携带动物、恢复期病原携带动物和健康病原携带动物。

（1）潜伏期病原携带动物：是指被病原感染后至临床症状出现前即能排出病原体的动物。这一阶段的前期，多数感染动物的病原体数量相对较少，毒力较弱，同时一般不具备排出的条件，因此作为病原的意义较有限。但部分传染病如猪瘟、口蹄疫等，它们在潜伏期的中、后期也能够排出致病病原，这是部分动物传染病在有临床发病动物前一周或更长时间内，与发病动物同圈、同舍或有接触史的其他易感动物，都需实施隔离观察或进行药物预防的原因。

（2）恢复期病原携带者：是指在临床症状消失后仍能排出病原体的动物。一般而言，该时期的传染性已逐渐减少或已无传染性。但有些病种除外，大多数易转为慢性的传染病，如猪气喘病、布鲁氏菌病、结核病等，或转归为带虫免疫状态的动物寄生原虫病，如梨形虫病、球虫病等。

（3）健康病原携带者：是指过去没有在临床上患过某种疫病，但能排出该种病原体的动物，多为隐性感染动物。某些疫病，如沙门氏菌病、嗜血杆菌病和巴氏杆菌病等病的健康病原携带动物数量较多，可成为重要的传染源。

某些传染病病原携带者存在间歇性排出病原体的现象，因此需反复多次对其进行病原学检查，检查结果均为阴性时，才可排除其病原携带状态。在非疫区，防止引入主要疫病的病原携带动物，在防疫上意义重大。

与动物传染病不同，寄生虫病发生的首要条件是周围环境中存在处于感染阶段的寄生虫，或已被寄生虫感染性幼虫或虫卵感染的各种载体。包括寄生虫、患病动物、带虫动物；被寄生虫感染的中间宿主、补充宿主、贮藏宿主和保虫宿主；生物传播媒介等。

（二）传播或感染途径

传播或感染途径是指病原体经过一定的方式侵入易感动物所经的途径。明确传播途径的意义在于切断病原体继续传播的途径，保护易感动物不受感染，是防制动物疫病的重要环节之一。

传染病的传播途径可分为水平传播和垂直传播两大类。

1. 水平传播 指动物疫病在群体之间或个体之间以水平形式横向平行传播。在传播方式上分为直接接触传播和间接接触传播。

（1）直接接触传播：是指在没有任何外界因素的参与下，病原体通过已被感染动物与易感动物直接接触而引起的传播方式，如交配、舔咬等。马媾疫、狂犬病、细小病毒病和破伤风等疫病最具代表性。

（2）间接接触传播：是指在外界环境因素参与下，病原体通过传播媒介使易感动物发生感染的方式，包括经被病原污染的饲料或饮水、空气、土壤、生物媒介等传播，是大多数动物疫病的主要传播方式。

2. 垂直传播 是母子之间的传播，包括经胎盘传播、产道传播和经卵传播。

（1）经胎盘传播：已经被感染疫病的妊娠动物经胎盘将病原体传播感染到胎儿称为胎盘感染。可以经胎盘感染的有猪瘟、猪细小病毒病、伪狂犬病、钩端螺旋体病、弓形体病等。

（2）经产道传播：病原体经妊娠动物阴道通过子宫颈口到达绒毛膜或胎盘引起胎儿感染；或胎儿从无菌的羊膜腔穿出，暴露于严重污染的产道时，胎儿经皮肤、呼吸道、消化道感染母体携带的病原体，均为产道传播。可经产道传播的病原体有大肠杆菌、葡萄球菌、链球菌、沙门氏菌和疱疹病毒等。

（3）经卵传播：卵细胞携带有病原体，在发育时期使胚胎期动物受到感染称为经卵传播。这一传播方式主要见于禽类。可经卵传播的病原体有鸡白痢、禽白血病、鸡传染性贫血、禽脑脊髓炎等。

寄生虫病有3种感染方式：通过宿主直接吞食感染期虫卵、幼虫、卵囊和中间宿主；中间宿主或生物媒介直接侵入和感染性幼虫主动侵入，经口、皮肤、黏膜和胎盘感染宿主；有的寄生虫可以使宿主自身感染，如感染猪带绦虫的人，由于肠管发生逆蠕动，使孕卵节片进入胃内，六钩蚴脱壳逸出又回到肠道而重复感染。

（三）易感动物

易感动物是指动物机体对某一种病原没有免疫力或抵抗力，或对某种传染病病原体感受性的大小和程度不一，或寄生虫对宿主的专一性的动物。动物对病原易感性的大小与动物的内在因素（如年龄、性别、品种、遗传等）、动物的外在因素（如饲养管理、营养状况、环境条件等）和动物已被动或主动获得的对病原体的特异性免疫状态有关。

总之，动物疫病能否发生，甚至造成流行，除必须具备有关联性的三要素外，还与病原体的致病力、毒力、结构、代谢产物、毒株和血清型等因素有关；与动物感染病原体的数量和侵入途径也密切相关。在疫病发生过程中，病原体是疫病发生的条件，动物机体的状况是变化的根据，病原需通过动物机体发生作用。外界环境因素能对动物的抵抗力或易感性产生影响，也同时影响病原体的生存繁殖能力和致病力。了解动物疫病发生的条件和相互关系，对于正确的认识和实施综合防制措施，及时控制疫病的发生发展，净化和消灭动物疫病都具有重要意义。

二、动物疫病分类

（一）按病原体分类

按病原体分类可把传染病分为病毒病、细菌病、真菌病、霉形体病、衣原体病、螺旋体病、放线菌病、立克次氏体病等，其中除病毒病外，由其他病原体引起的疫病习惯上统称为细菌性传染病。按寄生虫的种类可把寄生虫病分为蠕虫病、昆虫病、原虫病，统称为动物寄生虫病。

（二）按流行环节分类

1. 按传播方式分类

（1）水平传播疫病：如口蹄疫、猪瘟、牛瘟、鸡新城疫、牛结核病、炭疽等。

（2）垂直传播疫病：如猪瘟、猪细小病毒病、伪狂犬病、牛病毒性腹泻/黏膜病、蓝舌病、禽白血病、鸡产蛋下降综合征、布鲁氏菌病、钩端螺旋体病、弓形虫病等。

2. 按传播途径分类

（1）呼吸道疫病：如牛肺结核病、牛传染性胸膜肺炎、牛传染性鼻气管炎、猪支原体肺炎、猪传染性萎缩性鼻炎等。

（2）消化道疫病：如猪传染性胃肠炎、猪副伤寒、猪痢疾、球虫病等。

（3）虫媒性疫病：如动物流行性乙型脑炎、炭疽、马传染性贫血、牛梨形虫病、牛锥虫病等。

（4）自然疫源性疫病：如伪狂犬病、狂犬病、流行性乙型脑炎、非洲猪瘟、布鲁氏菌病、钩端螺旋体病等。

（5）血源性疫病：如日本血吸虫病、日本乙型脑炎、丝虫病等。

（6）体表疫病和生殖道疫病：如猪乙型脑炎、猪细小病毒病、猪繁殖与呼吸综合征、布鲁氏菌病、马媾疫、螨病等。

（7）多途径传播疫病：如猪瘟、鸡新城疫、禽流感、口蹄疫、鸡白痢、牛出血性败血病等。

3. 按易感动物分类

（1）多种动物共患病：是不同种的动物，包括人在内均有可能感染的疫病。如口蹄疫、炭疽、流行性乙型脑炎、肝片吸虫病、日本血吸虫病等。

(2) 猪疫病：指只感染猪的疫病，如猪瘟、猪水疱病、猪传染性萎缩性鼻炎、猪霉形体肺炎等。

(3) 牛疫病：指只感染牛的疫病，如牛瘟、牛传染性胸膜肺炎、牛海绵状病、牛传染性鼻气管炎、牛恶性卡他热、牛白血病等。

(4) 羊疫病：指只感染羊的疫病，如痒病、绵羊痘和山羊痘、山羊关节炎脑炎、梅迪–维那斯病等。

(5) 禽疫病：指只感染禽类动物的疫病，如新城疫、小鹅瘟、鸡传染性法氏囊病、鸡马立克氏病、鸭瘟、禽白血病等。

(6) 马疫病：指只感染马或马属动物的疫病，如非洲马瘟、马传染性贫血、流行性淋巴管炎、鼻疽、马巴贝斯梨形虫病等。

(7) 兔疫病：指只感染兔的疫病，如兔病毒性出血病、兔黏液瘤病、野兔热、兔球虫病等。

(8) 其他动物疫病：如蜜蜂的美洲幼虫腐臭病、水生动物的鲤春病毒血症等。

(三) 按防控地位分类

《中华人民共和国动物防疫法》，根据动物疫病对养殖业生产和人类健康的危害程度，将动物疫病分为下列三类：

1. 一类疫病 是指对人与动物危害严重，需要采取紧急、严厉的强制预防、控制、扑灭措施的动物疫病。它包括口蹄疫、猪水疱病、猪瘟、非洲猪瘟、非洲马瘟、牛瘟、牛传染性胸膜肺炎、牛海绵状脑病、痒病、蓝舌病、小反刍兽疫、绵羊痘和山羊痘、禽流行性感冒（高致病性禽流感）、鸡新城疫，猪高致病性蓝耳病。

2. 二类疫病 是指可能造成重大经济损失，需要采取严格控制、扑灭措施，防止扩散的动物疫病。它包括：

多种动物共患病：伪狂犬病、狂犬病、炭疽、魏氏梭菌病、副结核病、布鲁氏菌病、弓形虫病、棘球蚴病、钩端螺旋体病。

牛病：牛传染性鼻气管炎、牛恶性卡他热、牛白血病、牛出血性败血病、牛结核病、牛焦虫病、牛锥虫病、日本血吸虫病。

绵羊和山羊病：山羊关节炎脑炎、梅迪–维斯那病。

猪病：猪乙型脑炎、猪细小病毒病、猪繁殖与呼吸综合征、猪丹毒、猪肺疫、猪链球菌病、猪传染性萎缩性鼻炎、猪支原体肺炎、旋毛虫病、猪囊尾蚴病。

马病：马传染性贫血、马流行性淋巴管炎、马鼻疽、巴贝斯焦虫病、伊氏锥虫病。

禽病：鸡传染性喉气管炎、鸡传染性支气管炎、鸡传染性法氏囊病、鸡马立克氏病、鸡产蛋下降综合征、禽白血病、禽痘、鸭瘟、鸭病毒性肝炎、小鹅瘟、禽霍乱、鸡白痢、鸡败血支原体感染、鸡球虫病。

兔病：兔病毒性出血病、兔黏液瘤病、野兔热、兔球虫病。

水生动物病：病毒性出血性败血病、鲤春病毒血症、对虾杆状病毒病。

蜜蜂病：美洲幼虫腐臭病、欧洲幼虫腐臭病、蜜蜂孢子虫病、蜜蜂螨病、大蜂螨病、白垩病。

3. 三类疫病 是指常见多发、可能造成重大经济损失，需要控制和净化的。其中：

多种动物共患病：黑腿病、李氏杆菌病、类鼻疽、放线菌病、肝片吸虫病、丝虫病。

牛病：牛流行热、牛病毒性腹泻/黏膜病、牛生殖道弯曲杆菌病、毛滴虫病、牛皮蝇蛆病。

绵羊和山羊病：肺腺瘤病、绵羊地方性流产、传染性脓疱皮炎、腐蹄病、传染性眼炎、肠毒血症、干酪性淋巴结炎、绵羊疥癣。

马病：马流行性感冒、马腺疫、马鼻腔肺炎、溃疡性淋巴管炎、马媾疫。

猪病：猪传染性胃肠炎、猪副伤寒、猪密螺旋体痢疾。

禽病：鸡病毒性关节炎、禽传染性脑脊髓炎、传染性鼻炎、禽结核病、禽伤寒。

鱼病：鱼传染性造血器官坏死、鱼鳃霉病。

其他动物病：水貂阿留申病、水貂病毒性肠炎、鹿茸真菌病、蚕型多角体病、蚕白僵病、犬瘟热、利什曼原虫病。

另外，世界动物卫生组织（OIE）根据动物疫病在世界上的防控地位，将一些动物疫病分为A类和B类，具体病种与国内分类有一定的区别。

A类疫病（有14种）是指超越国界、具有快速传播能力、能引起严重社会经济或公共卫生后果，并对动物和动物产品的贸易具有重大影响的疫病。包括口蹄疫、水疱性口炎、牛瘟、小反刍兽疫、牛传染性胸膜肺炎、疙瘩皮肤病、裂谷热、蓝舌病、绵羊痘和山羊痘、非洲马瘟、非洲猪瘟、古典猪瘟、新城疫、高致病性禽流感。

B类疫病（有86种）是指在国内对社会经济或公共卫生具有明显的影响，并对动物和动物产品的贸易有很大影响的疫病。包括如下几种：

多种动物共患病：炭疽、伪狂犬病、棘球蚴病、钩端螺旋体病、狂犬病、副结核病、心水病、新大陆螺旋蝇蛆病和旧大陆螺旋蝇蛆病、Q热。

牛病：牛边虫病、布鲁氏菌病、生殖道弯曲杆菌病、牛结核病、地方流行性牛白血病、传染性鼻气管炎、传染性脓疱阴户阴道炎、毛滴虫病、牛巴贝斯梨形虫病、牛囊尾蚴病、嗜皮菌病、泰勒梨形虫病、出血性败血病、牛海绵状脑病、锥虫病、恶性卡他热。

绵羊和山羊病：绵羊附睾炎（绵羊种布鲁氏菌）、山羊和绵羊布鲁氏菌病（不包括绵羊种布鲁氏菌）、接触传染性无乳症、山羊关节炎－脑炎、梅迪－维斯那病、山羊传染性胸膜肺炎、母羊地方性流产（绵羊衣原体病）、痒病。

马病：马传染性子宫炎、马媾疫、马脑脊髓炎（东方和西方）、马传染性贫血、马流行性感冒、马巴贝斯虫病、马鼻肺炎、马鼻疽、马痘、马病毒性动脉炎、马螨病、委内瑞拉马脑脊髓炎、流行性淋巴管炎、日本乙型脑炎。

猪病：猪萎缩性鼻炎、猪布鲁氏菌病、猪病毒性脑脊髓炎、猪囊尾蚴、猪繁殖与呼吸综合障碍征、传染性胃肠炎、旋毛虫病。

禽病：传染性法氏囊病（甘布罗病）、马立克氏病、禽支原体病（鸡败血支原体）、禽衣原体病、鸡伤寒和鸡白痢、禽传染性支气管炎、禽传染性喉气管炎、禽结核病、鸭病毒性肝炎、鸭病毒性肠炎、禽霍乱。

兔病：黏液瘤病、土拉杆菌病、兔出血病。

蜂病：蜂螨病、美洲幼虫腐臭病、欧洲幼虫腐臭病、蜂孢子虫病、瓦螨病。

其他动物病：利什曼原虫病。

（四）按感染类型分类

1. 内源性疫病 在动物机体正常情况下，已感染病原体对该动物不表现其病原性。但由于某些不良因素致使动物机体抵抗力下降时，病原体被活化，大量繁殖，毒力增强从而引起动物机体发病，又称为条件性疫病。如鸡白痢、禽伤寒、大肠杆菌病、巴氏杆菌病等。

2. 外源性疫病 病原微生物或寄生虫从体外侵入动物机体而引起的疫病。大多数动物疫病属于此类，如猪瘟、鸡新城疫、禽流感等。

三、动物疫病流行特征

（一）突发性

某些动物疫病具有突然发生、传染传播能力强、速度快、蔓延面积广，发病率或死亡率较高，社会危害大的特性。如口蹄疫、高致病性禽流感等重大动物疫病就具有此特性，是由该类疫病的流行病学特性等因素决定的。疫病的突发性多见于非疫区新传入的疫病；病原体的毒型、血清型发生变异，动物原有的免疫力不能抵御；外来动物批量调入自然疫源地区等都存在突发性疫病的可能。

（二）群发性

由于动物疫病均具有传染性，许多动物疫病的发生都有群体性发病的特征。当发生突发性疫病时，因传播能力强、传播范围广、发病率高，往往在短时间内，一定数量的动物群中大批动物发病，即为群发性。另外，由于气候骤变，长途运输的应激状态，饲养管理或饲养条件突变等，也可造成条件性疫病的群体发病。在大群放牧的同样条件下，牛、羊消化道线虫的春季感染高潮中，也可见羔羊、犊牛，甚至成年牛、羊的群发性消化道线虫病等。

（三）区域性

区域性又称地方性流行，是指在一定地域内或动物群中，发病数量较多，但疫病流行范围较小，具有明显的地域性和局限性。形成这种特性的因素主要是由某些病原微生物学特性和动物种群的分布、疫病性质、寄生虫的区系分布和发育类型、自然条件和社会因素等综合原因造成的。如猪气喘病、猪丹毒、炭疽等均为地方性流行疫病。区域性疫病往往和自然疫源地、疫源地的分布密切相关。

疫源地：是指传染源及其所排出病原体污染的地区。除包括传染源外，还包括被污染的物体、房舍、活动场所以及这个范围内所有可能被污染的可疑动物和贮存宿主等。许多环境卫生条件恶劣的养殖场极易形成疫源地，使某些动物疫病反复发生，常年不断。

自然疫源地：指自然疫源性疫病存在的地区。该地区的自然条件，既能保证动物（包括节肢动物）传染源的存在，又能保证病原体在传播媒介和易感动物中长期存在并循环，当人或家养易感动物进入这一生态环境，就可能被病原感染，这种感染称为自然疫源性疫病，如钩端螺旋体病、日本乙型脑炎等。这种自然疫源性疫病除有明显地方性外，一般还有明显的季节性。

（四）季节性

某些动物疫病经常发生在一定的季节，或在一定季节内出现发病率明显升高的现象。多数寄生虫要在外界环境中完成某些发育阶段，因此，气温、降水量、中间宿主发育等条件的季节性变化，使寄生虫的体外发育和对动物的感染时机也具有明显的季节性。

动物疫病流行的季节性分为3种情况。

1. 严格季节性 指某种动物疫病只集中在一年当中的几个月份发生，其他月份几乎没有发病的现象。动物疫病流行的严格季节性与这些疫病的传播媒介活动性有关。如日本乙型脑炎只流行于每年的7～9月，鸡球虫病在自然条件下多发生于夏季6～8月，血吸虫病、猪丹毒、消化道线虫等病多发生于夏季或雨季。

2. 有一定季节性 指某些疫病一年四季均可发生，但在一定季节内发病率明显升高的现象。主要是由于季节变化能够直接影响病原体在外界环境中的存活时间、动物机体的抗病能力以及传播媒介或宿主的活动性。如传染性胃肠炎、猪气喘病、鸡支原体感染、钩端螺旋体病、流感、口蹄疫等。

3. 无季节性 指一年四季都有病例出现，并且无显著性差异的疫病流行现象。如结核病、马鼻疽、新城疫、猪瘟等。

（五）周期性

经过一个相对规律的时间（常以数年计）间隔后，某些动物疫病可以再次发生流行是为周期性。如口蹄疫、牛流行热等。牛、马等大动物的某些疫病的周期性比较明显，大动物每年群体更新比例不大，几年后易感个体的数量才可以达到再度引起流行的比例，因此呈现周期性流行的特点；而繁殖率高、群体更新较快的猪和禽等动物的疫病，则很少出现周期性流行的现象。

（六）流行形式多样化

在动物疫病的流行过程中，根据一定时间内动物发病率的高低和传播范围的大小（即流行强度），可区分为四种表现形式：散发、流行、大流行的暴发。流行形式的界定是相对的，可以随影响流行的各种条件变化和防制措施的采取程度而发生改变。

1. 散发 发病数量不多，在一个较长时间段内只有个别病例的零星发生，而且各个病例在发病时间和地点上没有明显的联系，称为散发。散发主要是由于动物群对某种疫病的免疫水平相对较高；某种疫病通常以隐性感染比例较高的形式出现；某种疫病（如破伤风）的传播需要特定的条件等。

2. 流行 是指在一定时间和较广范围内，动物群体出现比寻常为多的病例，疫病发生频率较高。

3. 大流行 某种动物疫病在一定时间内迅速蔓延扩散，发病数量大，流行的范围可达几个省甚至全国或几个国家，如禽流感、口蹄疫等。

4. 暴发 是指某种动物疫病在局部范围的一定动物群中，短期内突然出现很多病例的现象。暴发是流行的一种特殊形式。

四、动物疫病危害

动物疫病严重危害养殖业生产。它不仅会造成动物大批死亡和动物产品的损失，影响人类的生活需要，而且某些人畜共患病还会给人类健康带来严重的威胁，动物疫病的防制对公共卫生和食品安全也具有重要意义。

（一）导致养殖动物死亡率升高，直接经济损失严重

近年来，随着畜牧业的快速发展，动物饲养规模的扩大，高密度集约化的饲养方式和

调运频繁，兽医卫生监督和防疫工作发展不平衡，相关法规滞后或不落实等，使养殖动物更容易发生流行性、群发性疫病。我国动物疫病一直比较复杂，疫病种类多，疫情不断，流行广泛，危害严重，近十几年来又呈现出“旧病未除，新病又发”的严峻局面，使我国畜牧业发展经常遭遇动物疫病的冲击，造成严重损失。据相关资料统计，目前，我国猪、牛、羊、禽的死亡率分别达8%、1%、4%和18%，是发达国家动物死亡率的3～5倍，多数死亡为动物疫病所致。每年因发病死亡造成的直接经济损失高达260亿～300亿元，相当于畜牧业总产值的2.5%～3.1%。

（二）造成动物生产性能和畜产品品质下降，间接损失严重

动物疫病发生后，除可直接导致死亡外，还可造成动物生长发育受阻，如仔猪患蛔虫病后，其生长速度比正常仔猪低30%；动物群体生产性能减退，畜产品质量降低，如禽类的产蛋率下降、乳牛的产奶量下降、羊毛和兔毛的产量和质量都下降等；动物饲料消耗增加、人工浪费、防治费用等养殖成本增加，环境损害及相关产业的经济损失更加巨大，约为动物发病死亡造成的直接经济损失的3～5倍。国际范围来看情况也不容乐观，2001年仅英国暴发的口蹄疫就给英国造成直接和间接经济损失达200亿英磅，相当于国内生产总值的2.5%；2003年5月20日加拿大发现第一例疯牛病后，使阿尔伯特省每年40亿加元（相当于30亿美元）的养牛业遭受灭顶之灾；2003年底到2004年初，高致病性禽流感席卷亚洲大部分国家和地区，使得全球几十亿美元的鸡产品市场和贸易受到严重冲击。据联合国粮农组织统计，2004年，由于动物疫病的流行，影响了全球1/3肉类产品、约600×10^4t的贸易，相对于全球330亿美元的肉类和活畜贸易而言（不含欧盟内部贸易），贸易额损失保守估计将达100亿美元。

（三）影响动物及畜产品国际贸易

在国际市场上，动物疫病已成为制约我国畜产品扩大出口的主要障碍。这些年来，我国出口畜产品具有较为明显的价格优势，出口潜力较大。但这种潜力却未能很好的发挥，其中最突出的就是兽医卫生质量问题。主要进口国都认为我国是多种动物疫病的疫区，由于疫病的问题，从1994年以来，我国的猪肉、牛肉几乎不能进入美国市场；欧盟至今禁止进口我国的猪肉、牛肉和禽产品；近邻的日本和韩国宁可花高价从其他国家购买，也不从我国进口偶蹄动物产品；俄罗斯因对我国畜产品卫生质量不信任，进口配额远远低于其他国家。我国出口的动物源性食品常因动物疫病问题而被退货、销毁甚至封关，使我国动物和畜产品难以进入国际市场，价格低廉的竞争优势已基本丧失。由于动物疫病问题，使得国外市场对我国的动物和畜产品陷入“禁令、解除”，“再禁令、再解除”的循环当中，严重影响了我国畜产品的出口和国内生产。据有关资料，2002年我国冻肉鸡出口量减少81 877t，出口额减少18 955万美元，使国内105万人的就业受到影响，养鸡农户至少损失纯收入2亿多元。

（四）严重威胁人类的健康

动物疫病在直接影响畜牧业生产的同时，还日益严重的影响着人类的健康。许多人畜共患传染病、寄生虫病的发生、流行和死亡，造成一些国家和地区人们的高度恐慌。目前，全球已知的200多种动物传染病和150多种寄生虫病中，有200多种会或可能会感染给人。1997年香港暴发禽流感并造成6人感染死亡；2005年四川资阳204人感染猪2型链球菌病，38人死亡；1998年马来西亚猪群发生尼帕病毒病，有257人感染，100多人死

亡；近年来欧州发生的“疯牛病”（牛海绵状脑病），人摄食被污染的牛肉后可能感染致死性病的新型克雅氏症，死亡人数至少125人以上，死亡率高达100%；在国内，狂犬病、结核病、日本血吸虫病、布鲁氏菌病、禽流感等严重人畜共患病仍呈上升态势。同时，由于在临床防治动物疫病时，大量盲目使用或混用抗生素，又带来一系列新的问题：如病原体产生耐药性，一些本来治疗效果好的药物，只用一两年效果就大大下降，产生耐药性的周期越来越短；具有耐药性的人畜共患病病原在感染人后，同样因耐药性而使许多人类疾病的治疗难度大大上升；由于过量使用药物防治动物疫病及在饲料中违规添加禁用药物、激素等，使畜产品的药物、激素残留，也越来越严重的影响人类健康，儿童性早熟、成人性别变异、肥胖、食源性中毒、癌症等疑难病的发病率日趋上升。另外，大肠杆菌、沙门氏菌、弯曲杆菌等引起的食源性疾病，也日益成为人们特别关注的食品安全问题。

五、动物疫病发展趋势

（一）我国动物疫病防制的历史成就

自1949年以来，党和政府十分重视动物疫病的防治和研究，组织力量于1949～1955年，仅在6年时间内即在全国范围内消灭了猖獗流行、蔓延成灾的牛瘟，1996年消灭了牛肺疫。至今，一些主要动物疫病如猪肺疫、炭疽、马传染性贫血、气肿疽、蓝舌病、鼻疽、羊痘、猪瘟、猪丹毒和鸡新城疫等病均已得到有效控制。对人畜共患的布鲁氏菌病、结核病、狂犬病以及其他动物疫病的防制也取得了很好的效果。我国还在世界上首先确诊了小鹅瘟、兔病毒性出血症等疫病，研究成功了马传染性贫血、口蹄疫、禽流感、猪繁殖与呼吸综合征、圆环病毒病、鸡的J型白血病、鸡法氏囊病、布鲁氏菌病、牛白血病、牛黏膜病和牛鼻气管炎等数十种动物疫病的特异诊断方法。动物疫病的变态反应诊断法，平板、试管、微量凝集试验，红细胞凝集抑制试验，间接红细胞凝集试验，免疫琼脂扩散试验，免疫电泳试验，荧光抗体技术和酶联免疫吸附试验等特异性诊断方法已得到广泛应用，单克隆抗体和核酸探针等诊断新技术的研究亦已获得重大成果，仅2005～2007年就新增口蹄疫、禽流感快速诊断试剂盒8种，提高了一些疑难疫病和重大动物疫病的确诊率和检出率。

我国创制了具有世界先进水平的牛痘兔化、绵羊化、山羊化弱毒疫苗，猪瘟兔化弱毒疫苗，牛肺疫兔化、绵羊化弱毒菌苗，布鲁氏菌羊型5号、猪型2号弱毒菌苗，马传染性贫血弱毒疫苗、猪传染性繁殖障碍综合征类疾病疫苗、猪传染性腹泻疫苗、鸡马立克病疫苗、鸡传染性喉气管炎弱毒疫苗、鸡传染性支气管炎灭活疫苗、鸡传染性鼻炎灭活疫苗和鸭瘟弱毒疫苗等，对有效防制这些疫病起到了重要作用，为畜牧业的健康发展作出了重要贡献。猪、禽发病死亡率从20世纪70年代的12%和20%降为90年代的8%和18%。针对重大动物疫病和新发疫病防制需要，仅2005～2007年国内又新增基因工程苗、弱毒活疫苗、二联或三联弱毒活疫苗和灭活苗39种，为我国改革开放以来畜牧业生产突飞猛进的发展、跃居世界畜牧业生产大国提供了可靠的保障。

我国在寄生虫病的研究和防治方面也取得了显著的进展。在寄生虫的分类和区系分布方面做了许多工作，提供了大量的基础资料。在区系分类基本明确的基础上，对一些危害严重的寄生虫病的生活史与流行病学进行了大量深入细致的研究工作。如对日本血吸虫病、利什曼原虫病、猪囊尾蚴、猪姜片吸虫病、猪冠尾线虫病、牛羊消化道线虫病、肝片吸虫病、伊氏锥虫病、螨病和梨形虫病等寄生虫病的生活史、地理分布、季节动态、传播方式、媒介与中间宿主的生物学特性以及感染途径等进行了详细的研究。对一些寄生虫病已研制成功或广泛应用了敏感、特异性强、应用简便的免疫诊断方法。新型低毒、高效、广谱的抗原虫药、抗绦虫药、抗线虫药和杀蜱螨药都有研制和生产，已基本步入国际先进行列。牛环形泰勒梨形虫裂殖体胶冻细胞苗已在流行区广泛应用，弓形虫苗、球虫苗和旋毛虫苗等已基本研制成功并投入应用。近年来，我国在动物寄生病研究中引入分子生物学技术，核酸探针、基因重组技术已被用于锥虫病、利氏曼原虫病和旋毛虫病等的病原鉴定、实验研究和疫苗研制当中。充分表明我国在动物寄生虫及寄生虫病的防制研究上又进入了一个新阶段。

我国动物疫病防制研究虽然已取得了巨大的成就，但还远不能适应养殖业快速发展的需要，与动物疫病的发生现状、发展趋势和防制要求尚有较大差距。

（二）动物疫病的现状

1. 国际动物疫病流行动态和特点

（1）重大动物疫病频繁发生，影响深远，且有流行扩大趋势：口蹄疫（FMD）仍在全球范围内大面积流行，使养殖业、旅游业乃至世界经济受到重创。近几年来，英、法、德等国的疫情比较严重，而且南美、东南亚、欧洲等传统口蹄疫流行区以外的地区也开始受到侵袭。

疯牛病（BSE，即牛海绵状脑病），自1985年发现于英国以来，短短十几年时间，已成为令全球恐慌的重要动物疫病。除英国外，疯牛病在法国、德国、爱尔兰、西班牙、意大利等国家再次发生，尤其在欧盟疯牛病持续不断，令人担忧。近年来在阿根廷、阿曼、泰国也有零星病例出现。

禽流感（AI）自1878年出现以来，仅高致病性禽流感就已有多次全球性流行，而且每次都是灾难性的。现在禽流感已经遍及五大洲，发病率在增高，流行区域在扩大，人的感染死亡数不断增加。

猪瘟（CSF）是危害全球养猪业最严重的疫病之一，现在仍呈世界性分布，在亚洲等地仍很严重。但随着众多国家启动扑灭计划，流行区域有所减少，特别是欧洲广泛应用中国兔化弱毒疫苗，曾经一度很好地控制了猪瘟。目前，澳洲、北美、北欧、英国、冰岛等国家和地区已无猪瘟。但值得注意的是，在一些消灭了猪瘟的国家中，也有突然暴发猪瘟的报道。近年来，野生动物的猪瘟引起了人们的关注。猪瘟低毒力野毒株的存在和持续性的普遍感染，导致温和型猪瘟、繁殖障碍型猪瘟在世界范围内广泛流行，极大地增加了控制猪瘟的难度。

（2）猪繁殖障碍型疫病种类逐渐增多，对全球养猪业的危害日益严重：猪繁殖呼吸道综合征（PRRS），自1987年美国报道以来的10年期间，传入并流行于世界大多数国家猪群中，近几年在欧洲、北美、亚洲等地十分猖獗，成为导致母猪繁殖障碍的“第一杀手”。猪细小病毒感染在世界各地猪群中广泛存在，生猪主产区的大多数猪场呈地方性流行，几乎没有母猪免于感染。繁殖障碍型猪瘟也越来越普遍，成为严重危害种猪繁育的主要疾病之一。此外，近年来猪流感病毒（SIV）、脑心肌炎病毒（EMC）、猪肠道病毒和曼南格尔病毒等造成的繁殖障碍正在引起人们的注意。

（3）呼吸系统疫病在全世界普遍存在，是经济意义非常重要且难以根除的疫病：猪喘气病又称地方流行性肺炎（MPS），分布全球，在各个养猪国家和地区仍然呈地方性流行，是最常发生和经济意义最重要的猪病之一。近几年来，该病出现了一些新情况，即猪肺炎支原体常常与 PRRSV、SIV 等其他病原混合感染，导致所谓猪呼吸疾病复合感染综合征（PRDC）。随着 PRRS 的流行越来越广，其对仔猪呼吸系统的致病性也越来越常见，而且常与其他病原混合感染，使疫病日趋复杂化。猪传染性胸膜肺炎近年来引起关注，在欧洲、中北美洲、澳洲等地都曾暴发过，各地流行菌株的血清型越来越多，而且各不相同，很难控制，在澳大利亚已是头号猪病，在我国流行也日益严重。猪流感（SIV）遍及六大洲并仍在不断扩散，近年主要流行 H1、H3、H4、H9 等不同亚型的毒株，值得注意的是该病常以亚临床形式存在并激发其他呼吸道感染，而且在香港还出现人感染的病例。猪传染性萎缩性鼻炎在养猪业发达国家广泛分布。

（4）*传染性腹泻仍是集约化养殖业，特别是养猪业的重要疫病*：主要有猪传染性胃肠炎（TGE）、流行性腹泻（PED）、猪痢疾（SD）、轮状病毒感染（RV）、大肠杆菌病、牛病毒性腹泻（BVD）、魏氏梭菌病等。在猪群密集的北美地区，TGE 是仔猪发病和死亡的主要原因之一，对经济的影响仍然严重；在欧洲，由于猪呼吸道冠状病毒的流行，TGE 呈下降的趋势。除美洲、澳洲外，PED 在其他地区的发病逐渐增加，特别是西欧、东南欧、东亚很严重，在日本已有高病死率 PED 的报道。轮状病毒感染的动物种类和数量也在增加，呈地方流行性，同一动物群常出现多型轮状病毒感染。SD 存在于世界上大多数养猪国家，近年来发病率已降低，但仍继续流行。猪 BVD 血清抗体阳性率仍维持在一定水平，在局部地区还有升高之势。各种动物的大肠杆菌病、魏氏梭菌病的流行越来越严重，控制愈加艰难。

（5）*免疫抑制性疫病已成为全球养殖业特别是养禽业最常见、最严重的疫病种类*：马立克氏病、传染性法氏囊病、CIA 等旧病不断，网状内皮增生病病毒（REV）、鸡传染性贫血病毒（CIAV）、禽呼肠孤病毒（ReoV）、禽白血病病毒（ALV）、PRRSV、猪圆环病毒2 型（PCV-2）等新病原又接踵而至，而且 REV、CIAV、ReoV 等还可经鸡胚垂直传播。严重的是这些疫病多重感染非常普遍，危害更为严重。

2. 我国动物疫病流行动态和特点　国际动物疫病的动态和现状，在我国也有相似性，有的疫病流行情况甚至更为严重并表现出一定特殊性。

（1）*动物疫病种类增多，危害增大*：目前对我国饲养动物构成威胁和造成危害的疫病有 200 余种，其中传染病达 140 多种，约占 70% 以上。尤其是家禽的疫病，由 20 世纪 80 年代初的 30 多种增加到近年的约 80 种。据统计，我国每年因动物疫病造成的直接经济损失达 800 多亿元，并呈增大趋势，已成为制约我国畜牧业发展的主要障碍。

（2）*新疫病不断出现*：由于动物品种和疫苗的引进、动物产品进口，国内动物及产品交易频繁，候鸟迁徙、人类不良的饮食行为等多种原因，新的动物疫病不断涌现。据有关部门统计，我国近 10 年来新出现了 30 多种传染病，其中禽病 13 种，猪病 7 种，有的在国外出现不久的疫病如猪蓝耳病、猪圆环病毒感染、禽的 J-亚群禽白血病、番鸭细小病毒病、某些血清型的禽流感等也相继在我国发现。

（3）*免疫抑制性疫病危害严重*：免疫抑制性疫病除了本身的直接危害之外，更为重要的是造成动物机体的免疫抑制。可使低致病性的病原体引起多种疫病综合征发生，甚至达到难以控制的程度；还造成对疫苗接种反应增强、副作用加大或使免疫失败和对治疗无应答。免疫抑制性疫病的危害和对动物健康的威胁日益增加。当前最常发生并危害严重的免疫抑制性疫病有猪繁殖与呼吸综合征、伪狂犬病、猪流感和圆环病毒Ⅱ型感染，传染性法氏囊炎、鸡传染性贫血、马立克氏病、白血病、禽网状内皮增生病及禽呼肠孤病毒感染等。

（4）多病原混合感染显著增加：当前，许多动物疫病是由多种病原共同作用造成的，它们引发的复合性疫病危害极为严重且难以控制。其中的病原感染有多种细菌相加，或多种病毒相加，或多种细菌和多种病毒相加；往往是几种不同病原体，有的为原发，有的为继发或并发。而一些免疫抑制性疫病的存在，更使病情加重，如猪瘟和猪繁殖与呼吸综合征；圆环病毒病与猪瘟、猪繁殖与呼吸综合征；猪喘气病与巴氏杆菌、猪传染性胸膜肺炎混合感染；新城疫与禽流感；新城疫与其他病毒及细菌混合感染等。这些不同病原体的混合、叠加、协同或颉颃等可以形成无数的新的疫病组合，在临床表现上症状复杂，变化莫测，流行病学调查分析难以进行，甚至实验室诊断都难以界定。不仅造成养殖动物生产性能降低、死淘率增高、饲料和人工浪费、饲养管理和疫病防治难度加大、防治费用提高，还会导致畜牧生产的整体经济效益大幅度下滑。

（5）老病出现新形式：由于病原变异、饲养管理差、环境污染、滥用药物等诸多因素的影响，使过去的一些原有疫病出现了新形式，非典型病例增多。经典的传染性支气管炎是呼吸型，现在又出现了肾型、肠型传支；鸡白痢出现了脑炎型等。使得动物疫病的临诊表现和流行病学愈加复杂，给疫病的诊断和防制带来较大的困难。

（6）病原体发生变异出现强毒株，危害越来越严重：由于长期使用抗生素类药物和用药不规范，使大肠杆菌、巴氏杆菌、沙门氏菌等病原体产生耐药株，给疫病防制带来困难。很多鸡场应用常规的ND、MD等疫苗控制不了疫情，一个可能的原因是这些疫病的病原体发生变异形成变异毒株、强毒株，甚至超强毒株，其危害也越来越严重。

（7）人畜共患病时有发生：动物疫病有400多种，其中半数以上可以感染人类，造成人的发病和死亡。禽流感、狂犬病、结核病、破伤风、口蹄疫等人畜共患病在我国时有发生。近几年来，我国人的结核病的发病数和死亡率每年都在增加，其传染源主要来自于患病动物；1997年和2003年，我国香港两次暴发禽流感，引起10多人死亡；自2004年初以来，我国很多地方发生了禽流感，已造成多人死亡，数千万只家禽被扑杀；2005年6～7月，四川省资阳市及周边地区有200多人因与链球菌病猪接触感染发病，并造成38人死亡。

（8）以群发病、流行病为主：在过去自然散养条件下的动物养殖生产，动物一般不易发生较多的疫病，即使发生，也因为饲养分散、量少而很少出现流行和群发的可能，所以人们比较重视对发病动物的个体治疗。现代养殖业的发展，使疫病的发生、发展情况出现了较大变化。随着我国集约化和规模化饲养业的发展和市场经济的建立，经营范围扩大，形成了疫病群发和流行的客观可能条件。在动物饲养密集地区、规模化和集约化的饲养场在开始饲养的一两年内疫病较少，以后逐年增多，且易出现疫病暴发和流行，造成较大的经济损失。同时规模化、集约化饲养场大多是饲养高产动物，而高产动物对疫病的抵抗力或免疫力明显低于散养低产的动物，再加上饲养场地环境差，应激因素增多等，使动物抵抗力更低，更易引发疫病的流行。

（9）疫病流行的季节性明显降低，常年发生的动物疫病日愈增多：过去许多疫病的流行都有明显的季节性，而随着近年来饲养业的发展变化，要求动物达到全年基本均衡的养殖、上市。现代化集约化饲养方式使动物受外界自然气候影响相对减少，如果兽医综合防制措施实施不力，发病和感染动物的根治、净化处理不彻底，养殖场将逐步沦为某些疫病的疫源地，造成一些疫病常年发生，季节性已不明显。如鸡新城疫过去主要是在春、秋季节发生，而现在在一年四季都可以发病流行。

（三）动物疫病复杂化的原因

1. 动物疫病防制处于被动状态 人员、商品和养殖动物流动性增加，加之社会环境的改变，对全球动物疫病的发生、扩散和流行起到了促进作用。口蹄疫、疯牛病、禽流感等重大动物疫病接连暴发，并跨越国境从一个国家传播到另一个国家和地区。由于没有充分掌握某些疫病的流行规律、病原体的变异情况及变异规律；没有掌握同一疫病的不同来源病原在毒力、血清型、抗原性、免疫原性等方面的差异，导致了防制工作的盲目性和低水平。现有大多数疫苗存在保存期短、保存条件高、稳定性差、病毒疫苗滴度不高、多联多价苗生产水平低等问题也没有突破性的改变。在防制应用性方面，对不同规模化、集约化养殖条件下动物疫病防制的系统研究滞后，包括各种主要疫病疫情的监测预报、免疫程序、疫病净化、环境卫生监测和消毒以及各种防疫卫生配套措施不落实，尤其对其中环境因素缺乏重视等，多种因素综合造成动物疫病防制局面被动。

2. 病原变异产生新株、新型和新种病原引发疫病流行 同种病原的不同血清型及异种病原在同一细胞内增殖，长期的免疫压力，病原在动物个体间频繁的传递等，都可促成病原基因的突变、重组、互补、表型混合，使一些老疫病以新面貌出现，或使病原的宿主特异性改变，这种改变又可导致新的病毒或新类型病毒的出现。微生物进化变异是导致新病原体出现的内在因素。过去认为缓慢进化是发生新病原的主要力量，而今发现病原体可以在短时间内发生大片段基因获得或缺失的飞跃式突变，亦即基因的获得或丢失可以在短时间内产生许多新的突变株，其中一部分可以是致病原。病原体通过基因突变可以获得对抗生素的耐药性，产生致病毒素的新能力等；还可以通过缺失或获得一部分基因而增强生命力，由弱毒株变为强毒株。病原体获得或缺失基因的机制，对于动物而言，则意味着不得不面对新的疫病病原的攻击 。

3. 生态环境改变对新发动物疫病的出现和流行起了促进作用 许多病原体有自己的生存范围，但人类的经济活动突破了自然地理屏障，生态环境改变打开了新疫病侵袭的通道。特别是大型开垦荒地、砍伐森林、水坝修建、气候改变、对野生动物的滥捕和对自然生态的破坏，使原始的曾阻止过疫病传播的“安全隔离区域”荡然无存。其结果是为藏有很多病原的森林野生动物，与人和饲养动物的密切接触创造了条件，使这些病原很容易“易地而居”，从攻击森林野生动物转而攻击人类和养殖动物，成为易感人、畜的新病原。人为造成的全球气候改变，可能是导致动物区系分布变化，使节肢动物携带的疫病病原传播机会提高的一个主要原因。目前，环境微生物的致病作用正日益受到关注。

4. 养殖模式改变促进疫病流行出现新特点 养殖业规模化、工业化使病原体原有的种间障碍不断降低，并逐步被打破。从生物学的角度看，可增殖和潜在可增殖的宿主越多，病原体得到增殖的机会亦越多，增殖过程中发生核酸复制错误的可能性也越大，造成变异的几率自然就越高。欧洲的疯牛病、北美的猴痘、亚洲的禽流感等均与此有关。此外，养殖动物的近亲繁殖和品系纯化导致机体对病原的易感性增加，结果出现原来少见或新现动物疫病流行。集约化养殖和养殖规模不断扩大，使养殖环境和周围地区的污染越来越严重，动物大肠杆菌病、沙门氏菌病、支原体病、鸭疫里默氏菌病等细菌性疫病的危害日益加大。

（四）主要问题

1. “重养轻防，轻防重治”的思想普遍存在 目前，许多养殖场对饲养的品种、设备、规模、成本等考虑得很多，但是对如何采取有利于防控疫病的措施考虑的很少或根本不予考虑。平时不重视做好动物疫病综合性防制工作，把疫病的防制希望完全寄托于好的疫苗和药物上，不愿意或舍不得在疫病的整体预防上下工夫。虽然有的养殖场的基础设施、设备都很好，但缺少切实可行的综合防疫措施，或不重视综合性防制措施的落实，使本来可以预防的疫病，由于未防疫、未消毒而造成疫病发生或蔓延。往往是疫病来了，又大剂量、多种混合地滥用抗生素，造成病原体短期内就出现抗药性，给防治疫病又增加了新的难度。

因此，在这种长期形成的“重养轻防，轻防重治”传统疫病防制观念指导下，养殖全过程过度依赖药物，导致耐药菌（毒）株产生又迅速更换药品，造成了饲养动物终身连续用药的恶性循环。结果是动物和动物产品普遍因疫病、药物残留严重超标，而被市场拒绝。

2. 对生物安全体系建设认识不足 养殖的生物安全体系，是在规模养殖条件下逐步发展和完善起来的，是控制动物疫病的最有效方法，它将疫病综合防制作为一项系统工程，从时间和空间角度采取防范措施，阻断病原体的传入途径，最大限度地减少致病因子对动物群体造成的危害。我国规模化动物饲养起步时间不长，目前仍处于初级发展阶段，普遍对生物安全认识不足或缺乏深刻理解。无论规模化饲养，还是“公司＋农户”，区域生物安全体系尚未建立或不完善，过分依赖疫苗和药物、轻视综合防疫、忽视防疫体系建设，是造成一些动物疫病发生和动物产品有害物质超标的一个重要原因。

3. 畜牧业服务体系不健全，影响动物疫病防制工作 目前，我国畜牧业服务体系不健全，仍在严重影响动物疫病的防制工作。我国的饲料生产、良种繁育、疫病防治、环境治理、动物产品生产加工销售等诸环节都未能协调发展，缺乏有效监督和管理。一是动物产品质量安全涉及环节多，部门分割，多头管理。二是我国千家万户的饲养方式与分散多点的屠宰加工不相适应，难以规范和控制质量。比如土壤是无公害动物产品产生的基础和根本，而农户滥用化肥、农药，特别是生粪“二次污染”，有毒、有害物质循环蓄积，使“环保型农业”、“无公害动物产品”的生产难以实现；再如疫病防治方面，我国动物饲养多在农村，分散多点，饲养人员素质低，动物福利意识淡漠，基层兽医防疫组织力量不足，区域性疫病防不胜防，使猪瘟、新城疫、鸡传染性法氏囊病等总得不到根治。三是环境污染和生态环境恶化给畜牧业可持续发展造成了严重威胁，是畜牧业持续发展面临的严重问题。养殖场和动物产品加工厂排出的污水、废弃物、有害气体等，都会对空气、水、土壤、食品等造成污染，并由此对人畜健康、自然环境及畜牧生产造成各种重复危害。

4. 兽医工作基础薄弱 目前，我国的兽医工作普遍存在预测预报体系不健全、设备简陋、技术手段落后和疫病扑灭无足够人、财、物保障等问题。另外，兽医卫生监督工作不到位，各类药物、化学物质、激素残留和污染对动物产品卫生质量的危害也日愈加重，影响了动物产品质量的进一步提高。由于动物疫病、药物残留和卫生质量等问题的困扰，在畜产品出口中压级、压价和退货现象时有发生，一些国家还以此为由，对我国封闭市场。兽医工作基础薄弱的状况与未来畜牧业发展、维护人民身体健康的要求极不适应。

5. 兽药生产管理流通与使用混乱 我国有部分地区存在兽用药品粗制滥造，假药、三无药（无商标 、无规格 、无标示成分）和地方分装的兽药、抗生素充斥市场的现象。未定型兽用生物制品（疫苗、高免血清、卵黄抗体）到处流通，违法禁用的饲料添加剂随处可见，再加上兽医、兽药行政执法存在诸多问题，形同虚设，导致兽用药品质量低下，预防治疗效果不佳，疫病得不到有效防治甚至造成进一步的复杂化。

6. 动物防疫体系不健全，诊疗技术落后 许多地方不重视动物防疫工作，防疫体系不健全，疫病的防治信息和技术不能及时传达和普及。同时，近年来动物疫病的种类愈来愈多，愈来愈复杂，许多疫病的诊断也愈加困难。疫病的有效防治应以准确诊断为前提，现实的情况是各种疫病的诊断技术落后，尤其是在基层缺乏临床兽医和对各种疫病快速准确的有效诊断方法，导致疫情蔓延或错过最佳防治控制期。

（五）动物疫病防制对策

对动物疫病的概念、分类，流行特征、危害性和对动物疫病的现状、发展趋势必须有所了解，才能对动物疫病的防制采取应有的对策。有效的动物疫病防制对策必须来自政府与农民两个方面。

各级政府和农业行政主管部门，国家各级动物疫病预防控制中心、兽医卫生监督检验所、畜牧兽医研究机构，应以《动物防疫法》等法律法规为依据，将动物疫病防制工作纳入法制轨道，进一步完善与之配套的政策和措施。从组织机构、防疫队伍建设、专业人员培训提高；疫情监测监管和信息通报；疫病诊断和防制技术的研究推广；兽用药品的研制、生产、销售的监督检验；兽医防疫的经费和物资供给保障等方面，解决动物疫病防制工作中存在的问题。

同时，农村家庭养殖、专业养殖户，集约化规模化养殖场或公司，应提高认识，改变观念，因地制宜的积极创造条件，认真落实和配套实施动物疫病综合防制技术和措施，提高自身的动物疫病防控能力。这也是本教材要学习的主要内容。

第二节 动物疫病综合防制技术

一、综合防制技术的概念

动物疫病的发生和流行是由感染源、传播途径、易感动物相互密切联系所引起的复杂过程。

针对动物疫病的这一过程而采取的预防、控制、消灭的对策和技术措施，称为综合性防制措施（Synthetical control methods）。

制定一个动物养殖单位或养殖区域、不同行政区划范围的疫病综合防制技术措施时，应遵循以下基本原则：

（一）应符合《动物防疫法》等法律法规的基本要求和相关规定

《动物防疫法》和配套的法规、条例、规程、标准和办法等，是我国数十年来动物疫病防制的经验总结，基本符合动物疫病的现状和发展趋势的实际。无论制定一个自然村、行政村、乡（镇）和某动物养殖单位的综合防制措施，其内容和所采取的防控手段、技术措施都不应与相关条款、规定和要求发生冲突和矛盾。

（二）坚持“以养代防、预防为主、防重于治”的原则

这一原则是在动物疫病防制实践中不断深化和提升的，其包含的内容日益丰富。“预防为主”应是动物疫病综合防制技术的精髓和核心，贯穿于防制技术和动物养殖过程的始终，偏离这一原则，所有防制措施都将成为空谈。强调“防重于治”，有明显的现实意义，是针对目前严重存在的“重治轻防”，抗生素等药品滥用，动物产品药物残留问题日益突出等提出的。“以养代防”是近几年提出的，它突出了环境条件、营养水平、饲养方式等因素在动物疫病发生、发展和控制方面的地位和作用。

（三）以所在地动物疫病流行病学调查为基础

要制定适合本地区或养殖场的动物疫病综合防制技术措施，必须在了解该地区动物疫病，进行必要的流行病学调查和研究的基础上进行。同时，要注意与所在地行政区划内的动物疫病防制方案衔接，共同构成动物疫病的综合防制体系。

（四）要突出不同动物疫病防制工作的主导环节

动物疫病的发生和流行都离不开感染源、传播途径和易感动物3个环节。因此，制定动物疫病的预防控制措施都要针对这3个环节及其影响因素。必须考虑不同疫病的流行病学特点，突出主要因素和主导措施，要有不同情况下的预备措施或预案。

二、综合防制技术的内容

任何方式和规模的动物养殖单位，动物疫病综合防制技术都包括平时的预防控制措施和发生疫病时的控制扑灭措施两方面的内容。这两个方面是相互关联、互为补充、互相配合或有可能互相转换的部分，不能偏废和分开。

（一）平时的预防措施

其核心是在因地制宜搞好养殖圈舍、场地硬件建设的基础上，抓好以养代防、预防为主两个环节，防止疫病的传入和发生。

1. 科学选择场址 场舍建设要符合防疫要求和兽医卫生技术标准。严格饲养管理制度，供给全价平衡饲料，增强动物机体的抗病能力和免疫力。

2. 贯彻自繁自养的原则 严格动物引进，控制和减少疫病的传入。

3. 严格消毒措施和环境卫生 杀虫灭鼠，消灭病原微生物，切断可能的传播途径。

4. 因地制宜地坚持科学免疫 合理的定期免疫、预防接种和必要的药物预防。控制和防止多发、常见、重大疫病的发生。

5. 要提高饲养和管理人员的动物疫病防控意识 杜绝或减少人为传播动物疫病的因素。

6. 无害化处理 养殖场废弃物包括动物尸体、粪便和其他废弃物等的无害化处理。

（二）发生动物疫病时的防堵和控制扑灭措施

其核心是当养殖场（户）处于动物疫病受威胁区、疫区或疫点（包括本户、本场）时，必须采取的应急措施或应急预案。

1. 加强与相关部门的联系 随时保持与当地农业和兽医防疫部门的联系和信息沟通，及时掌握当地和相邻地区动物疫情动态并接受其防疫指导。

2. 紧急免疫接种 地处受威胁区或疫区时，要进行针对性的药物预防和紧急免疫接种。

3. 隔离、消毒 迅速采取对外或对内的严格隔离封锁措施，进行全面紧急消毒。及时、科学的处理死亡动物和淘汰的发病动物及其污染物。

4. 上报疫情 发生疫情时应及时诊断、上报，并同时采取应急措施。对发病动物进行及时和合理的治疗。

动物疫病的平时预防和发生疫情时的应急防堵或扑灭措施，是相辅相成不可分割的两方面。做好这两方面的工作，才能有效地控制动物疫病的传入、发生、蔓延和流行。

三、综合防制技术的意义

（一）在养殖业中的作用和地位

我国是一个农业大国，农业人口近8亿，主要从事的种植业、畜牧业只占农业总产值的33%，与发达国家的60%～80%相比，有很大差距。我国肉蛋总产量位居世界第一，堪称养殖大国，但畜产品出口仅占总产量的1%，又为出口小国。其主要原因是由于动物疫病的存在，特别是传染病普遍，严重影响了畜产品的质量安全和国际贸易。另外，由于口蹄疫，禽流感、猪瘟、蓝耳病，新城疫等重大动物疫病的发生和流行，每年仅动物死亡的直接经济损失就达400亿元以上，间接经济损失超过1 000亿元。这不仅严重制约着我国畜牧业的可持续发展，而且直接影响我国粮食及其农副产品的转化增值和产业链的延伸，制约着农村第二、第三产业的发展与农村富余劳动力的就业和增收。

为使我国由农业大国尽快变为农业强国，尽快实现由植物农业向动物农业的转变，就必须加强动物疫病防制工作，采取兽医综合防制技术，以保障畜牧业的增产增收和可持续发展。这对建设有中国特色的社会主义、构建和谐社会具有十分重要的意义。

（二）在动物疫病防治中必须实施综合防制技术

动物疫病已知的有400多种，其中传染病有250余种。在这些传染病和寄生原虫病中，有疫苗可以进行主动免疫预防的仅有60～80种，大多数尚无有效的主动预防手段，部分疫苗还存在免疫保护期短、免疫抗体滴度低、效果不稳定，需重复或多次使用。部分疫苗安全性较差、副作用大、保存和使用条件要求较高等缺陷，畜主难以接受。动物疫病，特别是猪、禽的病毒性疫病日趋复杂，毒株变异，混合感染，免疫抑制等状况日愈严重，许多畜主对预防注射的效果持怀疑态度；需要采取主动免疫控制的疫病和能提供使用的疫苗种类越来越多，计划免疫或程序免疫的病种和免疫密度、次数也越来越多，一个商品动物在一个生产周期内（3～8个月）打7、8种，甚至10多种疫苗已较常见，几种疫苗同时使用，超量使用更为突出，使动物机体长期处于应激状态，免疫干扰、免疫抑制现象日显突出等问题，都严重影响动物疫病的防制工作。

另外一种倾向是“重治轻防”，如长期大量的依靠抗生素类药品进行动物疫病防控，带来的问题一是对病毒病基本无有效药物，二是一旦发病，治疗的难度很大，成本极高，还会造成药物滥用，药物残留严重，动物产品质量下降。

因此，单纯、片面的依靠多打预防针和长期依靠药物防治，都不能有效、全面控制动物疫病，必须依靠认真实施综合防疫措施和综合防制技术，而免疫预防和药物防治仅仅是其中的有限制条件采用的两项技术手段，它只对部分疫病起作用。

实施和落实动物疫病综合防制技术措施，以消除传播病原，切断传播途径，减少和保护易感动物，最终达到控制、消灭疫病的目的。综合防制技术不仅对几乎全部传染病、寄生虫病防制有重要作用和意义，而且对群发性动物营养性病、代谢病、应激性病、中毒病和常见的消化道、呼吸道等疾病的防控都有重要而积极的作用。

（三）在公共卫生安全中的作用和地位

在众多动物疫病中，有许多是能引起严重社会经济问题和公共卫生后果的人兽共患病。在目前已知的传染性疾病（包括寄生虫病）中，有70%的疫病属于人兽共患病。据报道，我国的人兽共患病约有130种之多。由于人兽共患病不但对我国的养殖业造成的经济损失巨大，严重影响动物和动物产品的出口贸易，而且严重威胁人民群众的生命安全，加强对人兽共患病的防制工作已刻不容缓。采取综合防制技术控制动物疫病，保证为市场提供安全、卫生、优质的动物产品，丰富、改善、满足人民需求，同时，维护出口动物及其产品的信誉，已成为衡量一个国家国民经济和科学技术发展水平的重要标志。同时，动物疫病综合防制技术，是发展无公害食品、绿色食品、有机食品等高端养殖产品的基础。对于保障和提高人民的身体健康，更快地实现步入小康社会具有非常重要的意义。

四、综合防制技术的发展趋势

（一）发展历史

自1949年以来，动物疫病综合防制技术和所包含的具体技术措施的发展，是一个在动物疫病防治实践中逐步完善、充实和不断总结、提高、调整的过程，凝结了我国几代兽医工作者的心血和智慧。

20世纪80年代至90年代初，由农业部主持，在我国进行了一次全国性的动物疫病普查和全国、各省、市、自治区《动物疫病志》的编写工作。对我国动物疫病的状况、防制成效和主要经验、措施等进行了全面的分析总结。在我国动物疫病防制取得的巨大成就和主要防制对策中指出："预防为主是防制动物疫病的根本方针，贯彻综合性防制措施，最终目的就是要减少发病和死亡，促进畜牧业稳定发展"。主要有以下几个方面：

1. 提高科学养畜水平 明确提出"科学养畜是落实'预防为主'方针的一项经常性工作。提出了'以养代防'的问题。提高科学养畜水平，增强牲畜体质，从根本上减少发病"。

2. 完善防制措施 适时调整防制对策，提出"综合总结动物疫病防制工作不同阶段的技术措施，主要是掌握疫情动态，有的放矢，扩大预防注苗与检疫监测范围，采取综合性技术措施连续防制，保持群体的高密度免疫，建立巩固免疫区域，切断易感动物感染发病途径"。

根据当时的历史情况，已经"逐步形成了一套较为完整的防制技术措施，概括为：养（加强饲养管理）、免（预防注射）、检（检疫）、监（疫情监测、监督检查）、诊（诊断）、驱（驱虫）、治（治疗病畜）、隔（隔离病畜）、封（封锁疫点、疫区）、消（消毒、防虫灭鼠）、处（处理病、死畜及污染产品）、培（培育健康后代）12字措施"，包括了现代综合防制技术的几乎全部内容。并且提出："随着兽医科技水平的提高，适时调整防病对策"。

12字综合防制技术，在不同的疫病防制中，因病而异，各有侧重。如：对布鲁氏菌病，在20世纪50年代是先检后免，病、健畜分群隔离；60年代不经检疫直接注苗；80年代为年产羔一次口服苗终身免疫。再如：马鼻疽病在20世纪60年代采取“检、隔、培、治、处”5字措施，70年代后以“检、处”为主。马传贫防制原采取“养、检、隔、封、消、处”6字措施，70年代后期则采取“检、免、处”措施等。

3. 扑灭疫情坚持“早、快、严、小”原则 在突发性重大疫病的扑灭中，为适时准确地实施各项技术措施，要“坚持‘早、快、严、小’的原则，即发现报告疫情要早，防制行动要快，封锁隔离和技术操作要严，在小范围内扑灭疫情”。这一原则，在扑灭口蹄疫、高致病性禽流感等重大疫病时，必须遵循。

4. 发挥疫苗优势，制止疫病流行 提出在贯彻综合防制技术中，要“结合国情，主要应用产量大、成本低、剂量小、免疫期长的弱毒活疫苗为主”，“把危害性较大的疫病尽快控制下来”。这也是在今后的生产实践中，应该注意的关键问题。

5. 加强疫情监测，掌握疫情动向 提出“查清疫情种类、分布状况及危害，分析研究防制经验和教训，为制定可行性防制措施提供依据，”“为提前做好各种疫病的防范工作，主动采取相应对策”，打好基础，并且提出了区域性联防的重要性。这些都是我们许多养殖单位忽视的重要问题。

我们现在所讲的动物疫病综合防制技术，是对这些宝贵历史经验的传承和发展，但其基本精神没有改变，是在新的养殖业发展形势下的深化、完善和提高。

（二）主要问题

1. 动物规模养殖的准入条件较低 目前，许多地方，特别是城市周边地区，小城镇附近，交通条件较好的农村，规模不一的小型养殖场迅速发展。这些养殖场绝大多数场地、圈舍简陋，环境条件极差，根本不具备起码的兽医卫生要求；业主和饲养人员没有基本的养殖和防疫常识，动物粪尿随意堆放、流排，生产条件恶劣，污染严重；预防注射单一随意，形同虚设；养殖动物基本来源于集市，动物经常发病；多种抗生素混合滥用，一旦几天内无效，就非正常淘汰或低价处理病、死动物，造成疫源扩散等。特别是利用城市泔（潲）水做主要饲料的养猪场，情况更为严重。这类养殖场是当前动物疫病防制最薄弱、存在隐患最大、危险性最高的地方，也是兽医卫生监督、兽医技术服务和指导的空白区或死角。

2. 对“预防为主”的综合防制技术缺乏认识 农户分散养殖和部分养殖业主，养殖观念还停留传统的家庭饲养和自然封闭饲养阶段。用单一和常规的春秋防疫，重治轻防代替动物疫病的综合防制。根本无法适应动物及其产品大流通，交易频繁和动物疫病复杂化的现实。

3. 一些重要动物疫病病原学研究薄弱 一些重大传染病病原的生态学、流行病学及致病、免疫机制的研究一直是动物传染病防制研究中的薄弱环节。由于没有充分掌握传染病的流行规律、病原体的变异情况及变异规律，也没有掌握同一传染病不同来源的病原在毒力、血清型、抗原性、免疫原性等方面的差异。这种状况将直接导致动物疫病防制的盲目性和低水平，造成误诊和免疫失败，增加了这类疫病的防控难度。

4. 疫苗的质量有待提高 现有疫（菌）苗普遍存在保存期短，保存条件要求较高，稳定性较差的问题。尤其是病毒疫苗的病毒滴度不高，免疫力低、保护期短、安全性较差比较突出。多联、多价苗生产水平也较低。这给农村养殖户和中小养殖场的免疫预防带来了一定困难。

5. 动物疫病控制的关键技术研究急需加强 动物疫病防制的应用技术研究，应立足于解决动物疫病防制中的关键技术问题，直接为养殖生产第一线和基层经济主战场服务。

6. 基层动物防疫工作薄弱 农村养殖，无论专业化、集约化、规模化养殖都在基层，而为他们服务的县、乡（镇）、行政村的兽医技术力量不足或缺乏，更谈不上对他们急需的养殖防疫知识进行系统的指导和技术培训，使最需要加强疫病防疫的地方反而成了防疫工作最薄弱的地方。养殖动物在很大程度上也存在防病难、看病难、治病难的问题。

（三）发展趋势

1. 加强基础研究 根据动物疫病的现状和流行趋势，对一些重要的动物传染病和新疫病应进行分子病原学和流行病学研究，开展病原微生物的基因结构分析、遗传变异规律和耐药性机制及免疫原性分析，以探明目前一些重要传染病免疫保护和治疗效果欠佳的原因。开展重要传染病的流行病学研究，建立较完整的疫病流行病学数据库和流行趋势计算机模拟预测模型。开展动物传染病发病和免疫机理的研究，为免疫防制提供科学依据。这都是解决动物疫病混合感染，重复感染，感染复杂化问题的重要途径。

2. 重点开展动物疫病防制技术研究 研制能适应变异性强、型别多的多价疫苗，能够在有限的免疫制剂单位内容纳多种足量抗原；研制有效的抗原保护剂、稀释剂、佐剂和免疫增强剂，以提高疫苗的稳定性，简化保存条件，延长保存期和免疫期，并且加快疫苗更新换代，不断发展和提高我国兽药及生物制品产业的水平。重点开展新型表达载体的构建和改造的研究，为研究和开发基因工程重组疫苗，活病毒载体重组疫苗、基因缺失苗，合成多肽疫苗等新型疫苗打好基础；加强 DNA 疫苗技术研究，以开辟一条全新的疫苗研制途径；开展反义核酸和核酶技术的研究，探索动物转基因抗病育种和基因治疗的新途径。因此，疫苗的研制，特别是新型、高效、安全疫苗的使用是今后控制主要动物疫病最重要的方向之一。

3. 疫病控制关键技术应用研究 以“预防为主”的方针为出发点，研究各地不同规模化、集约化养殖条件下动物疫病防制的系统工程，包括各种主要疫病的监测、免疫程序、疫病净化、环境卫生监测、消毒以及各种防疫卫生配套措施。改善和提高常规疫苗和诊断试剂的质量，改进其品种结构，研究符合我国国情的、基层和临床兽医能够现场使用的诊断技术。尽快研究完善综合防制新技术并迅速推广应用，这是提高我国动物疫病防制技术水平极为重要的工作。

4. 严格规范养殖场的兽医卫生和生物安全措施 随着社会发展对动物及其产品卫生安全要求的日愈提高，对养殖动物和养殖场的兽医卫生和生物安全要求也将日趋严格，并逐步向规模化、产业化、大型化的方向发展，养殖场的市场准入条件也应不断提高。养殖场的布局建设将会走向标准化，以适应动物疫病防制的要求。严格的饲养管理和合理的饲料利用，会使“以养代防”成为综合防疫的主要手段。对养殖业主和饲养管理人员的从业资质、技术培训后的专业知识将有明确要求，使动物疫病综合防制技术得到较好的自觉执行。

总之，我国动物疫病防疫工作，将进一步立足于基层防疫实际，突出重点和急需，加强对防疫标准修定和监管，使防疫标准配套、实用和适用，提高标准执行的技术含量，增强科学性和先进性，提高动物防疫的整体水平和有效性，保障动物性食品的安全卫生。随着动物防疫技术力量整体素质的提高，新技术的推广应用，必将使动物疫病综合防制向快速、高效、健康的方向发展。

（王艳丰、张其艳）

复习思考题

1. 动物疫病的概念和发生要素。
2. 动物疫病如何分类？各分类方法的依据是什么？
3. 动物疫病的流行特征及在防制过程中的重要意义。
4. 动物疫病的危害及发展趋势。
5. 兽医综合防制技术的概念、内容及发展趋势。

第二章 动物饲养与兽医卫生

第一节 养殖场的兽医卫生标准

养殖场是集中饲养动物和组织动物商品生产的场所，是养殖动物需长期居住和生活的地方。良好的养殖场应有较好的小气候条件，合理的布局；便于执行和实施各项兽医卫生措施和动物疫病综合防制技术；有利于合理组织生产和管理，提高场舍利用率和生产效益。

养殖场所是实施大部分动物疫病综合防制技术的硬件基础。环境和设施条件必须有利于对外的封锁、隔离，防止疫病的传入和发生；当发生动物疫病时养殖场应当能实行内部的隔离和封锁有利于及时控制或扑灭动物疫病，以保证其他动物的健康，避免疫情的扩大蔓延，造成严重损失；使饲养的种畜、种禽和商品动物及动物产品应能达到国家规定的质量标准和食品卫生安全标准。

一、养殖场所的选择原则

选择养殖场址，应以经营方式、生产规模和特点、饲养管理方式及生产集约化程度等基本情况为出发点。除对地形、地势、水源、土壤、小区域气候等自然条件和饲料、能源供应、交通运输与工厂、居民点的相对距离及位置、商品销售的远近、养殖废弃物的处理等社会条件进行全面、综合考虑外，还应充分考虑这些自然或社会条件是否有利于动物疫病的预防和控制，是否有利于动物疫病综合防制技术的实施和取得实效。

养殖场选址和自然、社会条件与兽医卫生、动物疫病防制有密切关系的方面有以下几点。

（一）自然条件

1. 疫病和疫情状况 应对所选场地所在县、乡、村的动物疫病现状和历史疫情进行比较充分的了解；在靠近边远山林地区和林区建立养殖场，应对人、畜自然疫源性疫病作详细的调查了解。凡属所定养殖动物有易感疫病的新、老疫区、常发疫区，都不宜选建养殖场。如口蹄疫常发疫区和部分边境易传入地区，不应新建规模化偶蹄动物养殖场；人和动物结核病高发区不应新建养牛场、养禽场、奶牛场；许多疫病可以随空气、尘埃、鸟类等传播，人为措施难以控制和扑灭，因此，在候鸟越冬、繁殖区，迁徙主要通道和中途停留区，不宜建大中型养禽场等。

2. 地势 场址的地势应高燥、较平坦、有缓坡、背风向阳，地下水位低。这种环境条件有利于场、舍的通风和场地、土壤的自净；有利于排水和污染物、粪便的处理和控制环境污染；不利于病原微生物的繁殖和吸血、媒介昆虫的孳生等，为动物疫病防制创造较好的基础条件。

3. 地形　指养殖场地的形状，大小和植被、河流、坑塘、沟坎等情况。地形应整齐、开阔，有足够的利用面积，才能使建筑布局合理，有分区隔离饲养和兽医卫生、防疫设施的配置余地。

4. 土壤　养殖场地的土壤对动物疫病影响很大，透气性和透水性好的土壤，不利于病原体、寄生虫、蚊蝇的孳生和生存，自净力强；圈舍不易潮湿、利于保持干燥，空气卫生状况较好，氧化自净作用快，有利于动物健康和防疫。

5. 水源　养殖场的水源应充足、水质良好，符合饮用标准。水源应易防护不受污染或者取用方便、处理简易。能保证动物饮水和圈舍冲洗消毒使用，否则许多兽医卫生防疫措施将无法实施。

动物饲养是一项长期行为，场址自然条件如存在明显不足或缺陷，将极大地增加饲养管理和兽医防疫的成本，影响动物疫病防制技术措施的实施程度和效果，这是在选择或建设养殖场时必须认真重视的问题。

（二）社会条件

养殖场址的选择，应该注意社会公共卫生的需求，使养殖场既不成为周围社会环境的污染源，又要不被周围环境污染。从兽医卫生和动物疫病防制角度，应注意以下几个问题。

1. 与居民点和相邻单位的关系　场址应选在居民点的长年下风处，但应远离居民污水排放口和垃圾堆放地，不能选在化工厂、矿山、屠宰场、制革厂、肉食品加工厂等易导致病源污染和动物疾病的企业附近或下风、排污沟渠下游。养殖场与居民点应保持500m以上距离，规模较大的应不少于1 000～1 500m；有利于限制疫病的互相传播，给必要时采取紧急防疫措施留有空间和余地。

2. 交通条件　养殖场应该交通便利，但由于运输工具和运载的某些物资往往是疫病的传播途径，因此，养殖场应与交通干线保持适当的安全距离，一般场应不少于200～300m，大型场应不少于1 000～1 500m。养殖场应修建专用道路与主要公路连通，不使用公共通道进入养殖场，以利设立永久性的隔离缓冲区或临时性的防疫隔离封锁设施。

3. 青粗饲料的供应　应以就地供应为原则，有利掌握本地主要饲料如玉米、糠麸、秸秆、青绿饲料等的质量和农药施用情况，也易了解、及时掌握饲料产地的动物疫情和污染情况，提高和控制其安全性，保证动物健康。

4. 养殖废弃物利用　有利于养殖动物粪便和废弃物的就近处理利用，防止污染环境或疫病传出。

二、养殖场的布局和兽医卫生设施

养殖场地选择后，需根据场址的实际情况进行规划。充分考虑不同养殖区的用途、功能和防疫要求，做好建筑布局。不同的养殖规模、动物种类和品种，养殖目的和性质等，对养殖场的布局，小区、圈舍建设和兽医卫生设施的要求差异较大。

（一）农户家庭养殖

十多年来，农户家庭养殖发生了极大改变，发展迅速，扩大养殖、专业养殖和自办小型养殖场日益增多。使单位面积动物养殖数量增多，甚至拥挤密集；养殖动物来源复杂，品种混乱；圈舍简陋，泔水（潲水）喂猪十分普遍，卫生条件极差等情况屡见不鲜。致使许多农户的养殖动物，多种疫病反复发生，多种疫病混合感染，造成严重损失。农户家庭养殖的最低限度要求是：应做到人畜分隔，单独饲养；圈舍有适当的通风采光条件；圈内墙壁光滑，地面因地制宜做硬化处理，并有有效的排水沟，方便圈舍的清扫、冲洗和消毒，能较好保持圈舍的干燥和清洁卫生。应彻底地改变人畜混居，动物混养，多种动物混居、混养、混牧，多户动物共用场地或牧场的原始饲养方式。农户专业养殖和小规模养殖应搬至村外，并保持一定的安全距离；防止疫病的交叉感染和传播。

（二）规模化养殖

规模化、集约化的大、中型养殖场的布局，按使用功能、朝向、风向、地形等，分为管理区、生产区和隔离区等功能区。应按相关的技术标准，养殖流程，在生产区内分不同生长阶段、用途和品种的动物，设养殖小区或进行圈舍的布局、建设。但无论怎样分区和布局进行建设，在兽医卫生和防疫设施建设上应注意以下几个方面。

1. 区、舍的间隔距离 功能区之间的距离或养殖小区间的距离不低于100m；每栋圈舍间的距离，以圈舍檐高（H）计算，为3～5H；应注意风向和气流关系，不在场内和圈舍间形成涡旋流；圈舍应有利于采光、通风和防疫安全需要；以避免圈舍间的相互污染和病原传播，也为采取紧急防疫措施留有必要空间。

2. 必须设置隔离区 隔离区是养殖场病畜、污染物和粪便等废弃物的集中处理区，也是病原体和传播媒介昆虫聚集、孳生的主要场所，是疫病防疫和环境卫生、控制污染工作的重点。应设在整个养殖场的下风向和最低处，并与其他区域有较宽的安全间隔距离。隔离区内的隔离舍、兽医室、粪便发酵堆放地或发酵室、污水处理池等应有较好的防渗、防漏、耐腐蚀、易消毒等建筑要求。隔离区应有专门的对外通道，与生产区和场内通道分开。

3. 设施防疫屏障 养殖场四周应建较高且牢固的围墙，或在水源充足的地方设坚固可存水的防疫沟（宽1.3m、深1.5～1.7m），沟外沿应设铁丝网或种植带刺的攀延植物，沟内水应方便流动、置换，不要成为死水沟，成为蚊、蝇孳生地。

养殖场内各功能区、各养殖小区间可设较低的围墙，隔墙或较小的防疫沟，或者种植隔离性的绿化带。

在养殖场的大门、各区域、各圈舍的入口处，主要道路的交汇处都必须设永久性的供车辆、人员消毒的消毒池、消毒槽或喷雾消毒室；衣、帽、鞋更换消毒室应装设紫外线灭菌灯和消毒洗涤盆。紫外线安全消毒时间在正常情况下为3～5min。

4. 场内排水设施和道路 场内道路应直而短，不要搞弯曲和折拐线路，尽量不设梯形走道，以利消毒和方便各小区、各圈舍的联系。生产区道路应分为净道和污道，净道一般设在圈舍前门方向，供运送饲料、产品和生产使用；污道一般设在圈舍侧门或后门一侧，直通隔离区，供运送粪便，污染物和病、死动物使用，并有利于划为经常性的消毒范围；净道和污道不得混用和交叉，以保证卫生防疫的安全性。

排水沟一般沿道路单侧或滴水檐设置，场内排水沟应为明沟，呈倒八字形，深度最多30cm，沟底及沟侧应做硬化处理，以利清扫，清淤和消毒。排水沟布局要合理，有一定的坡度，最后汇入污道排水沟，集中到隔离区处理。

5. 养殖场的绿化 绿化有利于改善养殖场的环境和小气候，对疫病防疫有重要意义。防风林设在场围墙或防疫沟的内外，夏季和冬春季的上风方向应较密，以能防风、防昆虫孳生的桉树、杨树等乔木为宜，种3～5行才能发挥作用；功能区之间和生产小区之间应设隔离林带，以树干较高、树冠较大的杨树、榆树为宜。行道绿化以柏树为好，空场地可种植有饲用价值、能反复收割使用的苜蓿、苕子等。总之，不要种植能密集生长的灌木类、花草类、攀延类和不能利用的草类等，既给昆虫、鼠类创造了繁殖、孳生和隐蔽的环境，又不利于清扫和必要的消毒。

6. 圈舍　动物圈舍的平面设计和内部布局、设施和每头（只）动物应有的生活面积等，都应按相应的技术标准和要求进行。但应注意有利于兽医防疫技术措施的实施，确保圈舍的通风、采光、地面不积水、排出的粪便和尿液、冲洗圈舍的污水沟通畅不滞留；墙壁和食槽、饮水装置、护栏等光滑，无锐角和死角，保护动物不易受外伤，并便于洗刷和消毒；门窗在夏秋季蚊蝇等昆虫较多的季节，应方便安装、设置防虫网或纱门纱窗；墙角应填砌成圆弧形，门窗和排水通道口、墙脚通风、道口应利于设置永久性或临时性的防鼠隔栏或防鼠网。

在圈舍的入口处或侧端，应设该圈舍饲养人员的工作间或休息专用房；设置该圈舍专用饲养工具、物品、消毒器械和消毒剂的贮物间；必要时可设专用饲料、配料的小仓库等附属设施。防止不同圈舍人员随意串圈走动、饲养用品的混用和随意挪用。

另外，在不同地区、不同气候类型条件下，圈舍建筑设计还应分别注意防寒保温、防冻害、防风避雨、防雷电、隔热遮阳、防潮防洪等需求，以保证养殖动物不受灾害性气候的过度影响，而发生感冒、应激、惊吓、挤堆踩踏等情况，导致动物免疫力、抵抗力下降，造成应激性疾病和条件性疫病的发生，甚至引起群体性发病。

7. 兽医室的建立　规模化、特别是大、中型养殖场，仅配备兽医技术人员是不够的，仅依靠进行免疫注射、计划免疫或程序免疫；消毒和杀虫灭鼠；药物预防或临床治疗这些防疫技术手段，也不足以预防和控制动物疫病的传入或发生。应在规划和投入上建设相对完善和设备设施与养殖动物数量相适应的兽医室。兽医室应设有消毒设置完备的动物剖检间；能做临床常规和细菌学检验，药敏试验和必要的药效检验及主要疫病的免疫抗体监测、血清学检验实验室；并配备常用预防性、治疗性药品，消毒剂的干燥、避光、通风较好的贮存间等，特别是常用疫（菌）苗的冷藏保存条件必须具备。

三、不同养殖场的特殊兽医卫生

除上述养殖场在兽医卫生上的普遍要求和条件外，对不同养殖动物和性质的养殖场在兽医卫生上，还有一些特殊要求。

1. 综合性养殖场　常见的有种用动物和商品动物养殖场，多种动物养殖场。应按性质、种别完全分隔，不能设在一个场内，间隔应在1 000m以上，并有较好的自然隔离条件。

2. 养禽场　不能在同一养禽场养殖鸡、鸭、鹅等多种禽类；养禽场还应远离学校、医院、集市等人口密集的地方。原则上一个养殖场内只能饲养一种禽类，如需饲养多种禽类，应间隔较远设立分场，并从各方面充分隔离各场。

3. 经常从外地引进动物和购入动物的商品育肥养殖场　应在场外适当地点设置隔离舍或隔离区。

第二节　饲养管理与防疫

一、饲养人员的选择与培训

现在养殖场的饲养人员素质普遍不高。原因主要有两个：一是小、中型养殖场场主大部分是农村从事家庭养殖业的人员或是从其他转行的人员，并没有专业的养殖技能和经过专门的业务培训，完全凭借他们在养殖过程的实际经验。在他们对动物的养殖过程中，没有充分认识到疫病防制的重要性，对于一些常识性的措施都没有足够的重视；二是由大部分养殖场所雇佣的饲养人员多为农村剩余劳动力，他们也没有接受过具体的系统或专门培训，只是叫他们做什么他们就做什么，完全没有自己的主见，而且也没有办法给场主提供建议和意见。由于饲养场场主没有完整的防疫意识，因此他们也没有对动物进行常规防疫，许多养殖场的防疫工作没法进行和落实。以上的两种情况，常导致了疫病经常性发生，而一旦疫病暴发，则会茫然无措，造成无可挽回的严重损失。

养殖场的饲养管理、环境卫生、动物的饲喂、饲料的配给、各项兽医综合防制技术、废弃物的处理等各项工作，都要依靠人的操作、按规章制度实施才能完成和进行。因此，养殖场技术人员和饲养人员的选择和培训，对养殖场的成败和经济效益，是决定性的最关键因素，否则一切都会陷于空谈和形式。

（一）养殖农户、养殖场业主

动物养殖业主应对动物饲养和动物疫病防制的基本知识有一定的了解，接受动物养殖和疫病防控新观念，不要将养殖观念长期停留在传统和原始饲养的水平上，凭经验、凭感觉、凭侥幸心理从事养殖。克服靠打预防针、靠大量用药预防疫病的单打一思想，克服只顾降低成本，不愿进行防疫设置、设备的投入，“轻防重治”的错误做法。树立“预防为主”“以养代防，养防结合”，“少病少死就是效益”的思想观念。只有养殖业主重视动物疫病防制，主动制定和完善相关的管理制度，才能使动物疫病综合防制技术措施得到落实。

（二）技术人员的配备

规模化的大、中型养殖场，应配备适应饲养规模和数量的畜牧、兽医专业技术人员，他们是养殖业主必须依靠的生产上的管理者和饲养、防疫的技术管理监督人员。养殖业是一项风险性较大、技术要求较高的行业，没有专业院校系统学习并经过实践有一定实际经验的技术人员，养殖场的饲养管理和动物疫病防制水平难以维持和提高。

（三）饲养人员

生产第一线的饲养人员的选择和培训至关重要，应注意以下几个问题。

1. 最优人选　以职业中专、农业职业院校、农广校或农函校的畜牧兽医专业毕业生为首选，他们是各主要生产小区的领班、组长的必要人选；是对饲养工人的领导者和培训者，也是养殖场在实践中培养专业技术骨干和专职技术人员、管理人员的后备力量。

2. 饲养工人　是场里数量最多的工作人员，包括饲料配制、饲养、清洁或其他后勤人员。主要要求是：

①在可能条件下，生产区的饲养员尽可能不聘用养殖场所在地农村的农民工，特别是

自身家庭已养殖动物的农民工，以避免他们白天在场搞规模养殖，休息回家时又管养家养动物，极易造成疫病传入或交叉感染，隐患严重。但可聘用作为养殖场隔离区工人使用，也能发挥他们熟悉当地情况，有利于粪便和废弃物经处理后的肥料就近处理。

②生产区饲养人员不得患有主要人畜共患病，如结核病、病毒性肝炎等。聘用的养殖工人，必须经过体检和针对所养动物的主要人畜共患病进行必要的实验检验，获得健康合格证方可录用。饲养工人和技术人员的健康检验应每半年，最长一年复检一次。

③饲养工人应有良好的个人卫生和勤洗衣物、手足，洗澡的习惯，并重视个人的消毒及防护。

在人员选择聘用后，还应针对养殖场生产的需要，对技术人员、技工、饲养人员采取参观学习、讲课、自学和场内人员经验交流、定期总结经验教训、针对主要问题组织学习讨论等多种方式对他们进行饲养、防疫知识的培训提高。

二、饲养方式与防疫

饲养方式多种多样，不同动物的饲养方式也不尽相同，动物各发育阶段的饲养条件和要求也不同，但就饲养方式的兽医卫生要求都有许多共同的地方，主要是：

（一）自繁自养

自繁自养是所有养殖场都应遵循的饲养原则。一般常规意义上的自繁自养是根据养殖规模，饲养一定数量的繁殖母畜和按比例饲养少量公畜，繁殖后代供本场，用于商品动物生产，并出售多余的仔畜；除需较长时间引进更换公畜外，不引进商品动物。自繁自养可基本杜绝引入活体带病动物、隐性感染动物造成疫病传入，形成本场内动物的封闭循环生产，对动物疫病的防控具有重要意义。

大多数农户家庭养殖或小型养殖场，目前还不能实现自繁自养，需要直接引进和购入商品动物饲养，可从两个方面解决，防止疫病的传入。

①家庭养殖可从本村范围内无疫病的养殖户、养殖场引入。

②就近从正规和管理较规范的养殖场签定合同定期引入。

无论怎样都不要在集市、动物交易市场购入商品动物；非购入不可的，也应在无特定动物疫病区内，经检验或三证齐全的健康动物方可引入。

（二）分区分类饲养

分区、分类饲养是建立在规模化养殖场建筑布局合理的基础上实现的。它是根据动物不同生长发育阶段的体质状况，适应能力、对疫病抵抗能力、饲料营养需求等条件采取的养殖方式。而各生长发育阶段的分区分类饲养的动物，疫病防制重点差异极大。

1. 哺乳阶段的幼畜或雏禽 易发生仔猪的红痢、黄痢、白痢病；犊牛易发生白痢、腹泻、球虫感染；羔羊易发生羔羊痢疾；雏鸡易发生球虫、白痢等消化道疫病；母畜易发生乳房炎等。是产褥期、哺乳期、育雏期易发、高发疫病。应以保持圈舍的干燥卫生，保温，加强消毒，药物预防和一些疫病的初免工作为防制重点。

2. 幼畜断奶和禽类脱温后育成期 育成期动物的饲料、环境改变、营养需要快速增加，动物饲养密度加大，粪尿排泄量大，圈舍空气污染较严重等情况突出。动物互相撕咬、踢碰、拥挤扎堆容易发生。大肠杆菌病、巴氏杆菌病、猪喘气病、沙门氏菌病、链球菌病、鸡呼吸道病毒病、消化道线虫病等消化道、呼吸道常见病、多发病也呈上升趋势。

在免疫预防薄弱和效果较差的地方，也是口蹄疫、禽流感、蓝耳病等重大疫病易感染阶段。

3. 商品育肥期 进入育肥期的动物，发育已趋于成熟，机体免疫功能和抵抗力也较强，一般不易发生大的疫病。如果前期免疫不良和已接近免疫保护有效期，也易发生猪瘟、猪肺疫、新城疫和寄生虫病等常见疫病。

4. 种用动物区 一般管理严格、防疫措施落实到位，强化免疫和程序防疫较扎实，不易发生疫病。但种禽、母猪、母牛、母羊易成为一些病原的隐性带毒动物和病原传播者，如猪瘟、结核病、布鲁氏菌病、猪繁殖与呼吸综合征、沙门氏菌病等。

（三）平面和立体饲养

1. 平面饲养 地面平养，多用于猪、鸡、牛、羊等动物，设备简单，成本较低。优点是方便清扫或消毒；有利于观察和比对动物个体的异常表现，及时发现动物是否有发病的症状；便于观察动物个体的吃食和粪便状态，及时发现消化道疫病的症状；地面平养动物不易发生脚、腿疾患和禽类的胸囊肿等疾病等。缺点是圈舍垫料消耗较大、污染物的占地面积多、使用过的垫料难以处理、且常常成为传染源；易发生动物消化道疫病如鸡白痢病及球虫病；易发生争食、啄癖、打斗现象。

网架平养多用于禽类，高架平养多用于肉用山、绵羊等动物。这种养殖方式的优、缺点与地面平养几乎相反。

2. 立体饲养 又称笼养，近年来愈来愈广泛地得到应用。多用于鸡、鸽和兔、经济类毛皮动物等。笼的规格很多，大体可分为重叠式，多用于哺乳类小型动物；阶梯式多用于禽类，层数为3～4层。笼养与平养相比，单位面积饲养量可增加1倍以上，有效地提高了圈舍利用率；由于动物限制在笼内活动，争食现象减少，发育整齐，增重良好，可提高饲料效率5%～10%，降低总成本3%～7%；动物与粪便不接触，可有效地控制消化道疫病和球虫病蔓延；不需垫料，可减少垫料开支和舍内粉尘；转群和出栏时，抓捕方便，圈舍易于清扫等。过去笼养动物存在的主要缺点是胸囊肿和腿、脚掌病的发生率高，近年来改用弹性塑料网或竹片作底网代替金属底网，大大减少了胸囊肿和腿病的发生，效果良好。

现在国内绝大多数种鸡场均采用笼养和人工授精的方式。这种方式的优点是饲养密度大，节约基本建设投资、饲养管理方便、种公鸡使用效率高。但缺点至少有三个：一是种鸡被关在狭小的空间里，活动受限制、精神受压抑；二是每4d进行一次人工授精必然产生应激反应；三是不管公鸡身体状况如何、品质优劣、强制分配式与母鸡授精易造成鸡疫病的交叉感染，影响后代的生产性能。而平养与笼养相比优缺点正好相反：母鸡、公鸡在一个较大的空间里自由活动、符合其天性、体格健壮、抵抗力增强，能最大限度地发挥其生产潜能。免受4d一次捕捉带来的应激反应，而且根据自然竞争法则，优则交配、劣则淘汰，能有效提高后代鸡的整齐度和生产水平。权衡利弊，现在欧洲养鸡业发达国家在蛋鸡饲养方面已经淘汰笼养方式，全面推广高架网上平养。国内有一种鸡场始建于20世纪90年代初，采用笼养方式；另一种鸡场建于2002年，采用高架床平养，经两年的饲养比较，后者显示出明显的优势。

（四）放牧饲养

放牧是最传统的饲养方式。如今，在主要牧区的牛羊、山区农户的牛羊放牧饲养仍是最常见的，小规模的肉用鸡野外放养也较时兴。随着轮牧、圈栏放牧，草场草山建设，禽类的山林、果园轮换牧养，对草原、草场和山地草山的损坏污染已有所控制。放牧也最符合动物自然习性，有利于动物的生长发育和体质健康，商品肉质较好。但放牧动物易受突变和灾害性气候影响，风雨寒流和沙尘侵袭，造成感冒，抵抗力下降，易发生呼吸道、消化道疫病；放牧动物捕捉困难，实施预防注射和计划免疫难度较大；放牧地污染净化有一个较长的过程，放牧动物易受体内外寄生虫的感染或侵袭，常造成消化道寄生线虫病，蜱螨、螫蝇、牛虻等吸血昆虫群体性袭扰和寄生原虫病的群体性发病或流行；一旦发生传染病，切断传染病流行的任何一个环节都较困难，各项防制措施如紧急预防、隔离封锁、消毒等都比舍饲动物难以完全落实。为克服这些困难，提倡放牧加舍饲、设置简易棚、围栏、保定栏、放牧加人工补饲等措施十分必要。

（五）全进全出饲养

一般管理较规范和养殖水平较高的养殖场，特别是养禽场、商品猪场，都对同圈舍、同养殖小区或同养殖场的商品动物，实行同进同出、全进全出。同批次动物在出生、哺乳、育成、商品育肥阶段和出场都做到同步或基本同步；饲养人员随动物转移，进行同批次动物专人专职饲养，负责到底。使各饲养阶段的圈舍一次清空，可集中对空圈舍进行较彻底的清扫、消毒、维修和留有一定的空圈时间，做好接纳下一批动物的准备。避免同一圈舍、小区动物随时都有进有出，造成疫病的传播或交叉感染，饲养人员也较难掌握动物的总体或个体习性。

全进全出饲养，常与动物清群处理密切相关。对同群动物中的体弱、发育不良、有病患或恶癖，跟不上大群生长发育状况的个体动物应及时剔除、淘汰或转群，避免给大群动物留下感染疫病的隐患，并保持群体动物的基本一致，提高其商品价值。

（六）“公司 + 农户”模式

随着养殖业的发展，怎样迅速改变广大农村家庭养殖的传统习惯，把他们组织起来，实行科学养殖，使饲养水平和动物产品达到食品安全卫生要求，提高他们的养殖效益，走上共同富裕的道路已成为一个亟待解决的问题。在这种形势下，养殖公司或集团公司作为牵头单位，把分散的养殖农户组织起来，统一为他们提供仔畜、雏禽和相关技术服务，统一饲养标准和防疫，并收购育成商品动物。由此而形成了“公司 + 农户”、“公司 + 基地 + 农户”、“公司 + 基地 + 农户 + 食品加工厂”等一系列的经营模式，积累了许多成功的经验，并得以在许多地区推广，获得了较好的成效。

从严格意义上讲，“公司 + 农户”只是经营和管理方式的改变，并不是饲养方式上的改变；是使养殖动物的商品利益、技术服务与动物疫病防疫措施上的强制性相结合，但仍保留了家庭养殖和小规模专业户养殖的基本方式。这种养殖模式给动物疫病防制带来了一些新的问题和动向，在此模式下，公司与农户应注意以下几点：

1. 认真做好全进全出饲养　以“公司 + 农户”模式饲养动物，多以农户家庭为饲养单位，自主性较强，难以执行全进全出，造成同一种疫病在农户中交叉感染严重，动物发病绵延不断，难以控制。特别是一旦发生烈性传染病，给扑灭工作带来相当难度。因此，在此种模式下的动物饲养应充分发挥公司的协调指导作用，采取强制手段，坚持做到全进全出饲养，确保防疫安全。

2. 努力树立饲养户的卫生防疫意识　饲养户防疫意识差，技术措施贯彻不力，传统观念严重，多以经验办事，影响技术措施推广；往往在防疫治病过程中自作主张，认为只要动物能“长好”就行；尤其在消毒方面舍不得投入，门前消毒池形同虚设，饮水消毒浓度多以估计为准；平时互相串舍，毫无封闭饲养意识等。在实际工作中，应针对饲养户存在的问题，随时做好饲养户的技术培训工作，使防疫安全意识在思想上扎根，确保免疫程序等综合防制技术措施的认真执行。

3. 引导饲养户正确使用药物 有些饲养户使用药物防病只图便宜，常从非正规渠道购入伪劣药品；或者在治病过程中不讲疗程，盲目用药，药物中毒时有发生，抗药性产生更为常见，给今后的预防或治疗用药带来困难。因此，必须认真指导饲养户正确地使用药物。

4. 加强养殖场的综合防制安全措施 以“公司＋农户”模式饲养动物，由于受到各种条件的制约，对重大或烈性传染病的控制，基本上依赖疫苗免疫，因此在多数情况下，这些传染病仍难以有效控制。再好的疫苗，如没有严格的综合防制措施作保证，都难以产生应有效果。因此，加强农户或养殖场动物疫病综合防制技术措施显得极为重要。

5. 努力解决好服务环节间交叉感染问题 动物饲养过程中，公司向饲养户提供商品幼畜或雏禽、饲料、兽药、屠宰加工等一条龙服务，各饲养户经常出入于基地场、饲料厂、兽医站、冷冻加工厂等。如某饲养户的动物发生传染病，极易造成疫病传播或严重的交叉感染。因此，公司所属的各个单位和养殖户，必须加强卫生消毒工作，各厂门前的消毒应保持安全有效。进出的车辆应严格消毒，特别是加工厂的车辆，来往于各养殖场，每次使用后应彻底清洗严格消毒，坚决杜绝交叉感染，这是控制烈性传染病或常见疫病发生的一个必不可少的关键措施。另外，各场应严禁贩卖病、死动物者入内。一些小贩专司贩卖病、死动物，走户窜场，是严重的“带毒、带菌”者，因此对此类小贩应坚决取缔，否则将会带来严重后果。

6. 做好供应场疫病的防制净化 动物繁殖供应场是源头，源头污染则整个养殖流程都将发生问题。严格做好供应场的疫病防制，对一些易带毒、带菌的疫病加强监测，及时淘汰隐性感染动物，是消灭病原的最主要环节。

7. 对发生烈性传染病的养殖户（场）应采取果断措施 凡发生重大疫病，应及时清除疫点饲养户所饲养的动物。发生了烈性传染病，饲养户一般都舍不得处理，极易引起疫病在全流程扩散，造成更大的损失。针对此情况，应在做好封锁、隔离工作的前提下，向发病户或场讲明道理，动员或强制其及时处理发病动物群，拔除疫点，防止传播蔓延，迅速扑灭烈性传染病疫情。

8. 努力做好主要疫病免疫抗体监测工作 抗体监测是确保有效免疫的科学手段。公司应对每一批供出动物的主要疫病免疫抗体情况做好监测工作，以便随时调整免疫程序，确保供出动物对主要免疫疫病拥有较高的抗体水平，以能抵抗转场后可能出现的感染。

三、强化环境卫生管理

环境卫生管理是以改善和优化养殖条件、维护动物健康、有利于动物疫病防制、提高其生产能力为目的。养殖场环境卫生管理涉及范围较广，其中部分主要措施和影响因素已在前述内容中涉及，但环境条件的兽医卫生和与动物疫病防制密切相关的还有以下两个主要问题：

（一）养殖场环境污染

1. 养殖场的自身污染 养殖场的环境污染主要来自自身污染和外来污染两个方面。这些污染与动物疫病的发生、发展和对动物健康、动物产品的质量安全都有密切关系。由于养殖业的快速发展，规模大、集约化程度高的大、中型养殖场越来越多，集中产生的大量粪便、尿液、污水、废弃物会造成严重的污染。一个年出栏1万头猪场，每天产生的污水量为73t，粪尿量为2.5t；一千头的奶牛场，年产粪尿1.1×10^4t；20万只的鸡场，每日产粪量达3.5t。这些废弃物不仅是许多病原体和有害昆虫的繁殖孳生物，还会产生大量的有害气体和恶臭气味，如硫化氢、甲基硫醇、氨态氮、挥发性胺、氨气等。这些气体、气味严重影响动物的呼吸、血压、心跳等正常机能和生长发育，甚至引起中毒。这些污染物干燥后形成的尘埃，是呼吸道、消化道疫病的病原携带和传播者。而大多数人畜共患病的病原载体主要是动物的粪便及分泌物。

因此，解决养殖场自身环境污染，充分合理、科学利用粪尿等废弃物，是强化养殖场环境卫生管理最重要的问题。目前，解决养殖粪尿等废弃物污染的主要方法如下。

（1）环保饲料技术：提高饲料中氮、磷利用率，降低粪便的氮、磷含量是治本的方法。如生物酶制剂处理、颗粒化、膨化、热喷等环保饲料。

（2）除臭剂开发利用：在饲料或垫草中添加各种除臭剂，如某些植物提取物、偏硝酸盐类、微胶囊化生物制剂、酶制剂等。

（3）生物和生态净化：利用厌氧发酵，进行沼气和有机肥生产。

（4）再利用技术：粪便再利用为补充饲料，已进入实用阶段。

（5）循环生态系统工程技术：利用养殖业、种植业、生物燃料之间的生态系统中生物和谐转化技术，使物质与能量充分循环利用，实现立体生产或无废弃物生产。目前已有许多成功的模式。

2. 外周环境污染 主要是工业的“三废”和种植业的农药、化肥残留物，通过大气、水和饲草饲料污染到养殖环境和养殖环节，由此对养殖动物造成影响或危害。

（1）大气污染：影响养殖动物健康的大气污染物质主要有：

① 二氧化硫（SO_2）：来自冶炼、石油化工或燃烧含硫的煤、石油等产生，根据污染浓度，可侵害动物呼吸系统，引起气管、支气管炎和肺部疾病，甚至死亡。

② 氧化物：来自炼钢、磷肥、玻璃厂等，以氟化氢（HF）、氟化硅（SiF_4）等形式排入大气。被动物吸入进入血液，使钙磷代谢失调，引起氟斑牙、骨骼和四肢变形等中毒症状，长期中毒会使动物死亡。

③ 氮氧化物：来自矿物燃料燃烧、氮肥厂、印染厂等废气排放，最常见的为一氧化氮（NO）、二氧化氮（NO_2）等。氮氧化物可引起动物的急、慢性中毒，0.5～17mg/m^{3}可引起呼吸道炎症、支气管痉挛和呼吸困难；60～150mg/m^{3}可使动物昏迷或死亡；200mg/m^{3}以上可引起动物急性中毒死亡。

④ 碳氢化物：来自工农业生产和汽车等燃油类机械排放的废气，成分复杂，包括一氧化碳、烃类、萘、蒽、芘等。碳氢化物经阳光照射产生臭氧（O_3）等，可刺激动物黏膜，引起肺部疾病。

（2）水污染：水是影响动物生活和养殖生产最重要的环境因素和条件，养殖用水的污染主要来自工业废水，其成分复杂，含有各种有毒有害物质、有机物、悬浮物和病原生物

(生物制品、屠宰或肉食品加工所产生的废水);生活污水,多为人类生活过程产生,特别是大小便器污水和医疗污水含有各种病原和寄生虫卵;另外,农药、化肥、废气、废渣中的残留物会随降水、地表径流造成水污染;养殖场污水也会随渗透等污染水源。

① 引起介水疫病的流行:水体和水源受到病原体的污染,可能通过饮水、拌合饲料等导致动物介水疫病的发生和流行,污染程度严重时可造成暴发流行或大流行。如炭疽、口蹄疫、禽流感、钩端螺旋体病、结核、猪瘟、新城疫、日本血吸虫病等病均可通过水传播。特别是水禽类的疫病表现尤为严重。因此,决不能忽视水源污染的危险性,应对水源注意特别保护和消毒。

② 引起养殖动物的急、慢性中毒:污染水体的化学物质很多,如铅、砷、汞、氟、有机磷农药等,对动物机体都有一定毒性,根据污染程度可能引起动物的急、慢性中毒。但一般情况下,长期饮用污染水,导致慢性中毒的较多,使动物生长发育缓慢、体质衰弱、贫血、骨骼变形等。因此,当发生原因不明的营养性、代谢性或慢性疾病时,应做好对水源、水质的监测。

(3) 土壤污染:养殖场和饲料、饲草生产基地的土壤污染,除因自身使用农药、化肥和动物粪便不当造成外,它也是大气污染、水污染和养殖废弃物污染综合作用的结果。

总之,养殖场环境污染问题的预防和解决,大多应在场址选择,建设规划和建设布局等前期工作时就着手解决。不能在投入养殖后发现问题才去采取补救措施,有许多问题单靠养殖场自身能力无法解决和补救。

(二) 养殖圈舍小气候环境

动物在养殖过程中,自然的季节性变化和气象因素的改变是影响动物的主要外界环境条件。其中,最重要是直接影响动物的热调节,从而关系到动物的健康和生产力。季节和气象因素还关系到许多动物疫病,特别是动物寄生虫病的发生和传播。

动物圈舍的小气候环境是由光照、温度、湿度和通风(气流)等4个主要因素决定和形成。圈舍的作用使舍内外的环境条件有很大差别,圈舍内小气候环境对动物的生长发育、健康状况、生产性能和疫病的控制都密切相关。

1. 光照(太阳辐射) 太阳辐射是生命的源泉,对动物的生理机能、健康有很大的直接和间接影响。太阳光辐射分为红外线、可见光和紫外线,对动物机体和环境会产生不同的作用和效应。

(1) 紫外线:紫外线的光学效应能使病毒、细菌蛋白质变性、凝固而死亡;紫外线照射皮肤,能使皮肤中的7-脱氢胆固醇形成维生素 D_3,调节钙、磷代谢,防止动物软骨病、佝偻病和维生素 D 缺乏;紫外线能提高动物血液凝集素的效价,提高动物机体的抵抗力和杀菌力;此外,紫外线还有兴奋呼吸、加强代谢过程、促进血液循环、消炎止痛、刺激肉芽增生、加速创伤愈合等作用。但过度的紫外线照射,也能使动物发生光照性皮炎,皮肤出现红斑、瘙痒、水肿和水疱;或使动物发生光照性眼炎等。因此,让动物和动物圈舍有适当的太阳光照射,有利于动物健康和疫病防制。

(2) 红外线:红外线的生物学基础是热效应,又称热辐射。适当的红外线照射,能加速组织内的物质代谢、细胞增生、促进生长发育等。因此,常用人工红外线作为雏禽脱温和幼畜保温;作为风湿性关节炎、神经痛的物理治疗。过度的红外线照射,可引起动物的日射病、热射病和眼球损伤引起白内障,在马、羊、牛等放牧动物中较常见。

（3）可见光：可见光是动物光觉和色觉的必需条件。可见光较强可使动物兴奋、减少休息、提高代谢率，降低增重和饲料利用率。所以，任何动物的肥育期，都应减弱光照强度和作用时间。禽类特别是鸡，光度较低时群体较安静，生产性能提高较快，光照过强时易发生啄羽、啄肛、啄趾或神经质状态；猪群也有类似情况。

另外，光照的季节性变化和光照的强度、时间等是动物发情和影响生育能力的重要因素。

因此，光照是构成圈舍小气候的重要因素之一，动物圈舍的光照强度、采光方式、时间等，都应根据所在地区的气象条件，养殖动物的种类、生长发育阶段、用途、生产目的等因素进行圈舍的设计和建设，并能利用遮光物进行调节才能有利于动物的健康和对疫病的抵抗能力。

2. 温度 圈舍的温度主要来源于太阳的辐射传导，舍内外空气的流动和动物机体的散热，且与圈舍的高度、建筑材料、圈舍的封闭程度和动物养殖数量与密度等因素密切相关。圈舍内温度应与动物的正常需求和适应范围基本吻合，温度过高或过低都会给动物健康造成严重影响。

（1）高温：在高温条件下，会引起动物机体体温调节障碍，出现呼吸浅而快，喘息、张口伸舌，流涎加出汗，丧失大量水分，血液浓缩；皮肤血管扩张、末梢血循环量加大或充血，内脏血量减少或贫血，心跳加快等症状。同时，对消化道、泌尿系统、神经系统、繁殖机能都会造成损害，降低抵抗力，诱发疾病或疫病。

（2）低温：在低温情况下，动物的外在表现往往和高温条件相反，最明显的是肌肉紧张、颤抖、活动量和采食量加大，极易发生感冒，抵抗力骤降，诱发呼吸道、消化道疫病和多种条件性传染病。

因此，动物圈舍的建设和类型，应适应当地的主要气候条件和动物的需求。并根据圈舍类型（封闭舍、半开放舍、开放舍、棚舍）设置必要的通风换气、防暑降温、喷淋和防寒保温、增温等设施，创造适宜动物的温度条件。

3. 湿度 圈舍内的主要影响因素是相对湿度，圈舍内的相对湿度以50%～70%为宜。湿度主要来源于动物排出的水汽（约占70%～75%），地面、垫料蒸发水分占20%，进入舍内空气水分占10%～15%。动物的许多疫病与湿度有较密切的关系。

（1）高湿：在高湿环境中，动物抵抗力下降，发病率增高，易引起疫病的传播蔓延，使死亡率上升。高湿度有利于大多数病原体、寄生虫卵存活和生长繁殖，使动物易患螨病、球虫病、真菌性湿疹和腐蹄病等。而在高温高湿条件下，不仅易造成饲料或原料的霉变，垫草霉变，使雏禽暴发曲霉菌病。在低温高湿条件下，动物易发生呼吸道、消化道疫病或风湿病、关节炎等疾病，并使生产性能下降。

（2）低湿：低湿，特别是干热天气时，易使动物皮肤、黏膜干裂，减弱对病原体的抵抗或防卫能力，极易发生呼吸道疾病，也易造成动物烦躁不安、争斗、啄癖等异常表现。

动物圈舍的排水系统和排粪尿设施，空气和温度控制设施都对圈舍内的湿度调节有重要作用或影响。

4. 气流（通风） 圈舍中的气流主要由通风设备、门窗开闭，墙、顶缝隙，动物散热和地面、房顶的温差造成空气对流而形成。圈内气流在0.2～2.5m/s为宜；温度低，湿度小时，气流应小于0.25m/s；温度高，湿度大时，应大于0.5～2.5m/s。气流主要影响动物体表水汽的蒸发量和散热，圈舍内的气流与速度、舍内温度和湿度呈现叠加或抗消作用时，才会对动物产生影响。但保持圈舍空气的流动，有利于舍内温度和湿度的均衡，有利舍内外空气对流和污浊空气的排出。

动物圈舍切忌产生贼风，“贼风一线”往往温度低、速度快，使动物局部经常受到冷刺激，引起关节炎、神经痛、感冒、肺炎和瘫痪。因此，要注意堵塞墙壁缝隙、空洞，进气通道应设在上方，高架平面饲养的通风口应设在背风面等。

5. 微粒 圈舍中的微粒多为降尘和飘尘，按成分可分为有机或无机微粒。由于分发饲料、清扫地面、使用塑料、清除粪便，刷拭动物，饲料加工等机械活动，以及动物活动，咳嗽、鸣叫等均可产生微粒；外界燃烧的烟尘、扬尘、花粉、孢子、纤维等也可随通风进入圈舍等；可使圈舍中的微粒达60%以上。

微粒对动物的危害主要是污染皮肤，与皮脂腺、汗腺分泌物、微生物混合物对皮肤产生刺激作用，引起发炎、发痒、皮脂汗液分泌受阻，使皮肤干燥、龟裂，降低对病原体的抵抗力。

微粒能吸附氨、硫化氢、细菌、病毒等，刺激动物呼吸道引发炎症和经呼吸道对动物机体产生更大危害，甚至引起疫病流行。

6. 噪音 圈舍式养殖场的噪音一是外界传入，如飞机、火车、汽车、雷声等，二是场内风机、饲料粉碎、喷雾等机械产生。高分贝的突然噪音或持续噪音会使动物失态、惊恐、奔跑、狂躁等，并造成一段时间内生产力下降，甚至造成禽类应激死亡。

总之，圈舍小气候和环境是影响动物健康和生产性能的重要外界条件之一。要使动物有适宜的圈舍小气候和环境条件，最根本的是要保证养殖场选址恰当，圈舍的所有结构从设计到施工都必须符合采光、隔热、保温、通风、防寒、排水防湿等卫生要求。

第三节 动物营养与防疫

一、饲料与动物营养

饲料是能提供饲养动物所需养分，保证健康，促进生产和生长，且在合理使用下不发生有害作用的可饲用物质，是维持动物生命和生产力的物质基础，是动物养殖必备的重要基础物质，其质量优劣关系到饲养动物的健康、动物产品的卫生和人类食源的安全。因此，对饲料原料的来源、加工生产、使用必须加强管理，以确保其质量和安全，维护动物和人的健康。

（一）饲料发展概况

我国的饲料工业是一个新兴的产业。随着畜牧业的快速发展，动物营养学、饲料科学和饲料加工技术水平的提高，饲料工业和各类型饲料、品种的生产得到不断发展，在国民经济中发挥着越来越大的作用。

20世纪50年代，一些国营畜牧场开始参照国外颁布的动物营养配比需要，生产加工自用的混合饲料。70年代初，我国外贸部门投资引进设备，先后兴建了3个颗粒饲料生产车间。至1979年底前全国建成并投产的年单班产量在2 000t以上的饲料厂仅40余座，年产配（混）合饲料39×10^{4}t。1984年国务院批准颁布的《1984—2000年全国饲料工业发展纲要（试行草案）》，标志着我国饲料工业正式纳入国民经济和社会发展序列，促进了饲料工业的大发展。1989 年国务院在《关于当前产业政策要点的决定》中，把饲料工业列为重点支持和优先发展的产业。我国饲料工业起步晚，但是发展很快，如今已初步建成了包括饲料原料工业、饲料添加剂工业、饲料机械设备制造业、配合饲料工业及饲料科研、教育、培训、监督、检测、信息等在内的完整的饲料生产和质量监督检验体系。据初步统计，2000 年我国饲料产品总量达到 7 400 $\times 10^4$t。其中，配合饲料产量为 5 900t，浓缩饲料 1 200 $\times 10^4$t，添加剂预混料 300 $\times 10^4$t。成为继美国之后的世界第二大饲料生产国。

饲料产品结构进一步优化，高附加值的添加剂预混料和浓缩饲料产品比例大幅度提高。2000 年，添加剂预混料和浓缩饲料占饲料产品的比重分别达到 4.1% 和 16.2%。适应了养殖业产品结构调整的需要，也促进了养殖业的结构优化。

饲料产品质量标准化体系不断完善，饲料产品的国家或行业标准增加到目前的 207 个，其中国家标准 70 个，行业标准 137 个，促进了饲料产品质量的普遍提高。配合饲料合格率基本稳定在 90% 以上，添加剂预混料的产品合格率也在 80% 以上。

饲料的安全性直接关系到动物食品的安全，进而影响到人的健康。随着消费者对食品卫生安全意识的增强，对饲料安全性日益关注。1999 年 5 月，国务院颁布了《饲料和饲料添加剂管理条例》，使饲料、添加剂的产、供、销、用纳入了法规管理。

近十多年来，随着养殖科学技术的发展，新型饲料添加剂不断出现和广泛应用，使饲料的概念有了新的变化。目前使用的饲料添加剂有营养物质添加剂（维生素、氨基酸及微量元素等）、生长促进剂（抗生素、激素及酶制剂）、驱虫保健剂（氨丙啉等）、抗氧化剂（二氧基喹琳、二丁基羟基甲苯、丁羟基茴香醚、抗坏血酸及生育酚等）、防霉剂（丙酸钠、丙酸钙、脱氧醋酸钠）。有的饲料添加剂，如维生素、氨基酸和微量元素，本身就是动物的营养物质。而抗生素和抗氧化剂等不是动物的营养物质和热能来源，它们的主要功能是防止饲料变质，促进生长，提高饲料利用率和预防疫病等，有益于动物成活与健康。所以，凡含有动物需要的营养物质和热能，以及少量不起营养作用但有益于动物维持生命活动的物质，也已纳入并均称为饲料或饲料添加剂。

（二）饲料营养和主要功能

饲料是动物养殖最重要的条件之一。为保障动物的健康和提高生产性能，必须注意动物的合理营养。营养物质必须从饲料中获取，动物机体摄取、消化、吸收和利用营养物质的整个过程称为营养。

动物从饲料中获取的营养物质，按其在动物机体内的代谢过程是否产生能量（热量），分为能量饲料：即蛋白质、脂类和碳水化合物；非能量饲料：即维生素、矿物质（微量元素）和水。

1. 蛋白质　蛋白质是构成动物生命的主要物质，是动物一切细胞和组织的基本成分，也是酶、激素、免疫球蛋白等的构成成分，参与渗透压和酸碱平衡的维持和调节，促使机体的生长发育，并供给机体热量。

动物蛋白质缺乏，可致生长发育迟缓、体重减轻、体质衰弱、贫血，抵抗力低下，易感染。动物蛋白质严重缺乏时，可造成营养不良性水肿或瘦弱。

蛋白质的基本单位是氨基酸。在组成动物机体蛋白质的氨基酸中，有几种是动物不能合成或合成量不足，必须从饲料中获取的，称为必需氨基酸。它们是：异亮氨酸、亮氨酸、赖氨酸、蛋氨酸、苯丙氨酸、苏氨酸、色氨酸、缬氨酸和幼畜必需的组氨酸。动物用氨基酸类饲料添加剂，主要就是针对必需氨基酸配制生产。

饲料蛋白质营养价值的高低，主要取决于动物饲料中蛋白质的含量、氨基酸的组成和机体对其消化、吸收、利用的程度。饲料中蛋白质必需氨基酸的含量和比值越接近动物机体的需要，其营养价值越高，称完全蛋白质。所以，常需几种饲料互相搭配混合饲用，互相补充，才能提高饲料的营养价值，满足动物的需要。这也是配合饲料、浓缩饲料、营养补充饲料、精料补充料等，得到广泛应用的由来。

2. 脂类 饲料中的脂类包括脂肪和类脂。脂肪包括饲料中的动物性、植物性脂肪；类脂是与脂肪性质相似的磷脂、固醇、类固醇等化合物。

脂肪是动物机体的重要组成成分，占动物体重的比例很高。脂肪可为动物提供能量，供给必需的脂肪酸，携带并促进脂溶性维生素的吸收，而类脂是细胞构成的主要原料之一。

脂肪酸分为饱和脂肪酸、单不饱和脂肪酸和多不饱和脂肪酸三种。多不饱和脂肪酸中的亚油酸在动物体内不能合成，需由饲料供给，是必需脂肪酸。多不饱和脂肪酸是机体细胞膜和线粒体的主要结构成分，是细胞膜功能的基础，对维持机体的抗病力、免疫力和抗氧化能力有十分重要的作用。

饲料中脂肪酸、特别是必需脂肪酸的含量越多，其营养价值也越高。特别是植物性脂肪含脂肪酸较多。目前，含多不饱和脂肪酸（PUFAs）、亚麻酸（LHA）、亚油酸（LA）、共轭脂肪酸（CLA）的新型饲料添加剂或抗氧化添加剂已日愈广泛应用于动物养殖。

3. 碳水化合物 碳水化合物是饲料的主要成分，按分子结构可分为单糖、双糖和多糖。碳水化合物在动物体内消化吸收完全，是动物从饲料中获得能量最主要、最经济的来源。是动物组织细胞不可缺少的组成成分，它具有保肝解毒、节约体内蛋白质、防止酸中毒等功能。其中的植物纤维素、对维持动物的正常消化功能具有重要作用。

4. 维生素 维生素是动物维持正常生理功能不可缺少的低分子化合物，需要量较小，但动物体内不能合成或合成较少，必须从饲料中获取。它分成脂溶性维生素（A、D、K、E）和水溶性维生素（B 族维生素和维生素 C）两大类。

缺乏任何一种维生素都会引起动物发生相应的维生素缺乏症。在规模化养殖条件下，甚至会出现群发性维生素缺乏症。有的维生素，如维生素 A、维生素 D 摄入过量时，会引起相应的中毒症状。

其中，维生素 C、维生素 A、维生素 B_2等，在维持动物对疫病的抵抗力、免疫力、抗氧化作用方面具有主要作用。现在单一或复合维生素类饲料添加剂的应用已十分广泛。

5. 无机盐 无机盐是饲料中的矿物质营养素。动物体含量较多的有钙、磷、镁、钾、钠、硫、氯 7 种，为常量元素；其余含量甚微，但又是动物机体所必需的，有铁、碘、铜、锌、锰、钴、钼、硒、铬、镍、锡、硅、氟、钒 14 种，为微量元素。这些无机盐营养素缺乏，也会引起动物相应元素的缺乏症。动物饲养中，最常见的为钙、铁、硒和锌，但过量使用这些元素，也会造成动物的中毒和出现副作用。

6. 水 水是动物机体的主要组成部分，约占动物体重的 65% 左右。动物机体的一切生命过程都离不开水，体内的代谢生化过程都需要在水溶液中或在水的参与下进行；一切生理活动，如体温调节、营养输送、废物排泄等都要靠体液来完成。所以，给动物符合卫生标准的充足饮水十分重要。

动物饮水的水质不良或被污染，可造成水介性动物疫病，特别是消化道传染病的发生和流行，也会引发氟中毒等慢性病。

总之，养殖户或养殖场应根据自身的饲料来源、类型和所含营养物质的能量、成分、比例，按所养动物的种类、生长阶段的不同营养需求，对各种饲料进行配方组合，或使用饲料添加剂对所缺营养物质进行调节，以满足养殖动物对各种营养物质的要求，才能保证动物健康成长和发挥生产能力。

（三）动物营养与疫病

饲料是动物维持生命活动的基本需求，必须从体外摄取饲料以获得各种必需的营养物质，以保证机体新陈代谢的正常进行。营养物质包括各种蛋白质、脂类、碳水化合物、无机盐类、维生素和微量元素等。这些营养物质的缺乏、不足或过量都会影响动物的健康，甚至引发疫病。

1. 动物营养是动物抗病力、免疫力产生和维持的物质基础 动物受到疫病病原体的感染和入侵时，会产生疫病应激状态，动物机体需要动员体内大量的葡萄糖、氨基酸、维生素、微量元素等用于提高或增强免疫功能，而用于自身生产和生长的营养会大幅减少，甚至出现营养需求与供给的负平衡，造成生产上的经济损失。因此，为了保持动物机体在疫病侵袭时的快速反应，具备足够的免疫能力抵制并消灭病原体，在饲料供应中必须保证或提高维持动物免疫功能的这些重要营养物质。

2. 动物的抗病能力和免疫力与机体的抗氧化机能密切相关 病原体侵入机体后，细胞免疫系统被激活，在NADOH酶的作用下产生大量的活性氧基，活性氧基在消灭病原体的同时也在破坏自身机体细胞。体内的抗氧化系统具有保护自体细胞免受氧化破坏的功能，特别是保护各种细胞膜结构的完整性。细胞膜结构含有相当比例的不饱和脂肪酸，是细胞膜功能的基础。细胞膜结构的完整性对于机体识别抗原、受体、抗体和细胞的分泌、吞噬功能都有关键作用。动物机体内的抗氧化状态较差和不足时，疫病应激产生的大量活性氧基可损伤自体细胞，使淋巴受体细胞损害，免疫细胞间的交流或协同作用受阻，使巨噬细胞的吞噬能力和淋巴细胞产生抗体的能力降低。

动物机体每次发生的疫病应激状态，都会消耗机体大量的抗氧化储备，因此，必须供给动物充足的含天然抗氧化作用的营养物质。动物的抗氧化系统主要由谷胱甘肽、含硫胺基酸、不饱和脂肪酸、维生素E和维生素C、硒、类胡萝卜素等组成。这些抗氧化剂对增强动物免疫力，促进抗体的产生具有极其重要的作用。另外，色氨酸、苏氨酸、精氨酸、蛋氨酸等都对疫病应激，提高动物血清IgG和红血球抗体水平都有明显作用。因此，动物饲料中应含有多种必需的氨基酸、脂肪酸和维生素。为保证动物天然饲料中这些营养物质的不足，保证动物的抗病能力和免疫力，多种人工配制的营养性补充饲料，精料补充料、动物性蛋白质饲料和多种氨基酸、维生素添加剂、抗氧化剂等饲料添加剂应运而生，其重要性为越来越多的养殖业主所认识，产量和用量日益增加。

3. 动物健康和抗病力、免疫力与适量的矿物质、微量元素密切相关 除硒外，锌、铜和铁对动物的健康、抗病力、免疫力也非常重要。缺铁会导致动物贫血和免疫力低下。锌在白细胞中的含量很高，疫病应激状态下，血锌的含量明显下降，锌的需求量明显增加；锌不足或缺乏，会使动物黏膜的非特异性免疫状况下降，使T-淋巴细胞和B-淋巴细胞的免疫作用受到抑制；锌是许多酶的组成成分，影响机体的代谢功能等。铜缺乏会干扰动物的正常造血功能引起贫血等。因此各种微量元素应在饲料配比中有一定的含量要求。现微量元素添加剂也已在养殖业中广泛应用。但是，过量添加微量元素硒、铁、铜、锌等，可能引起严重后果。高铁和硒过量可导致动物氧化应激不力，免疫抑制和抗病力下降，甚至发生急性或慢性中毒。

另外，钙、磷在饲料中含量不足或比例失调；饲料中含过多的草酸；维生素 D 缺乏或动物肠内容物 pH 值偏碱等。都会造成动物钙磷缺乏或代谢障碍，引起动物骨软症、佝偻病或产后瘫痪等疾病。

二、饲料种类和安全使用

为了加强对所用饲料、饲料添加剂的生产和使用管理，国务院颁布了《饲料和饲料添加剂管理条例》（国务院令 327 号）；国家质量技术监督局批准了《饲料卫生标准》（GB13078）；农业部先后制定了《饲料添加剂品种目录》（农业部公告第 318 号）、《饲料药物添加剂使用规范》（农业部公告第 168 号），发布了《无公害食品 畜禽饲料和饲料添加剂使用准则》（NY5032—2006）和《绿色食品 饲料及饲料添加剂使用准则》（NY/T471—2001）等一系列法规和标准。对饲料和饲料添加剂质量、安全、卫生和使用中的注意事项都提出了明确要求，中心强调了动物食品的公共卫生和对人的食品安全保障。

（一）饲料的种类

1. 单一饲料 单一饲料可分为动物性饲料和植物性饲料。

（1）动物性饲料：是指来源于动物机体的一类饲料。包括动物的肉、内脏、羽毛粉、血粉、骨粉、肉粉、鱼粉、蛋类、乳汁、乳清粉、奶粉等，因其含有比较丰富而且质量高的蛋白质，又称蛋白质饲料。

（2）植物性饲料：来自植物的饲料。包括农作物的籽实，如大米、大豆、玉米、小麦等；植物的块根，如马铃薯、甘薯、胡萝卜等；农作物加工后的副产品，如豆饼、花生饼、芝麻饼、向日葵饼、酒糟、豆渣、粉渣、麦麸、米糠等；植物的秸秆、牧草和蔬菜等。

植物中含有大量的碳水化合物，能提供能量，是主要的基础饲料。缺点是蛋白质含量低，氨基酸的种类少。虽然植物中如豆类也含有大量蛋白质，但与肉相比只能作为补充，因此，不能只提供植物性饲料。植物饲料最重要的价值在于提供维生素，缺少维生素的动物会得缺乏症之类的疾病以及消化系统疾病。

植物性饲料中含有较多的纤维素。纤维素不易消化，营养价值不大，但却有重要的生理意义。纤维素在动物体内可刺激肠壁，有助于肠管的蠕动，对粪便的形成有良好的促进作用，并可减少腹泻和便秘的发生。

2. 微生物性饲料 是指有益微生物、代谢物及其制品。如饲料酵母类、青贮类、单细胞蛋白类等可饲物质。

3. 营养性补充料 是针对单一饲料物质营养成分不全面，而人为采用的一些补充物质。主要有饲料级氨基酸、饲料级维生素、饲料级矿物质、非蛋白氮等。

4. 饲料添加剂预混料 是指由饲料级氨基酸、饲料级维生素、饲料级矿物质与其他饲料添加剂加入某种载体或稀释剂，按一定比例科学配制的均匀混合料。

5. 浓缩饲料 是由饲料添加剂预混料的一种或多种加入蛋白质原料，按一定比例科学配置的均匀混合料。使用时需按一定比例加入植物性基础饲料。

6. 精料补充料 是以粗饲料、青饲料、青贮饲料为基础，满足肉牛、奶牛、马、羊、兔等草食性动物的营养，而用多种饲料原料按一定比例配制的饲料。

7. 配合饲料 是根据鸡、猪、鸭、鹅、兔、鱼、虾、反刍类、观赏类动物等各类饲养动物的不同生长期的营养需要，将多种饲料原料、饲料添加剂按饲料配方经工业生产的饲料，一般也称全价饲料。

（二）饲料的安全使用

饲料安全是动物食品安全的前提，不安全的饲料，往往成为众多病原菌、病毒及毒素的重要传播途径。农药、兽药、各种添加剂、激素等在动物产品中的残留也会危害人体健康，造成食品安全隐患。因此，在饲料的使用上要遵循以下准则。

① 所使用的饲料应具有该种饲料的正常色泽、嗅味、气味，外观应符合该种饲料的组织形态特征，质地均匀。

② 无发霉、变质、结块、虫蛀和无异味、异嗅、异物。

③ 使用的饲料和饲料添加剂，应是安全、有效、不污染环境的产品。

④ 符合所使用饲料的质量标准和饲料卫生标准；禁止使用转基因方法生产的饲料原料和以工业合成油脂作为饲料。

⑤ 饲料和饲料添加剂应在可靠和稳定的供应条件下取得或保存。确保饲料在加工、配制、贮存和使用过程中，不受害虫、鼠类、化学、物理、微生物或其他不期望物质的污染。

⑥ 制药工业的副产品，如抗生素生产的发酵残渣等不得应用于动物饲料和饲料添加剂中。

⑦ 除乳和乳制品外，哺乳动物源性饲料和饲料添加剂不得用作反刍动物饲料。

⑧ 饲料如经发酵处理，所使用的微生物制剂或菌种，应是《饲料添加剂品种目录》中所规定的微生物品种；或是经国务院农业行政主管部门批准的新饲料添加剂和微生物品种。

⑨ 营养性饲料添加剂和一般性饲料添加剂应是《饲料添加剂品种目录》中所规定的品种；或是经国务院农业行政主管部门批准的新品种。

⑩ 国产饲料添加剂产品应由取得饲料添加剂生产许可证的企业生产，并有产品批准文号。养殖业和饲料配制人员应按产品标签所规定的用法、用量使用。

⑪ 自配饲料的养殖场应设专门的配料室，专人管理；所用计量器具应校准和正常维护，以确保微量添加物的用量准确；混合或稀释应分级进行，确保混合搅拌的时间和均匀度，防止发生意外。

（三）饲料使用存在的主要问题

一些养殖户或简陋的小养殖场，在饲料的使用上，至今仍存在一些长期未解决的问题。

① 长期或大量饲喂本身含有较多有毒有害物质而未经脱毒处理的饲料。如棉籽饼、菜籽饼、发霉玉米和玉米秸秆、麦秆等。

② 饲喂含有较高农药残留的饲料。

③ 使用不符合卫生标准和非合法厂家生产的配合饲料。使用工业级添加剂造成铜、铁、锌、锰、砷、汞、钴等重金属元素超标，在畜产品中残留。

④ 使用的饲料或饲料添加剂中添加了人用药品如氯霉素、痢特灵、盐酸克伦特罗等违禁药品及乙烯雌酚等激素药物。

⑤ 使用消毒不严的工业用骨粉、肉粉、鱼粉甚至用潲水垃圾饲料喂养动物。

这种状况下喂养出的动物食品和产品，对人的卫生安全存在极大隐患。

三、药物饲料添加剂和使用

药物饲料添加剂，是指添加到动物饲料中的各种物质中，含有预防性和治疗性药品。这类添加剂的作用是：完善日粮的营养全价性，提高营养浓度和饲料利用率，促进动物生长发育，可预防或治疗动物的营养性、代谢性疾病或疫病，也可减少饲料贮存中营养物质的损失。营养类有氨基酸、维生素、微量元素等；疫病或疾病预防治疗类添加剂包括抗生素等药物、激素（生长素、雌激素及孕激素）。此外，还有驱虫保健剂、抗氧化剂和中草药保健促生长饲料添加剂等。

（一）药物饲料添加剂的种类和作用

1. 氨基酸　氨基酸类添加剂中使用的氨基酸，主要是植物性饲料中最缺少，而动物机体又不可能合成的必需氨基酸，如赖氨酸、蛋氨酸、色氨酸、亮氨酸等。它的主要作用是保证动物机体蛋白质的合成，预防或治疗蛋白质缺乏所引起的营养性疾病，提高动物的抗病力和免疫力。

2. 维生素类　作为添加剂的维生素有维生素 A、维生素 D_3、维生素 E、维生素 K_3、硫胺素、核黄素、吡哆醇、维生素 B_{12}、氨化胆碱、烟酸、泛酸钙和叶酸及生物素等，多为复合制剂，单一维生素添加剂较少见。主要用于预防和治疗维生素缺乏症，保证动物的正常生理机能和代谢功能，提高免疫力和抗病力。

3. 微量元素类　微量元素在日粮中的添加量极小，每吨饲料量中只有几克。因此，应特别注意配合均匀。微量元素多以盐类形式作为添加剂，如硫酸铜、碳酸钴、氧化锰、硫酸锌、氧化铁、碘化钾等。微量元素种类很多，常用的有铁、钴、铜、锌、钾、锰、碘、硒等复合性添加剂。

4. 抗生素　常用的有土霉素、青霉素、链霉素、金霉素、吉他霉素等药物，多为单一成分的添加剂，用于预防和治疗动物的相关疫病。

5. 激素　激素添加剂有生长激素、肾上腺皮质激素、雌激素、孕激素、甲状腺素等有保障动物正常发育、促进发情、保胎等作用。

6. 驱虫类　为了消灭动物体内外寄生虫，常在饲料中添加入抗球虫、抗蠕虫和体外寄生虫类药物，如氯丙啉、伊维菌素、阿维菌素等。

7. 抗氧化剂　常用的有乙氧基喹啉、丁基化羟基甲苯、五倍子酸脂、抗坏血酸等。有增强动物抗病力、免疫力和疫病应激作用。

8. 中草药添加剂　具有保健促生长和调理作用。

9. 半胱胺类　有生物促生长作用。

（二）药物饲料添加剂的安全使用

除饲料添加剂安全使用准则外，药物饲料添加剂的安全使用还应注意以下几个问题。

① 药物饲料添加剂的使用应遵守《饲料药物添加剂使用规范》。应明确使用药物的名称、用法和用量；

② 药物饲料添加剂的贮存应安全有序，防止误用和交叉污染；

③ 使用药物饲料添加剂应严格执行休药性规定；

④ 药物饲料添加剂不得含有食品动物禁用的兽药及其他化合物；

⑤ 绿色食品生产禁用除氨基酸、维生素、微量元素之外的任何治疗性药物饲料添加剂。

四、新型动物保健品

近十年来，国内外新型动物保健品的研制工作发展较快，有的已经投入实际应用。之所以称为动物保健品，是这些制品已经脱离了传统意义上的营养性、药物性添加剂的使用机制和对动物的作用方式。它以改善动物机体内部生态环境，增强机体对营养物质的高效消化、吸收和利用；抑制病原体在体内的生长繁殖和致病作用，维持动物体内的正常环境和有益菌群的繁殖；从而达到促进动物的生长发育和增强抗病力、免疫力的作用。这些保健制剂或制品，满足了动物生产的安全原则，使动物养殖＋消费者（人）＋外界环境的和谐统一，克服了长期使用抗生素和化学药品的弊害，符合可持续发展、科学发展观念，这是保健品开发和利用的总趋势。

新型的动物保健品包括生物制剂和抗菌剂两类。生物制品包括菌体制剂、酶制剂、脱毒脱霉剂、微生态制剂、细胞因子和生物源性免疫增强剂，抗菌剂为抗生素、抗菌植物提取物和中草药制剂。这些制剂的生产无污染、动物及产品无残留、不对环境造成污染，故又称无公害饲料添加剂。主要有以下几种：

（一）微生态制剂及其应用

微生态制剂又称活菌制剂、促生菌、益生菌、利生菌等。它是利用动物体内的有益菌群经体外人工繁殖培养，再与赋形剂结合后制成的活体微生物制品，是近十年来替代抗生素添加剂，而开发的新型制剂。根据其作用特点，分为益生素、生长促进剂两类。这些菌体进入动物机体后，具有抵抗病原微生物繁殖，保持消化道正常微生物体系，增加体内维生素合成，提高机体免疫力的功能。目前，国内外常用于制备微生态制剂的有益微生物有双歧杆菌、乳酸杆菌、蜡样芽胞杆菌、枯草杆菌、孢子杆菌、酪酸菌和真菌、曲霉菌、酵母菌等。这些微生态制剂的商品名称很多，单一菌种的称为益生素，其作用也各有差别。

1. 根据它们所含活菌种类和主要优势分类

（1）乳酸杆菌类制剂：乳酸杆菌类制剂均由乳酸杆菌的干燥菌体制成，每克应含乳酸杆菌数在一千万以上。乳酸杆菌在肠内分解糖类产生乳酸，使肠内酸度提高。

（2）酵母类制剂：本类制剂的商品名有干酵母、食母生等，这类制剂均由酵母菌的干燥菌体制备，它们含有丰富的B族维生素和消化酶类。

（3）芽胞杆菌类：这类制剂的名称有促菌生、克痢灵等，这类制剂由无毒蜡样芽胞菌干燥菌体制成。

（4）混合制剂类：含有上述两种或两种以上的菌种，如乳酸杆菌与酵母菌等。多种微生态制剂的叠加、互补、增强、使作用更为明显。这种由具有很强消化能力的不同种、属菌株组成的复合制剂，又称为微生物生长促进剂。

2. 微生态制剂的作用 微生态制剂的作用是多方面的或综合性的，主要有以下几个方面：

（1）维持动物消化道有益菌群平衡：微生态制剂常用于恢复消化道、特别是肠道正常优势菌群，调整微生态平衡。需氧性菌种，特别是芽胞杆菌能消耗肠道内的氧气，造成局部厌氧环境，有利于厌氧微生物生长，抑制需氧和兼性厌氧病原菌生长，称为生物夺氧作用，使失调的有益菌群恢复正常。

（2）抑制病原体的繁殖：益生素类的有益菌种或菌株，可竞争性抑制病原体附着在肠壁细胞上，使其随粪便排出体外。给新生动物饲喂益生素，有助于新生幼龄动物尽快建立正常的有益菌群区系，排出或抑制潜在病原体。益生菌在动物消化道繁殖代谢后产生乳酸、丙酸等，能抑制沙门氏菌、大肠杆菌等有害病原菌。同时，可促进饲料的消化和吸收，乳酸的生成又可防止腹泻。益生菌代谢过程产生的过氧化氢对可能存在的病原体有杀灭作用。

（3）提高饲料转化率：有益菌在动物消化道内的生长繁殖过程中，能产生多种消化酶，如水解酶、发酵酶、呼吸酶等，有利于分解饲料中的蛋白质、脂肪和结构较复杂的碳水化合物。并可合成B族维生素、氨基酸以及促进生长因子等营养物质，从而提高饲料的利用率、转化率。许多有益菌本身富含各种营养物质，菌体的崩解可使这些营养物质被动物吸收利用，促进动物的生长。

（4）提高动物免疫功能：益生菌可作为非特异防疫调节因子，通过病原体本身或细胞膜成分刺激动物免疫细胞，使其被激活，促进吞噬细胞的活力或者作为佐剂发挥作用。同时，益生菌还可发挥特异性免疫功能，促进动物B淋巴细胞产生抗体的能力。

（5）改善环境卫生：微生态制剂中的某些菌种或菌属，如嗜胺菌可利用动物消化道内的游离胺、氨或吲哚等有害物质，使肠道内粪便或血液中氨含量下降，排出体外的粪便氨含量减少。而且排出的粪便中仍含有大量的活性有益菌体，可继续利用剩余的氨等有害物质。因此，微生态制剂可极大地减少粪便的恶臭味，改善圈舍内的空气质量，减少动物体的应激和对外界环境的污染。

微生态制剂的这些突出作用和优点，使这类制剂的应用日益得到重视，并将在养殖业中发挥日益明显的重要作用。

3. 微生态制剂的应用及注意事项

（1）正确选用微生态制剂：预防动物疫病以选用乳酸菌、双歧杆菌等产乳酸的菌种，效果较好；对提高饲料利用率，促进动物快速生长，则选用芽胞杆菌、乳酸菌、酵母菌和曲霉菌等制剂或复合制剂；以改善养殖环境，减少空气污染为目的时，应从光和细菌、硝化细菌和芽胞杆菌为主的制剂中选择。

（2）掌握使用剂量：剂量不足，在动物消化道内不能形成优势菌群，难以发挥益生效果；剂量过大会造成浪费。一般以日粮含2万～20万/g活菌或孢子数；或在饲料中添加0.02%～0.2%的制剂为宜。

（3）注意使用时机：微生态制剂在动物的整个生长过程中都可使用，但不同生长阶段的使用效果不尽相同。幼龄动物体的微生物生态平衡未完全建立，抗病能力较弱，饲喂益生菌可较快进入体内占据附着点，效果最佳。预防仔猪黄、白痢、雏鸡白痢，宜在母猪或种禽产前15d开始使用；为控制仔猪断奶的应激腹泻，宜在断奶前2d至断奶后5d内服用。另外，在动物断奶、运输、饲料转变、天气突变或饲养环境改变、恶化等应激条件下，动物的微生态平衡易被破坏，使用微生态制剂极为有效。

（4）避免与抗生素类药品合用：微生态制剂是活菌体制剂，也会受到抗生素等药品的杀灭而失效。在发生消化道疫病时，应先用抗生素或其他药物清理肠道病原，然后再使用微生态制剂，迅速恢复或重建消化道有益菌群。

（5）保存条件：应尽量采用低湿、低温、干燥、避光保存，以保证活菌制剂的效力。

4. 影响微生态制剂作用的因素

（1）动物种类：单胃动物多用乳酸菌、芽胞杆菌、双歧杆菌、酵母菌等；适宜反刍动物的以真菌类、曲霉菌效果较好，它可使瘤胃内的有益菌总数和纤维分解酶成倍比增加，加速和提高消化功能。

（2）水分：为保证有益菌群的活力，配合饲料的含水量越低越好，一般以应低于10%较为理想。

（3）pH 值：大多数微生物在 pH 值 4～4.5 时会自行灭活。微生态制剂不宜与酸化剂或酸性饲料混合使用。

（4）温度：微生态制剂贮藏温度以不高于 15～25℃为宜。芽胞杆菌在 52～102℃范围内损失极小，乳酸菌在 66℃以上时完全灭活；酵母菌在 82℃以上可完全灭活。

（5）颉颃作用：饲料中的不饱和脂肪酸、矿物质、防霉剂、抗氧化剂对微生态制剂都有颉颃作用；但植物油脂，对微生态制剂有一定的保护作用。

（二）糖萜素

糖萜素是山茶科植物提取物，主要成分为三萜类和糖类，作为新型饲料添加剂，能明显提高动物机体免疫功能，增强抗病能力，提高幼畜和雏禽的成活率，并能改善肉的品质。

（三）甘露聚寡糖

为多糖类的新型饲料添加剂，其代表制剂为甘露聚寡糖。能与病原菌竞争菌毛黏附受体，黏附诸如沙门氏菌、大肠杆菌等致病菌，防止致病菌在肠道定植；刺激动物宿主产生非特异性免疫，增强抗病力；阻断病菌营养供应，抑制病菌生长；吸附霉菌毒素，降低霉菌毒性。

（四）饲用酶制剂

酶是具有催化能力的活性物质。动物体内的饲料消化过程和生化过程几乎都需要在酶的催化作用下进行。饲料利用中最重要的是淀粉酶、胃蛋白酶和纤维素分解酶等。利用微生物体内合成的酶制剂，比较好地解决了酶的稳定性和活性。添加饲料酶制剂，能促进动物对饲料的消化、吸收和利用，减少体内有害物质的排泄，减轻环境污染。

（五）饲用中草药制剂

中草药是一大类天然、优质的新型饲用添加剂。含有多种氨基酸、维生素、有机微量元素等营养物质。能增进动物的消化功能和机体的新陈代谢，促进蛋白质和酶的合成，从而促进动物的生长发育，提高生产性能和繁殖能力。部分中草药散剂的复合配方制剂，对一些常见病、多发病具有明显的预防和治疗作用；作为防治动物疫病的辅助添加剂，对改善动物机体的状况，增强体质也有积极作用。一些中草药组方的饲料添加剂，已取得一定成效，但尚需进一步解决中草药的筛选、精制和药理研究。中草药组方添加剂无疑大有着广阔的应用前景。

（六）有机微量元素添加剂

目前使用的微量元素添加剂，基本为无机盐类，存在许多不足和弊病。使用有机微量元素添加剂，能有效提高动物对微量元素的可利用率，更好的达到促进生长，增强动物抗病力、免疫力的作用。

（七）酸化剂

利用特定的几种有机酸和无机酸复合制成的酸化剂，能迅速降低动物胃内的 pH 值，可保持良好的缓冲值和生物性能。促进消化功能和益生菌的生长繁殖，抑制病原体。

（八）大蒜素

大蒜素有杀菌、防霉、诱食、促生长和提高饲料利用率等作用。

第四节　建立防疫制度

动物养殖场有符合兽医卫生要求的场址，有利于动物疫病防制的建筑布局和设施，为动物养殖提供了较好的基础环境。根据养殖动物的品种和生物习性，养殖生产的性质和用途、目的，选择适宜的饲养方式和相应的卫生管理办法；并为动物提供安全卫生、符合其需求的饲料和营养物质，为保证动物的健康成长和提高抗病能力创造物质条件。做好这两个方面的工作，可以极有效的防止许多动物疫病或常见疾病的传入和发生，达到“以养代防”的目的，为较好的实施动物疫病综合防制技术的其他措施奠定了基础、创造了条件。

有好的基础和条件并发挥它们的作用，要靠人的努力和责任感，要靠相关的管理制度、技术制度去保证。养殖场的兽医防疫制度是其中最重要的制度之一。

一、制定防疫制度的原则

任何规模、性质和用途的养殖场，不论饲养动物的品种、数量，都应因地制宜，根据本场的实际条件，制定兽医卫生制度或兽医防疫制度。所定制度应有适用性和可操作性，相关条款应职责明确。并可根据全场防疫制度订立相关的部门和各生产环节的兽医卫生防疫制度或操作规程，如门卫消毒制度、圈舍管理、药品使用、预防注射和免疫制度等，制度的条款和责任应落实到相关人员。

养殖场防疫制度的条款，应符合国家、主管行政部门和当地政府关于动物疫病防制的法律、法规、条例、规程、标准、规范的相关规定和要求。并结合实际，作为制定养殖场各项防疫、卫生制度的依据。

二、防疫制度的主要内容

1. 养殖场的防疫制度修订　应根据养殖规模、方式和环境条件的改变及时进行修订和完善。

2. 养殖业主或场主，聘任场长的职责

① 制定和完善补充兽医卫生、防疫的计划、规划和各相关部门的防疫卫生，岗位责任制，并负有监督责任；

② 决定淘汰发病动物、疑似传染病动物、经监测发现的隐性感染动物；处理无饲养或无利用价值的动物；不得将上述动物作食品上市出售或进行非正常淘汰；

③ 确定采取防止动物疫病传入或发生疫病时的紧急措施；

④ 严禁饲养其他动物和宠物，严禁外购任何新鲜和冷冻肉食品供本场人员和食堂食用。

3. 兽医技术人员的职责

① 制定养殖场疫病防疫、日常检疫、消毒、驱虫的工作计划并监督指导实施；

② 配合畜牧技术人员加强养殖动物的饲养管理，进行生产性能、健康状况的检查。并提出相关的意见和建议，对饲料营养和添加剂的使用进行及时调整；

③ 定期或不定期的检查饮水、饲料原料及加工、贮存是否符合兽医卫生和防疫要求；

④ 定期或不定期的检查环境、消毒池、更衣消毒间、圈舍、用具、粪尿处理和隔离舍、区的卫生和消毒情况；

⑤ 负责免疫注射，发病动物诊治、淘汰，死亡动物的剖检和无害化处理；负责对管辖责任区内的动物进行临床巡查，发现问题及时处理；

⑥ 有条件的应开展主要传染病的免疫抗体监测；必要时的病料采集和送检；

⑦ 负责疫苗、药品、消毒剂品种的确定。建立疫苗、药品的保管、领用、免疫注射、消毒、临床检查、抗体监测、疾病治疗、病畜淘汰、死亡动物剖检等各种业务技术资料档案；

⑧ 兽医和本场其他人员不得对附近农村养殖户或其他养殖场进行出诊和参加其疫情扑灭工作。

4. 根据不同养殖分区，饲养流程小区或圈舍、饲料及相关物质的采购，饲料加工、污染废弃物处理等，定立各个环节相应的防疫卫生制度、操作规程等配套制度　这类制度应突出重点、抓住关键环节。

相关问题在其他章节中均有详细讲述。

（张　磊、张其艳）

复习思考题

1. 动物饲养场的动物防疫条件主要有哪些？
2. 饲料中药物添加剂的种类和安全使用？
3. 新型动物保健品的原理和使用原则？

第三章　动物疫病预防

第一节　免疫接种技术

一、免疫接种的概念

（一）免疫的概念

免疫是动物机体对外源性或内源性异物进行识别、清除和排斥的过程，是动物机体免疫系统发挥的一种保护性防御功能。

保持机体内外环境平衡是动物健康成长和进行生命活动最基本的条件。动物在长期进化中形成了与外部入侵的病原体和内部产生的异常细胞作斗争的防御系统——免疫系统。通常的免疫一般都是指后天获得性的特异性免疫。

免疫具有抵抗病原微生物感染，监视和消灭自身细胞诱变成的异常细胞，清除体内衰老或损伤的组织细胞，保证动物机体正常的生理活动，维持机体内环境正常的功能。但在某些条件下，免疫也会造成动物机体的免疫性疾病，如变态反应性、自身免疫性疾病。

（二）免疫接种的意义

动物免疫也称免疫接种技术，免疫接种是根据特异性免疫的原理，采用人工方法给动物机体接种疫苗、菌苗、虫苗、类毒素、免疫血清等生物制品。实际上是模拟一个轻度的自然感染过程，使机体产生对相应病原体的抵抗力，以保护个体乃至群体而达到预防和控制疫病的目的。在预防疫病的诸多措施中，免疫预防是最经济、最方便、最有效的手段，对动物以及人类健康均起着积极主动的保护作用。免疫接种是贯彻“预防为主，养防结合，防重于治”方针具有十分重要的意义。

《中华人民共和国动物防疫法》的相关条款规定：饲养动物的单位和个人应当依法履行动物疫病的免疫义务，按照当地兽医主管部门的要求做好强制免疫工作。经强制免疫的动物，应当按照国务院兽医主管部门的规定建立免疫档案，加施动物免疫标识，实施可追溯管理。目前，国家明确规定对高致病性禽流感、口蹄疫、猪瘟、鸡新城疫等严重危害养殖业生产或人体健康的重大动物疫病实施强制免疫。

（三）免疫接种的作用

动物疫病的发生流行，需要有传染源、传播途径和易感动物这 3 个基本环节。切断任何一个环节，新的感染就不可能发生，也不能构成传染病或寄生虫病在动物群中流行。如对易感动物实行某种或某些动物疫病的预防注射，使机体产生对这些病原体相应的抗体，就可以抵抗这些疫病在动物个体或群体中的发生和流行。

1. 减少易感动物　对某些传染病、寄生虫病的病原体易于感染的动物，称易感动物。如猪是猪瘟病毒的易感动物；牛、羊、猪是口蹄疫病毒的易感动物；鸡是禽蛔虫的易感动物，但不感染猪蛔虫。动物群体中如果有一定量的易感动物，则称为易感动物群。动物个体或群体对某种病原体缺乏抵抗力、容易被感染，通过免疫接种，减少动物群体中的易感动物个体数量、使易感群体转化为非易感群体，是养殖场主动预防动物疫病发生和传播的重要技术手段。

2. 导致动物易感性升高的主要因素

（1）一定地区饲养动物的种类或品种：目前，许多地区的养殖业都形成了以某些种类或品种动物为主的格局，不同种类或品种动物对不同病原体甚至对同一种病原体的易感性都有差异。因此造成某些动物疫病在某一地区的发病率上升或流行。

（2）群体免疫力降低：某种传染病流行结束后，动物群的自然免疫力逐渐消退。一些具有明显周期性的动物疫病，其周期性流行的主要原因之一是由于针对该病的免疫力消退，当群体易感动物上升到一定比例时，该病就再次流行。

（3）新生动物或新引进动物的比例增加：这种情况在地方流行性疫病较多见。

（4）免疫接种程序的混乱或接种的动物数量不足：同时注射几种单种疫苗，多种疫苗混用；农村大面搞春秋突击性预防注射等均易造成这种情况。

（5）生物制品质量不合格或毒型不符：使用已过期失效、保存不当的疫苗；使用疫苗的毒型、血清型与应免疫疫病的毒型或血清型不相符等，均可造成免疫无效。

（6）各种应激因素也可以造成动物群体的免疫力下降、易感性升高：如饲料质量差、营养成分不全、饥饿、寒冷、暑热、运输和疾病状态等因素均可导致机体的抵抗力和免疫应答能力降低。

这些因素对于养殖场正确进行动物疫病的预防，选择预防注射的时机和判断免疫效果都有重要的参考价值。

3. 导致群体易感性降低的主要因素

（1）有计划的预防接种：有计划的预防接种可使动物群体对相应疫病的易感性明显下降。

（2）传染病流行引起动物的群体免疫力增加：病原体的入侵，使动物都会产生感染应激，激活免疫功能，增强机体的抗病力和免疫力。

（3）病原体的隐性感染导致动物群体的免疫力升高：基本机制和（2）相同。

（4）抗病育种：可选育抵抗力较强的动物品系。

（5）随着动物日龄的增长，动物群体的年龄抵抗力明显增强：如幼龄动物对大肠杆菌等易感性较高，是因免疫系统发育不健全，抵抗力较低；而成年动物因免疫系统不断发育健全，易感性逐渐降低。

总之，动物主要疫病的免疫接种，是切断或中止疫病发生和流行的重要技术手段，它是养殖动物群体对某些疫病易感性上升和下降的决定性因素之一。所以，任何忽视对养殖动物主要疫病免疫接种的观点都是错误。

（四）主动免疫与被动免疫

1. 人工主动免疫　用人工制备的灭活苗、弱毒活苗、亚单位苗、基因工程苗、类毒素等抗原物质接种动物，刺激机体产生特异性免疫力，称为人工主动免疫。这种主动免疫的免疫力出现较慢，一般要在接种后的1～3周才能产生。但免疫保护的维持时间较长，可达6个月至数年。

2. 人工被动免疫 接种含有特异性抗体等免疫物质以及抗毒素、干扰素和转移因子等淋巴因子接种动物，使机体迅速获得免疫力的称为人工被动免疫。由于免疫制剂中所含免疫球蛋白并非动物自身产生，免疫保护作用出现快而维持时间较短（数周），多用做治疗或紧急预防。其中以抗毒素的效果最好，如破伤风抗毒素等在病初症状尚未明显前疗效最显著。由于抗生素的广泛使用，使血清疗法已逐渐被淘汰，但动物用干扰素、白细胞介素、转移因子、浓缩免疫球蛋白、免疫核糖核酸等新型生物制品，在动物疫病的紧急预防和治疗上已表现出良好作用，将取代传统血清疗法而成为被动免疫的新制剂。

二、免疫接种的分类

（一）预防免疫接种

为预防动物疫病的发生，平时有目的地给健康动物进行一种或几种疫苗的定期或不定期的免疫接种，称为预防免疫接种。预防接种要有针对性，预防什么疫病、何时接种，要根据该地区的具体情况而定。免疫接种前要做好准备。查清被接种动物的种别、数量和健康情况；准备好接种用疫苗、器械或必要的冷藏箱（包）；协调领导，组织人员，分工负责，做好宣传，确定时间地点；明确接种方法，掌握接种技术。

在农村家庭散养动物情况下，过去曾强调“春秋防疫注射”，往往是突击式一次性进行，猪、马、牛、羊、鸡同步开展，免疫密度和免疫效果都难于保障，弊病较多。

（二）紧急免疫接种

紧急免疫接种是指在发生动物疫病后，为迅速控制和扑灭疫病的蔓延流行，而对疫区和受威胁区尚未发病的动物进行的免疫接种称为紧急免疫接种。其目的在于建立环状免疫隔离带或免疫屏障以包围疫区，防止疫情向外扩散。实践证明，在疫区和受威胁区内采用疫苗紧急免疫接种，不但可以防止疫病向周围地区蔓延，而且还可以减少未发病动物的感染死亡。

实施紧急免疫接种时的注意事项

① 只能对临床的假定健康动物进行紧急免疫接种，对于患病动物和与患病动物同圈舍并有密切接触、处于潜伏期的动物不能接种，只能淘汰扑杀或隔离治疗。紧急免疫一般使用高免血清、卵黄抗体等传统生物制品和新型非特异性免疫制品，具有安全、产生免疫快的特点，但免疫期短，用量大，价格高。有些疫病（如口蹄疫、猪瘟、鸡新城疫、鸭瘟）能使用疫苗紧急接种，因这些弱毒疫苗产生免疫力较快，也可取得较好效果。

② 对疫区、受威胁区域的所有易感动物，不论对所发疫病是否免疫过或免疫到期，都应重新进行一次免疫，以建立稳固的免疫隔离带。紧急免疫顺序应是由外到里，即从受威胁区到疫区；养殖场内应从无病圈舍到已发病圈舍的未发病动物群。

③ 紧急免疫必须使免疫达到高密度，力争达到100%，即易感动物全部免疫，才能较一致地获得较均衡的免疫力。同时，操作人员必须做到一头动物用一个针头，避免人为传播导致的动物间交叉感染。

④ 为了保证紧急免疫接种效果，有时免疫剂量可加倍使用。必须注意，不是所有疫苗都可用于紧急接种，只有实践证明对紧急接种有效的疫苗才能使用，大多使用弱毒疫苗。在受威胁区也可使用安全性和抗原性较好的其他疫苗。

⑤ 紧急免疫接种必须与隔离、封锁、消毒及发病、死亡动物的生物安全处理等防疫

措施密切结合进行，才能收到较好的效果。

（三）补充免疫接种

补充免疫接种又称临时免疫接种。是在对农村大量动物免疫后，对未免疫的少量动物实施的免疫。凡属以下情况的动物应实施补充免疫：由于动物个体暂不适于免疫，如生病、妊娠等，在群体免疫时未予免疫的动物；因各种原因免疫失败的动物；散养动物在每年春、秋两季集中免疫后，每月应对未免疫的动物进行定期补充免疫。在我国农村家庭散养条件下，也被称为"春秋两季防疫注射和定期补针相结合"的免疫接种。

临时免疫接种，也是补充免疫在规模养殖条件下的一种免疫技术措施。是为了避免某些疫病发生而进行的免疫接种称临时免疫接种。如引进、外调、运输动物时，为避免在途中或到达目的地后暴发某些疫病，而临时进行的免疫接种。另外，在家畜去势、手术时或动物被狂犬病犬咬伤时，为防止发生相关疫病而进行破伤风、狂犬病疫苗的临时性免疫接种等。

（四）免疫程序和计划免疫

随着养殖业专业化、集约化和规模化的发展，动物养殖的数量和密度高度集中；需要预防的病种越来越多，疫苗的种类和选择余地也越来越大；多种疫苗的同时使用或短间隔使用，使免疫干扰、免疫抑制、免疫混乱等问题日趋明显；部分养殖场认为疫苗用量大、效果就好，每头动物超量和超大量（10多头份、数十头份）一次注射，屡见不鲜；或者短期内重复使用同一疫苗对同一动物进行多次免疫，结果造成免疫抑制，反而使免疫作用下降，保护期缩短。为避免这些问题和现象的发生和继续，在动物疫病的防制实践中，摸索、创造出了免疫程序和计划免疫的方法，使平时的预防免疫接种提升到了一个新的层次。从20世纪90年代初起推广应用，并不断完善补充，得到了广大养殖场，特别是管理较规范、防疫制度较健全的规模化养殖场的认可和实施，取得了良好效果。

但是，限于认识水平，疫苗要求的保存、运输、使用条件的限制，基层动物防疫力量不足，技术服务不到位或不落实等原因，广大农村农户散养和条件简陋、无兽医技术人员的小型养殖场，免疫程序和计划免疫的推广应用仍处于空白或很不完善的状况，对动物疫病防制的总体和全局极为不利。

免疫程序和计划免疫并无实质性区别。养殖动物群体免疫的程序或计划都是人根据实际情况、防疫的实际需要设定和制定的，只是称谓上的不同。

1. 免疫程序的概念　免疫程序有广义和狭义之分。广义的免疫程序是指根据一定地区或养殖场内不同传染病的流行状况及疫苗特性，为特定动物群制定的免疫接种方案，主要包括所用各种类疫苗的名称、类型、接种顺序、用法、用量、次数、途径及间隔时间。狭义的免疫程序指在某些商品动物在一个生产周期中，为预防某些疫病而制定的免疫接种过程，其内容包括所用疫苗的品系、来源、用法、用量、免疫时机和免疫次数等。各个养殖场都应重视免疫程序的制定和实施。

2. 制定免疫程序应考虑的问题　免疫程序不是统一的或一成不变的，目前并没有一个能够适合所有地区和养殖场的免疫程序标准。免疫程序的制定，应根据不同动物或不同传染病的流行特点和生产实际情况，充分考虑本地区常发多见或威胁大的疫病分布特点、疫苗类型及其免疫效能和母源抗体水平等因素。具体制定免疫程序时，应注意以下几点：

（1）传染病的分布特征：由于动物传染病在地区、时间和动物群中的分布特点和流行规律不同，它们对动物造成的危害程度也会发生变化，一定时间内疫病防疫的重点也会转化，因此，需要根据具体情况随时调整。要根据所在地疫病流行和分布，确定免疫的病种，不能什么病都搞免疫，一定要突出重点，狠抓主要病毒病的免疫。有些传染病流行持续时间长、危害程度大，应制定长期的免疫防制对策。

（2）疫苗的免疫学特性：疫苗的种类、品系、性质、免疫途径、产生免疫力需要的时间、免疫保护期等差异，以及不同疫苗间使用产生的相互干扰，是影响免疫效果的重要因素，在制定免疫程序时应予充分考虑。

（3）动物的种类、日龄及用途：使用何种疫苗应根据动物的种类、日龄而定。动物的用途不同，生长期或生产周期会有差异，也会影响疫苗的使用效果。同时，还要考虑减少捕捉动物的次数等。

（4）动物免疫状况：严格来讲，应根据动物体内的某种疫病的抗体水平，来决定动物是否应该进行该种疫病的免疫。因此，应考虑动物体内抗体滴度的高低、母源抗体的有无。有条件时进行抗体监测，特别是猪瘟、口蹄疫、禽流感、新城疫等严重疫病的免疫抗体监测，避免盲目、随意免疫。

（5）配套防疫措施及饲养管理条件：规模化养殖场的配套防疫措施及饲养管理条件较好，制定的免疫程序应用效果良好时，在外界条件和疫病状况无明显变化的情况下，一般应使这一免疫程序固定实施。如发现有缺陷和不足，应查明原因，有针对性的及时调整。

3. 养殖场免疫程序及影响因素 各类养殖场的动物种类、养殖规模、环境条件、饲养方式、技术力量和水平、疫病的历史和现况等情况不相同，不可能有一个通用的免疫程序，在实践过程中还需根据免疫效果和突发疫病等情况进行调整和补充。因此，免疫程序必须根据本场实际情况制定。在制定使用疫苗的种类和接种时间时（特别是免疫抑制性疫病疫苗），应具体考虑如下因素。

（1）本场病史及当地疫病的流行情况：全面考虑当地、周边动物养殖场疫病流行情况、特点及引种场、本场病史，以决定接种疫苗的种类。一般说来，本地、本场未经证实已受到严重威胁的传染病，最好不要接种该病疫苗。

（2）动物母源抗体水平：因为母源抗体会干扰幼龄动物首次免疫的效果。初生动物体内母源抗体有一定的消长规律，需等待母源抗体水平降至一定程度时，方可进行免疫接种，否则不能产生预期的免疫效果。因此必须确定最佳的首免时间。

（3）上次同种疫病免疫所剩余抗体的水平：过早接种，可能影响免疫效果；过迟接种，则会在第二次接种后至产生有效抗体前，有一段危险的免疫空白期，此时容易遭受该种疫病侵袭。

（4）动物健康状况：免疫抗体是在中枢神经调节下，由免疫器官所产生，健康的体质和发育成熟的免疫器官，可产生良好的免疫抗体。不健康的动物接种疫苗后，不但不能产生理想的免疫抗体，还容易由于应激引起死亡。

（5）疫苗的协同及干扰：要注意各种疫（菌）苗的配合，疫（菌）苗是生物制品，各自的特异性不同，只能保护相应疫病。为了节省人力、物力和时间，可以使用联苗，但不得随意将几种单苗盲目混合，任意使用。否则，不但不能收到良好的免疫效果，甚至影响动物健康。

（6）其他：制定免疫程序时，还应考虑动物品种、用途、饲养期限、季节等诸多因素。

三、免疫接种的途径

选择合理的免疫接种途径，可以充分发挥全身性体液免疫和细胞免疫的作用，大大提高动物机体的免疫应答能力。动物的免疫方法可分为个体免疫法和群体免疫法。动物个体免疫途径包括注射、点眼、滴鼻、刺种等，动物群体免疫包括饮水、拌料、气雾免疫等。免疫接种途径可以根据疫苗的性能、特性和免疫病种选择。

（一）注射免疫接种

适用于各种灭活苗和弱毒苗的免疫接种。根据疫苗注入的组织不同，又可分为皮下注射与皮内注射、肌肉注射。注射接种剂量准确、免疫密度高、效果确实可靠，在实践中应用广泛。但捕捉动物困难，费时费力，消毒不严格时容易造成病原体人为传播和局部感染，而且捕捉动物时易出现应激反应。

1. 皮下接种 这种方法多用于灭活苗及免疫血清、高免卵黄抗体接种。选择动物皮薄、被毛少、皮肤松弛、皮下血管少的部位。大家畜宜在颈侧中1/3部位；猪在耳根后或股内侧；犬和羊宜在股内侧；兔在耳后；家禽在胸部或翼下，也可在头顶后的皮下。注射部位消毒干燥后，注射者一手持注射器，另一手食指与拇指将皮肤提起呈三角伞状，沿基部刺入皮下约注射针头的2/3，将牵拉皮肤的手放开后，再推动注射器活塞将疫苗液尽可能的缓慢注入。然后用酒精棉球按住注射针孔部位，将针头拔出。

2. 皮内接种 选择皮肤致密、被毛少的部位。牛、马选择颈侧、尾根、眼睑；猪在耳根后；羊在颈侧、尾根或耳根部；鸡在肉髯部位。注射部位如有被毛的应先将其剪去，用酒精棉球消毒干燥后，一手将皮肤捏起形成皮褶，或用手指绷紧固定皮肤，另一手持注射器，使针头斜面向前，由上方几乎与注射皮面平行刺入皮内约0.5cm左右，即可刺入皮肤的真皮层中。应注意针刺时宜慢，以防刺穿出表皮或深入至皮下。注入药液时阻力较大，后在注射部位皮肤上有一小包，且小包会随皮肤移动，证明确实注入皮内后缓慢拔出针头。如针孔有药液溢出，用捏干的灭菌生理盐水棉球沾取即可。皮内接种疫苗的使用剂量和局部副作用小，相同剂量疫苗产生的免疫力比皮下接种高，但注射操作精确度要求较高。

3. 肌肉注射 多用于弱毒疫苗的接种。肌肉注射操作简便、应用广泛、副作用较小，药液吸收快，免疫效果较好。应选择肌肉丰满、血管少、远离神经干的部位。牛、马、羊、猪多在臀部及颈部，但猪以耳后、颈侧为宜。鸡宜在胸部肌肉或翅膀基部，家禽使用的针头号数及长度，应按家禽的大小及肌肉丰满度决定。

4. 静脉注射 主要用于注射免疫血清，进行紧急预防和治疗。注射部位为，马、牛、羊在颈静脉，猪在耳静脉，鸡在翅下静脉。疫苗因残余毒力等原因，一般不通过静脉注射接种。

（二）点眼与滴鼻

禽类眼部具有哈德氏腺，鼻腔黏膜下有丰富的淋巴样组织，对抗原的刺激都能产生很强的免疫应答反应。操作时用带乳胶吸头的滴管吸取疫苗滴于眼内或鼻孔内。这种方法多用于雏禽，尤其是雏鸡的首次免疫。利用点眼或滴鼻法接种时应注意：接种时均使用弱毒苗，如果有母源抗体存在，会影响疫苗刺激机体产生抗体，可适当增大疫苗接种量；点眼时，要等待疫苗在眼睑内扩散后才能放开雏鸡；滴鼻时，可用固定雏鸡的一手的食指堵住非滴鼻侧的鼻孔，加速疫苗吸入鼻腔。

（三）皮肤刺种

常用于禽痘、禽脑脊髓炎等弱毒疫苗接种。在鸡翅膀内侧无毛处，避开血管，用刺种针或钢笔尖蘸取疫苗刺入皮下。刺种后，要在7～10d检查免疫的效果。一般说来，正确接种后在接种部位会出现红肿、结痂反应，如无局部反应，则应检查鸡群是否处于免疫保护期内，疫苗质量有无问题或接种方法是否有差错，必要时进行补充免疫。

（四）经口免疫接种

分为拌料、饮水两种方法，即将疫苗均匀地混于饲料或饮水中经动物口服后获得免疫。口服免疫效率高、省时省力、操作方便，能使全群动物在同一时间内共同被接种，群体的应激反应小，但动物群体的抗体滴度往往不均匀，免疫持续期短，免疫效果较易受到其他多种因素的影响。口服免疫时，应按动物数量和动物平均饮水量及摄食量，准确计算疫苗用量。免疫前应停饮或停喂一段时间，疫苗混入饮水或饲料后，必须迅速口服，保证在最短的时间内摄入足量疫苗。稀释疫苗的水，不得混有任何消毒剂，不能使用城镇统供含氯自来水；应使用纯净的冷水，在饮水中最好能加入0.1%的脱脂奶粉作缓冲保护剂。混有疫苗的饮水及饲料的温度，以不超过室温为宜，并应注意避免疫苗暴露在阳光下。用于口服的疫苗必须是高效价的活苗，可适当增加疫苗用量，一般为注射剂量的2～5倍。服苗后1～2h再供正常饮水。

（五）气雾免疫法

将按要求稀释的疫苗在气雾发生器的作用下喷雾出去，使疫苗形成直径4～10μm的雾化粒子，均匀地悬浮于空气中，动物随着呼吸，将疫苗吸入而达到免疫。气雾免疫分为气溶胶免疫和喷雾免疫两种形式，其中气溶胶免疫最为常见。气雾免疫法不但省力，而且对少数疫苗特别有效，适用于规模化大群动物的免疫。进行气雾免疫时，将动物赶入圈舍，关闭门窗，尽量减少空气流动；喷雾完毕后，动物在圈内停留20～30min即可放出。该法最关键的是控制疫苗雾滴的大小，过大或过小都会影响免疫效果。

四、免疫接种的注意事项

（一）疫苗的选择

应根据动物日龄、接种目的、接种方式来选择所需的疫苗种类、类型。为确保免疫效果，必须选择正规厂家生产的有批准文号的疫苗。优质的疫苗应具备下列条件：

1. 毒（菌）株或血清型对应　疫苗制造所用病原株、型必须与本地流行毒（菌）株或血清型一致，否则不能提供有效保护。如传染性支气管炎有呼吸型、肾型、腺胃型；大肠杆菌有多种血清型。

2. 安全性高　使用后没有或很少出现不良反应。性质稳定，易于保存、运输，使用简便。

3. 保护率高　能产生坚强的免疫力，保护率在80%以上。所产生的有效抗体维持时间长。

（二）免疫前的动物健康检查

在一个地区或养殖场进行免疫接种前，首先要了解免疫接种动物的条件，按要求对动物进行普遍检查，对患病、瘦弱、怀孕后期（某些疫苗对怀孕家畜不能注射）的动物暂不能免疫。

（三）器械准备与消毒

免疫接种开始前，要检查所用器械。注射器和针头要能吻合接紧，刻度要准确；针头要畅通锐利、长短适宜。所用的器械都应按要求进行无菌处理。工作人员的工作服、胶鞋要刷洗消毒，工作前应剪短指甲，用肥皂洗手，并用2%来苏尔或75%酒精擦拭消毒，然后装配、使用消毒过的注射器。在注射过程中应随时用酒精（或0.1%新洁尔灭溶液）棉球擦手。家畜的注射部位须先剪毛，注射部位在注射前各用2%～5%碘酊消毒1次。要求每注射1头（只）动物，须换1个消毒过的针头。

（四）疫苗使用

疫苗使用前，应认真查看使用说明，按其规定的稀释及使用方法、条件进行免疫接种。对从未用过的疫苗或新疫苗，在进行大群动物免疫前，应随机选择少数同种、同生长阶段的动物先行试用，经0.5～1h观察无异常反应后，再展开免疫接种工作。

如发现弱毒疫苗瓶盖松动、疫苗瓶内已失真空、疫苗冻干物变色或难以溶解、溶解后有絮状物或颗粒物；灭活疫苗瓶盖松动、沉淀物结块、难以摇匀，变色等情况时，严禁使用。如同批号疫苗中多瓶出现同样情况，该批疫苗停止使用。

（五）免疫反应检查

在免疫工作中或免疫完毕后（一般在12～24h后），要对被免疫动物进行反复检查，遇有严重反应的动物，应根据情况进行治疗，对死亡动物查明原因进行处理。

五、免疫接种的反应及处理

（一）产生免疫应激反应的原因

动物免疫接种应激反应产生的原因比较复杂。主要有生物制品本身的质量，运输与保存的不当，免疫器械消毒不严，动物个体的差异，动物健康状态等原因。主要表现为免疫接种途径错误，操作不规范；注射疫苗剂量过大，部位不准确；疫苗贮藏、保管不当，质量不高；接种前临床检查不细，带病接种疫苗；接种对象错误，忽视品种和个体差异或过早接种疫苗。

（二）免疫接种反应的三种类型及处理

对动物机体来说，疫苗是外源性抗原物质，接种后会出现一些不良反应，按照反应的强度和性质可将其分为3种类型。

1. 正常反应　是指由于疫苗本身的特性引起的反应。少数疫苗接种后，动物常常出现一过性的精神沉郁、食欲下降、注射部位出现短时轻度炎症等局部性或全身性异常表现。如果出现这种反应的动物数量少、反应程度轻、维持时间短暂，应被视为正常反应，一般不做处理。

2. 异常反应　一次免疫注射后发生异常反应的动物较多，反应程度较重，持续时间较长，甚至表现出震颤、流涎、流产、瘙痒等异常症状，其原因通常是由疫苗质量低劣或毒（菌）株的毒力偏强、使用剂量过大、操作不正确、免疫接种途径错误或使用对象不正确等因素引起，要注意分析，及时对症治疗和抢救。

3. 严重反应　多属于疫苗接种后动物迅速出现的超敏反应和过敏性休克。轻则体温升高、黏膜发绀、皮肤出现丘疹、呕吐、腹泻等，重则全身淤血，鼻盘青紫，呼吸困难，口吐白沫或血沫，骨骼肌痉挛、抽搐，最后衰竭，多在0.5～1h内猝死。主要与生物制品中过敏原的存在或常规灭活苗累加联合使用，并与动物自身体质有关。这种情况通常仅发生于个别动物，需用抗过敏药物和激素疗法及时救治，如有全身感染，可配合抗菌素治疗。如群体性发生严重异常反应，应怀疑疫苗或稀释液被严重污染，应将同批号未使用和已稀释未用完的疫苗稀释液一并封存，送检或报检，并同时留存疫苗进货、免疫记录等相关资料备查。

六、免疫失败的原因

生产实践中造成免疫失败的原因是多方面的，也非常复杂，各种内外因素可通过不同的机制干扰动物免疫力的产生。从近年来的情况看，猪和禽类、特别是鸡免疫失败的情况较为突出。归纳起来，造成免疫失败的因素主要有以下几个方面。

（一）疫苗因素

1. 疫苗质量 疫苗中免疫原性成分的高低和纯度，是疫苗免疫效果的决定因素。同一种疫病的疫苗、有不同种类、不同厂家甚至不同批次，在性能和质量方面存在很大差异。疫苗所含抗原的毒（菌）株或血清型与本地或本场不符；疫苗毒力太强；疫苗效价低或过期失效或受到污染，都可造成免疫失败。

2. 疫苗的运输、贮藏和使用 疫苗的运输和贮存应有可使用和严格执行的冷链系统。即从生产单位到使用单位的一系列运输、贮存直到使用过程中的每个环节，始终使其处于适当的冷藏条件下，并严禁反复冻融。

疫苗使用前应认真检查，若发现冻干苗失真空、油佐剂苗破乳、变质或生长霉菌、存在异物、过期或未按规定运送保存的，应予以废弃。使用时应严格按照要求稀释，在规定时间内接种完毕。接种活菌苗后，应在规定的时间内禁止投服抗菌药物。

3. 疫苗间干扰作用 将两种或两种以上无交叉反应的疫苗，同时接种或接种的时间间隔很短，机体对其中一种疫苗的抗体应答显著降低。如鸡传染性支气管炎疫苗可干扰新城疫疫苗等。

（二）接种技术失误

在免疫接种过程中，无菌观念不强；基础免疫选择疫苗不当；接种剂量不足或过大（剂量过大产生免疫抑制）、或稀释使用不当；随意更改接种途径和部位；多种疫苗随意混合使用；接种的同时或前后进行不当消毒；饮水免疫时，水中含有消毒剂或容器不当、已稀释疫苗被阳光直射或稀释后疫苗放置过久（超过2h基本失效）。

免疫方法操作不到位。滴鼻、点眼免疫时，疫苗未能进入眼内或鼻腔；肌肉注射时“打飞针”，疫苗根本没有注射进去，或注入的疫苗剂量不足；或注射针头过短，刺入深度不够，疫苗注入皮下脂肪，无法对机体发生作用。

（三）动物群机体状况

1. 遗传因素 不同品种，免疫应答各有差异，即使同一品种的不同个体，因日龄、性别等不同，对同一疫苗的免疫反应强弱也不一致。

2. 母源抗体的干扰 主要是初生和幼龄动物存在母源抗体，可以干扰疫苗病毒在体内的复制，影响免疫效果；同时母源抗体本身也被中和，降低了母源抗体的保护作用。但马立克氏病疫苗除外，因雏鸡体内不存在相应的母源抗体，故接种越早越好。

3. 营养因素　维生素及许多其他营养成分都对动物机体免疫力有显著影响。特别是缺乏维生素 A、维生素 D、维生素 B、维生素 E 和多种微量元素时，能影响机体对抗原的免疫应答，免疫反应明显受到抑制。

4. 健康原因　患病或严重营养不良动物接种疫苗不仅不会产生免疫效果，严重的可导致死亡。此外，动物发生免疫抑制性疫病也是免疫失败的常见原因。如鸡马立克氏病毒、传染性法氏囊炎病毒、猪繁殖障碍与呼吸综合征病毒、圆环病毒等都可能造成动物免疫抑制。

（四）病原体的血清型和变异性

许多病原体有多个血清型，容易出现抗原变异，如果感染的病原微生物与使用的疫苗毒（菌）株在抗原上存在较大差异或不属同一血清型，则可导致免疫失败。如口蹄疫、大肠杆菌病、禽流感、传染性法氏囊病等。另外，如果病原出现超强毒力变异株，也会造成免疫失败，如高致病性禽流感等。

（五）免疫程序不合理

疫苗的种类、接种时机、接种途径和剂量、接种次数及间隔时间等不适当，容易出现免疫效果差或免疫失败的现象。此外，疫病分布发生变化时，疫苗的接种时机、接种次数及间隔时间等未作及时的相应调整。

（六）免疫抑制性因素的存在

不少病原体如猪繁殖呼吸综合征病毒、禽白血病病毒等病原体，在动物体内可通过不同的机制破坏机体的免疫系统，导致动物机体免疫功能受到抑制。某些药物、霉菌毒素、营养成分缺乏等也可通过不同机制导致机体的免疫应答能力下降。弱毒菌苗免疫与抗生素药品同步使用，也会引起免疫失败。

（七）其他因素

饲养管理不当，饲喂霉变饲料，饲料中蛋白质不均衡，动物误食铅、镉、砷等重金属或如卤素、农药等化学物质可抑制免疫应答，引起免疫失败。

第二节　疫苗分类及应用

一、疫苗类型和特性

疫苗是由病原微生物或其组分、代谢产物经过特殊处理所制成、用于人工主动免疫的生物制品。包括由细菌、支原体、螺旋体等或其组分等制成的菌苗，由病毒、立克次氏体或其组分制成的疫苗和由某些细菌外毒素脱毒后制成的类毒素。习惯上人们将菌苗、疫苗和类毒素统称为疫苗。按构成成分及其特性，可将其分为常规疫苗、亚单位疫苗和生物工程疫苗三大类。

（一）常规疫苗

常规疫苗是由细菌、病毒、立克次氏体、螺旋体、支原体等完整微生物制成的疫苗，又分灭活苗和弱毒苗两种。

1. 灭活苗　又称死苗，是指选用免疫原性强的细菌、病毒等经人工培养后，用物理或化学方法致死（灭活），使传染因子被破坏而保留其免疫原性所制成的疫苗。灭活苗保留的免疫原性物质在细菌主要为细胞壁，在病毒主要为结构蛋白。

2. 弱毒苗 又称活苗，是指通过人工诱变获得的弱毒株、筛选的天然弱毒株或失去毒力但仍保持免疫原性的无毒株所制成的疫苗。用同种病原体的弱毒株或无毒变异株制成的疫苗称同源疫苗，如新城疫B1系毒株和Lasota系毒株等。通过含交叉保护性抗原的非同种微生物制成的疫苗称异源疫苗，如预防鸡马立克氏病的火鸡疱疹病毒（HVTFC126株）疫苗和预防鸡痘的鸽痘病毒疫苗等。灭活疫苗和弱毒活疫苗优势和缺点比较见下表。

表　灭活疫苗和弱毒活疫苗比较

项目	优点	缺点
灭活疫苗	比较安全，不发生全身性副作用，无返祖现象；有利于制成联苗、多价苗；激发机体产生抗体的持续时间较短，有利于确定某种传染病是否被消灭；制品稳定，受外界条件影响小，有利于运输、保存	需要接种次数多、剂量大，必须经注射免疫，工作量大；不产生局部免疫，引起细胞介导免疫的能力较弱；免疫力产生较迟，不适于作紧急免疫用；需要佐剂增强免疫效应，生产成本高
弱毒活疫苗	一次接种即可成功；可采取注射、滴鼻、饮水、喷雾、划痕等多种免疫途径接种；可引起局部和全身性免疫反应；免疫力持久，有利于清除局部野毒；产量高，生产成本低。可以通过对母体动物免疫接种而使初生动物获得被动免疫	残毒在自然界动物群体中持续传递后毒力有增强、返祖危险；疫苗中存在的污染毒有可能扩散；存在不同抗原的干扰现象，从而影响免疫效果；某些弱毒苗可引起接种的动物免疫抑制；要求在低温冷暗条件下运输、贮藏

3. 类毒素 由某些细菌产生的外毒素，经适当浓度（0.39%～0.4%）甲醛脱毒后制成的生物制品。如破伤风类毒素。

4. 生态制剂或生态疫苗 动物机体的消化道、呼吸道和泌尿生殖道等处具有正常菌群，它们是机体的保护屏障，是机体非特异性天然抵抗力的重要因素，对一些病原体具有颉颃作用。由正常菌群微生物所制成的生物制品称为生态制剂或生态疫苗，如益生素、乳酸菌制剂等。

5. 联苗和多价苗 不同种病原体或其代谢产物组成的疫苗称为联合疫苗或联苗，同种病原体不同型或株所制成的疫苗称为多价苗。应用联苗或多价苗，可以简化接种程序，节省人力、物力，减少被免疫动物应激反应的次数。但联苗需解决不同抗原间相互产生的免疫干扰问题。

（二）亚单位疫苗

亚单位疫苗是用理化方法提取病原体中的一种或几种具有免疫原性的成分所制成的疫苗。此类疫苗接种动物能诱导产生对相应病原体的免疫抵抗力；由于去除了病原体中与激发保护性免疫无关的成分，没有病原体的遗传物质，因而副作用小、安全性高，具有广阔的应用前景。目前，已投入使用的有脑膜炎球菌的荚膜多糖疫苗、A族链球菌M蛋白疫苗、沙门氏菌共同抗原疫苗、大肠杆菌菌毛疫苗及百日咳杆菌组分疫苗等。

（三）生物工程疫苗

生物工程疫苗即利用分子生物学技术研制生产的新型疫苗。通常包括以下几种：

1. 基因工程亚单位疫苗 将病原体中编码保护性抗原的肽段基因，通过基因工程技术导入细菌、酵母或哺乳动物细胞中，使该抗原高效表达后，产生大量保护性肽段，提取此保护性肽段，加佐剂后即成为亚单位疫苗。但因该类疫苗的免疫原性较弱，往往达不到常规疫苗的免疫水平，且生产工艺复杂，目前尚未被广泛应用。

2. 合成肽疫苗　根据病原微生物中保护性抗原的氨基酸序列，人工合成免疫原性多肽并连接到载体蛋白后制成的疫苗。该类疫苗性质稳定、无病原性、能够激发动物的免疫保护性反应，且可将具有不同抗原性的短肽段链接到同一载体蛋白上构成多价苗。但其缺点是免疫原性较差，合成成本昂贵。

3. 基因工程活载体疫苗　是将病原微生物的保护性抗原基因，插入到病毒疫苗株等活载体的基因组或细菌的质粒中，使载体病毒获得表达外源基因的新特性，利用这种重组病毒或质粒制成的疫苗。该类活载体疫苗具有容量大、可以插入多个外源基因、应用剂量小而安全、能同时激发体液免疫和细胞免疫、生产和使用方便、成本低等特点，它是目前生物工程疫苗研究的主要方向之一，并已有多种产品成功地应用于生产。

4. 基因缺失疫苗　是通过基因工程技术在 DNA 或 cDNA 水平上去除与病原体毒力相关的基因，但仍保持复制能力及免疫原性的毒株制成的疫苗。特点是毒株稳定，不易返祖，可制成免疫原性好、安全性高的疫苗。目前生产中使用的有伪狂犬病基因缺失苗等。

5. DNA 疫苗　是用编码病原体有效抗原的基因与细菌质粒构建的重组体。用该重组体可直接免疫动物机体，可诱导机体产生持久的细胞免疫和体液免疫。DNA 疫苗在预防细菌性、病毒性及寄生虫性疫病方面已经显示出广泛的应用前景，被称为疫苗发展史上的一次革命。

6. 抗独特型疫苗　是根据免疫调节网络学说设计的疫苗。由于抗体分子的可变区不仅有抗体活性，而且也具有抗原活性，故任何一种抗体的 Fab 段不仅能特异地与抗原结合，同时其本身也是一种独特的抗原决定簇，能刺激自身淋巴细胞产生抗抗体，即抗独特性抗体。这种抗独特性抗体与原始抗原的免疫原性相同，故可作为抗独特性疫苗而激发机体对相应病原体的免疫力。

（四）免疫血清

免疫血清又称为抗病血清、高免血清。为含有高效价特异性抗体的动物血清制剂，能用于治疗、紧急预防相应病原体所致的疫病，所以又称为被动免疫制品。通常给适当动物反复多次注射特定的病原微生物或其代谢产物，促使该动物不断产生免疫应答，在血清中含有大量相应的特异性抗体的制成品。虽然高免血清的使用成本高、生产周期长而受到限制，但毒素血清如破伤风抗毒素血清、肉毒抗毒素血清、葡萄球菌抗毒素血清的早期应用仍具有十分重要的意义等。

（五）高免卵黄抗体

高免卵黄抗体也称为卵黄免疫球蛋白，是用抗原免疫禽类后由卵黄中分离得到的高效价特异性抗体。其原理是用抗原大剂量强化免疫健康产蛋鸡（鸭），蛋鸡（鸭）体内产生大量抗体，垂直传递到鸡（鸭）蛋的卵黄中。将卵黄中的抗体分离提纯并稀释后，测定效价，合格者用于临床预防、治疗相应的动物传染病。与哺乳动物来源的 IgG 比较，卵黄抗体具有取材方便、分离纯化方法简单、产量高、价格便宜，同时具有特异性高、稳定性较好等优点，在疫病预防、诊断、防治等诸多方面得到了广泛的应用。对于雏鸭病毒性肝炎、小鹅瘟等危害幼雏的疫病，使用高免卵黄抗体早期预防具有较好效果。

二、疫苗保存、运送和使用

（一）生物制品的保存

各种疫苗均应保存在低温、阴暗及干燥的场所。灭活苗和类毒素等应保存在2～8℃的低温环境中，防止冻结；油乳剂灭活苗在冷冻后会出现油乳分层现象，影响其效力，应常温保存。大多数弱毒活疫苗应放在－15℃以下冷冻保存。对于真空冻干活苗，还应注意其真空度。马立克氏病活疫苗等细胞结合性疫苗必须在液氮中保存。

（二）生物制品的运送

弱毒活疫苗的运送一般都要求冷藏工具如冷藏车、冷藏箱、保温瓶等；要弄清各种疫苗的保存和运输中要求的条件，运输时装入保温冷藏设备中，运回后立即按规定温度存放；严防在高温和日光下保存、运输。灭活苗在运输中也要防止冻结和暴晒。

总之，各类生物制品的特性与生产工艺不同，在产品流通、存放与使用过程中，应严格按照产品说明书的要求规范操作。

（三）疫苗使用时的注意事项

使用前做好疫苗检查工作，有下列情形之一者，不得使用：没有标签或标签内容模糊不清，没有产地、批号、有效期等说明；疫苗的质量与说明书不符，如色泽、性质有变化，疫苗内有异物、发霉和有异味的；瓶塞松动或瓶壁破裂的；未按规定方法和要求保存、运送的，过期失效的。

疫苗使用前，湿苗要充分摇匀；冻干苗按瓶签规定进行稀释，充分溶解后使用。

三、常用疫苗简介和使用

（一）哺乳动物用疫（菌）苗

1. 牛、羊O型口蹄疫灭活疫苗

【性状】本品为乳白色或淡红色、略带黏滞性流体的均匀乳状液；经贮存后允许在疫苗瓶中的乳状液之液面上有少量油相或瓶底部有部分水相析出，摇之即成均匀乳状液。

【用途】用于牛、羊O型口蹄疫病。

【用法与用量】

规模化奶牛、肉牛场：种公牛后备牛，每年注射2次，间隔6个月，每次3ml/头；生产母牛，分娩前3个月肌肉注射3ml/头；犊牛，出生后4～5月首免，2ml/头，首免后6个月二免（方法、剂量同第1次），以后每隔6个月免疫1次。

牧区、农村散养牛：成年牛，每年免疫2次，每间隔6个月，每头次3ml/头；犊牛、出生后4～5月龄首免，2ml/头，首免后6个月（方法、剂量同第1次），以后每隔6个月免疫1次；怀孕母牛，分娩前3个月肌肉注射3ml/头。

【免疫期】免疫期6个月。

【保存期】于2～8℃冷暗干燥处保存，有效期1年。

【注意事项】疫苗血清型如与流行病毒血清型不同，则不得使用。

注射疫苗前必须对参加人员予以技术培训，严格遵守操作规程，每次注射剂量一定要足，针头要打到肌肉内。患病、体弱、临产期母畜、未断奶幼畜不能注射。疫苗使用前应仔细振荡；瓶口开封后应当天用完。注射疫苗后个别家畜发生过敏反应，有发烧、食欲减

退现象，一般 2～3d 可恢复正常。过敏反应重的动物可对症治疗。疫苗色泽与说明书不一致或疫苗中含有异物、无标签、标签模糊不清、瓶有裂纹、封口不严以及变质者不得使用。

2. 猪 O 型口蹄疫灭活疫苗

【性状】本品为乳白色或淡红色、略带黏滞性流体的均匀乳状液；经贮存后允许在疫苗瓶中的乳状液面上有少量油相或瓶底部有部分水相析出，摇之即成均匀乳状液。

【用途】用于预防猪 O 型口蹄疫病。

【用法与用量】

规模化猪场：种公猪，每年注射 2 次，间隔 6 个月，每次肌肉注射 3ml/头或后海穴注射 1.5ml/头；生产母猪，分娩前 1.5 个月肌肉注射 3ml/头或后海穴注射 1.5ml/头；育肥猪，出生后 30～40 日龄首免，2ml/头，或后海穴注射 1.5ml/头，首免后 60～70 日龄二免，剂量肌肉注射 3ml/头或后海穴注射 1.5ml/头，第 3 次免疫于出栏前 30 日龄，肌肉注射 3ml/头或后海穴注射 1.5ml/头。后备种猪，仔猪二免后，以后间隔 6 个月免疫 1 次，肌肉注射 3ml/头或后海穴注射 1.5ml/头。

农村散养猪：种公猪，每年 9 月下旬至 10 月上旬接种 1 次，肌肉注射 3ml/头或后海穴注射 1.5ml/头。次年 3 月下旬至 4 月上旬再接种 1 次（方法、剂量同前）；生产母猪，分娩前 1.5 个月肌肉注射 3ml/头或后海穴注射 1.5ml/头；仔猪，出生后 30～40 日龄首免，2ml/头或后海穴注射 1.5ml/头，首免后 60～70 日龄二免，剂量肌肉注射 3ml/头或后海穴注射 1.5ml/头；育肥猪、仔猪二免后，以后间隔 6 个月免疫 1 次，肌肉注射 3ml/头或后海穴注射 1.5ml/头。

市场免疫：凡未经免疫或超过免疫有效期进入活畜交易市场的仔猪、育肥猪由交易市场值班兽医进行免疫，方法同前。

免疫期、保存期及其使用注意事项同牛、羊 O 型口蹄疫灭活疫苗。

3. 无毒炭疽芽胞疫苗

【性状】本品振荡后稍混浊，呈淡白色混悬液。

【用途】用于除山羊以外的各种哺乳动物的炭疽病预防。

【用法与用量】1 岁以上牛、马等动物皮下注射 1ml，绵羊、猪和 1 岁以下的大动物皮下注射 0.5ml。

【反应】注射后可能有 1～3d 的体温升高反应，有时注射部位会起核桃大的肿胀，但经过 3～10d 即可消失。

【免疫期】一般注射后 14d 产生坚强免疫力，免疫期 1 年。

【保存期】于 2～15℃干燥冷暗处保存，有效期为 2 年。

【注意事项】在天气发生骤变时，不能使用本疫苗。

被注射的家畜一定要健康。体质特弱、食欲或体温不正常的都不应注射。注射后 1 周之内，不可过度使役，并要加强饲养管理。不可与抗炭疽血清混合注射。用时应用力振荡摇匀。用过的注射器、针头、疫苗空瓶和剩下的芽胞疫苗、用具等都必须煮沸消毒 1～2h，消毒用过的酒精棉球集中烧毁。凡经该苗注射过的家畜需经 14d 后方可屠宰。14d 内死亡者，尸体不得食用，须查明原因，妥善处理。

4. 第Ⅱ号炭疽芽胞疫苗

【性状】本品静止时为液体透明、瓶底有少量灰白色的芽胞沉淀、振荡后稍微浑浊，呈乳白色或微黄色悬浮液。

【用途】预防各种哺乳动物的炭疽病。

【用法与用量】各种动物的注射部位及剂量如下：牛、马、驴、骡、骆驼臀侧部皮内注射0.2ml或皮下注射1.0ml；绵羊股内或尾部皮内注射0.2ml或皮下注射1.0ml；山羊股内或尾部皮内注射0.2ml；猪耳根或股内皮内注射0.2ml或皮下注射1.0ml；其他动物股内或尾部皮内注射0.2ml或皮下注射1.0ml。使用浓缩菌苗时，需用20%氢氧化铝胶或蒸馏水根据瓶签说明书规定的稀释倍数进行稀释。

【反应】有的动物可能出现1～2d体温升高反应。

【保存期及注意事项】与无毒炭疽芽胞苗相同。

5. 气肿疽菌苗

用气肿疽菌培养液加甲醛杀菌制成的菌苗称气肿疽甲醛菌苗；如在制造时加入明矾，称为气肿疽明矾菌苗。这两种苗的用法相同。

【性状】气肿疽甲醛菌苗静置时是黄褐色略显浑浊的液体，瓶底有少量沉淀。气肿疽明矾菌苗静置时上部呈黄褐色透明，下部有灰白色沉淀，用力振摇后呈均匀浑浊。

【用途】专供牛、羊的气肿疽病预防。

【用法与用量】成年牛及小牛皮下注射5ml，羊皮下注射1ml。

【反应】注射后3d内可能引起体温升高，有时注射部位产生巴掌大的肿胀，数日恢复正常。

【免疫期】两种菌苗的免疫期约为6个月。有本病流行的地区，第一年要注射2次，以后每年1次。6个月以内的小牛注射1次后，在满6月龄时，再注射1次。

【保存期】甲醛菌苗或明矾菌苗于2～15℃冷暗干燥处保存，有效期2年，室温保存，有效期14个月。

6. 肉毒梭菌（C型）菌苗

【性状】本品静置时，上部为橙黄色透明液体，下部为白色沉淀，振摇后呈均匀的乳状浊液。

【用途】预防动物肉毒梭菌病。

【用法与用量】皮下注射：牛10ml，羊4ml，骆驼20ml，水貂2ml。

【免疫期】绵羊试验，免疫期为1年。

【保存期】于2～15℃冷暗干燥处保存，有效期3年。

【注意事项】肉毒梭菌是产生毒素最强的细菌，微量毒素即可引起人、畜中毒，而且难以治疗，甚至导致死亡。因此，操作要严格消毒，废液严禁随处倾弃并销毁。

7. 布鲁氏菌猪型2号冻干菌苗

【性状】本品为活菌苗，呈白色或淡黄色疏松固体，加入稀释液后，迅速形成均匀的混悬液。

【用途】预防牛、山羊、绵羊、鹿布鲁氏菌病。

【用法与用量】本疫苗最适于作口服接种，不受怀孕限制，可在配种前1～2个月进行，也可在怀孕时期使用。山羊和绵羊不论年龄大小，均按瓶签上的头份数使用。羊100

亿活菌/头，牛、鹿500亿活菌/头，猪口服分2次、每次200亿活菌/头，间隔1个月。将所需菌苗拌入饲料中采食或用无针头注射器逐头灌服。

喷雾法暂限于山羊和绵羊。

室内气雾法：羊每只剂量10亿活菌。

室外气雾法：羊每只剂量50亿活菌。

皮下和肌肉注射均可使用，山羊25亿菌/（头·次），绵羊50亿菌/（头·次）；猪注射2次，200亿菌/（头·次），间隔1个月。牛一般不采用注射法。

【免疫期】牛、羊、鹿的免疫期均为1年。

【保存期】于0～8℃冷暗干燥处保存，有效期1年。

【注意事项】拌料、饮水或灌服时应注意不要用热水，以免烫死细菌，应避免与含抗生素的饲料同用。

喷雾和注射法不能用于孕畜。

本活菌苗具有一定的残余毒力，动物接种时，注意操作人员的个人防护。

8. 牛出血性败血症氢氧化铝菌苗

【性状】本品静置时，上部为淡黄色透明液体，下部为灰白色沉淀，振摇后呈均匀的乳浊液。

【用途】预防牛出血性败血症。

【用法与用量】皮下或肌肉注射：体重100kg以下的牛注射4ml，体重100kg以上的牛注射6ml。

【免疫期】注射后21d可产生免疫力，免疫期为9个月。

【保存期】于2～15℃冷暗干燥处保存，有效期3年。

【注意事项】体质特弱、食欲或体温不正常的牛以及怀孕后期的牛不宜注射。

9. 羊梭菌病四联氢氧化铝菌苗

【性状】本品系用腐败梭菌（致羊快疫菌）、B型魏氏梭菌（致羔羊痢疾兼羊猝疽菌）以及D型魏氏梭菌（致羊肠毒血症菌）制成。静置时，瓶内上部为橙黄色透明液体，下部为白色沉淀，振摇后呈均匀的混悬液。

【用途】预防羊快疫、羊猝疽、羔羊痢疾以及羊肠毒血症。

【用法与用量】不论羊只年龄大小，皮下或肌肉注射5ml，体重100kg以上的羊注射6ml。

【免疫期】注射后14～21d可产生免疫力，免疫期对肠毒血症为6个月；对羊快疫、羔羊痢疾、羊猝疽为12个月。

【保存期】于2～15℃冷暗干燥处保存，有效期3年。

【注意事项】体质特弱、食欲或体温不正常的羊不宜注射。

10. 山羊痘细胞化弱毒冻干苗

【性状】为灰白色的海绵状疏松固体，加入稀释液后，迅速成为均匀的混悬液。

【用途】预防山羊痘。

【用法与用量】该疫苗适用于不同品种、年龄的山羊。对怀孕山羊、羊痘流行羊群中的未发痘羊皆可紧急接种。用生理盐水1:50稀释，于尾内侧或股内侧皮下注射；无论羊只大小，一律0.5ml。

【免疫期】1 年。

【反应】接种 5～7d，在接种部位出现直径 0.5cm 以上的微红色或无色痘肿（丘疹），几天后渐消退。

【保存期】于 -15℃以下冷冻保存，有效期 2 年；0～4℃低温保存，有效期 1.5 年；于 8～15℃冷暗保存，有效期 10 个月；于 25℃室温保存，有效期 2 个月。

【注意事项】注射部位要准确，3 个月的哺乳羔羊，断奶后应加强免疫 1 次；怀孕母羊免疫接种时，需格外小心，以免造成流产。

疫苗稀释后，应置于阴凉处，限 8h 内用完。

11. 狂犬病疫苗

【性状】本品静置时，上部为澄明液体，下部为灰白色或暗红色沉淀，振摇后呈灰白色或暗红色的混浊黏稠液体。

【用途】用于各种哺乳动物狂犬病的预防或紧急预防。

【用法与用量】后腿或臀部肌肉注射：用量：犬体重 4kg 以下的 3ml，体重 4kg 以上的 5ml；猪、羊 10～50ml；马、牛 25～50ml；其他动物视体重或体表面积的量注射。哺乳动物被患狂犬病的动物咬伤时，立即紧急预防注射 1～2 次，间隔 3～5d。

【反应】有时局部出现肿胀，很快即可消失。

【免疫期】6 个月。

【注意事项】注射前，必须检查动物的健康状况。病弱动物、临产动物或产后母畜及幼龄动物不宜注射。

12. 狂犬病弱毒细胞冻干疫苗

【性状】为有色疏松固体，加入稀释液后呈均匀的乳浊液。每瓶含原毒 2ml（10 头份）。

【用途】预防犬的狂犬病。

【用法与用量】无菌条件用注射用水或 pH 值为 7.4 的磷酸盐缓冲液稀释，使每头份为 1ml，摇匀后不论犬大小，皮下或肌肉注射 1ml。

【免疫期】1 年。

【反应】有时局部出现肿胀，很快即可消失。

【注意事项】接种本疫苗所用的注射器不能用化学药品消毒。疫苗稀释后应置于阴凉处，限 8h 内用完。

13. 兽用乙型脑炎疫苗

【性状】本品静置时，呈红色透明液体，底部有少许细胞碎片。

【用途】用于预防各种哺乳动物的乙型脑炎。

【用法与用量】本疫苗应在乙型脑炎流行前 1～2 个月注射，各种动物皮下或肌肉注射均为 1ml。当年幼畜注射 1 次后，第二年必须加注 1 次。

【免疫期】本疫苗注射 2 次（间隔 1 年），免疫期为 3 年。

【保存期】于 2～6℃冷暗干燥处保存，有效期为 2 个月。

14. 破伤风明矾沉降类毒素

【性状】本品静置时，瓶底部有大量白色沉淀物，上部为微黄色澄明液体，振荡后为微带黄色的乳浊液。

【用途】用于预防各种家畜的破伤风。

【用法与用量】大动物（马、骡、驴、鹿）皮下注射1ml；小驹等幼龄动物减半，经过6个月后，再注射1次；山羊、绵羊皮下注射0.5ml，受伤时，再用同剂量注射1次。若受伤严重，还应皮下注射破伤风抗毒素。

【免疫期】注射后1个月产生免疫力，免疫期为1年。

【反应】注射后数小时，在注射部位发生直径5～15cm的炎性肿胀。经5～7d炎症逐渐消褪，会留一个硬结，经数日后消退。

【保存期】于2～15℃冷暗干燥处保存，有效期为3年。

【注意事项】体质瘦弱、患热性病、呼吸道病以及临产前2个月的动物均不宜注射。

使用时必须充分振摇，混合均匀。

注射后15d内，需逐日进行观察。如注射部位化脓，应施行外科手术；如反应过强，可注射破伤风抗毒素。

15. 犬用五联苗

【用途】预防犬瘟热、狂犬病、传染性肝炎、病毒性肠炎和副流感。

【用法与用量】初次使用，犬间隔3～4周接连皮下注射2次，每次2ml，以后每6个月注射1次，每次2ml。

16. 猪瘟弱毒活疫苗

目前，猪瘟弱毒活疫苗因生产工艺不同，分为细胞苗、脾淋苗两种，但所用毒株均为兔化弱毒株。

【性状】本品采用猪瘟兔化弱毒株接种易感细胞培养或静脉注射接种健康成年兔，收获细胞培养物或收获反应正常兔体的脾脏、肠系膜淋巴结研磨为乳状，加稳定剂，经冷冻真空干燥制成，呈乳白色海绵状疏松固体，稀释后即成均匀混悬液。

【用途】用于猪瘟的预防，注射疫苗4d后，即可产生免疫力。断奶后无母源抗体的仔猪免疫期为12个月。

【用法与用量】按瓶签注明的头份，每1头份加1ml灭菌生理盐水稀释，大小猪均肌肉或皮下注射1ml断奶前仔猪每头可注射4～6头份剂量疫苗，以防母源抗体的干扰。

【保存期】于－15℃以下保存，有效期为18个月；0～8℃保存不超过6个月。

【注意事项】本品在使用时，一定要了解当地有无疫情流行，被注射猪一定要健康，对体质弱、患有其他疾病者及初生仔猪不要注射。

疫苗携带、运输环节注意保持温度，并避免阳光直射。

17. 猪丹毒活疫苗（G_4T_{10}株）

【性状】本品系用丹毒（G_4T_{10}）弱毒菌株，接种适宜培养基，将培养物加适当稳定剂，经真空冷冻干燥制成。冻干苗质地疏松、为淡红色或淡褐色海绵状疏松团块，加入稀释液后1～2min迅速溶解。

【用途】用于预防猪丹毒，供断奶后仔猪使用，免疫期6个月。

【用法与用量】按瓶签注明的头份，用摇匀的20%氢氧化铝胶生理盐水稀释，待充分溶解后，每头猪肌肉或皮下注射1ml。

【保存期】－15℃以下保存，有效期为12个月，0～8℃保存不超过9个月，在25～

30℃保存不超过10d。

【注意事项】病弱者及怀孕2.5个月以上的怀孕猪不宜注射，1个月以上哺乳仔猪在注射3个月后应补针加免1次。

本疫苗是活菌，在操作时应防止细菌散布。注射用过的器材、疫苗空瓶和胶塞等应及时煮沸消毒30min。

稀释后的疫苗，限4h内用完。

疫苗注射前后7d禁止使用抗生素类药物。

18. 猪巴氏杆菌病活疫苗（EO630株）

【性状】本品系用巴氏杆菌EO630弱毒株的纯培养物，加保护剂经真空冷冻干燥制成。冻干苗呈灰白色、质地疏松的海绵状团块，加入稀释液后迅速溶解成悬浮液。

【用途】用于预防猪巴氏杆菌病（猪肺疫），免疫期为6个月。

【用法与用量】按瓶签注明的头份，用摇匀的20%氢氧化铝胶生理盐水稀释，待充分溶解后，每头猪肌肉或皮下注射1ml。

【保存期】于－15℃以下保存，有效期为12个月，0～8℃保存不超过9个月，在25～30℃保存不超过10d。

【注意事项】病弱者及怀孕2.5个月以上的怀孕猪不宜注射，在猪肺疫疫区内，初免后间隔2个月左右应加强免疫1次。

本疫苗是活菌，在操作时应防止细菌散布。注射用过的器材、疫苗空瓶和胶塞等应及时煮沸消毒30min。

稀释后的疫苗，限4h内用完。

疫苗注射前后7d禁止使用抗生素类药物。

19. 猪瘟、猪丹毒（G_4T_{10}株）、猪肺疫（EO630株）三联活疫苗

本品系用猪瘟兔化弱毒株，接种易感细胞培养，收获细胞培养物，与猪丹毒弱毒菌液、猪源多杀性巴氏杆菌弱毒菌液按适当比例混合。加适当稳定剂，经冷冻真空干燥制成。

【性状】本品为灰白色或淡褐色海绵状疏松团块，有时在疫苗瓶底有肉眼可见的黑色微粒物质，加入稀释液后迅速溶解成均匀悬浮液。

【用途】用于预防猪瘟、猪丹毒、猪多杀性巴氏杆菌病（猪肺疫）。

【用法与用量】按瓶签注明的头份，加灭菌生理盐水或用摇匀的20%氢氧化铝胶生理盐水稀释，待充分溶解后，不论猪只大小，每头猪肌肉或皮下注射1ml。

【免疫期】猪瘟免疫持续期为1年；猪丹毒和猪肺疫免疫持续期为6个月。

【保存期】于－15℃以下保存，有效期为12个月；0～8℃保存为6个月；在25℃保存期不超过10d。

【注意事项】病弱者或食欲不正常的猪不宜注射。

稀释后的疫苗，限4h内用完。

疫苗注射前后7d禁止使用抗生素类药物。以免影响免疫效果。

注射本疫苗后，个别猪只可能出现过敏反应，应注意观察并采取脱敏措施。

接种完毕，注射用具、疫苗容器及稀释的剩余疫苗必须经消毒处理。

20. 猪链球菌活疫苗

【性状】本品系用猪链球菌弱毒活菌制成，为质地疏松、海绵状团块，加入稀释液后迅速溶解成均匀悬浮液。

【用途】用于预防猪链球菌病。

【用法与用量】按瓶签注明的头份，每头加1ml摇匀的20%氢氧化铝胶生理盐水稀释，待充分溶解后，每头猪肌肉注射1ml（每头份含0.5亿个活菌）；口服免疫，用生理盐水或常水稀释后，拌入凉的饲料中饲喂，每头份含2亿个活菌。

【免疫期】本品接种7d后可产生免疫力，14d后产生较强的免疫力，免疫期暂定6个月。

【保存期】于2～8℃保存，有效期为12个月；15～20℃保存不超过30d；在25～30℃保存期不超过7d。

【注意事项】病弱者或食欲不正常不宜注射。

稀释后的疫苗，限4h内用完。

疫苗注射前后7d禁止使用抗生素类药物。以免影响免疫效果。

使用本疫苗前，应先作小量区域试验，如无异常始行大面积使用。

21. 猪气喘病活疫苗

【性状】本品系接种猪霉形体肺炎弱毒的兔（乳兔）肺组织，加保护剂经真空冷冻干燥制成。冻干苗为淡红色海绵状疏松团块，加入稀释液后迅速溶解成均匀悬浮液。

【用途】仅供预防猪气喘病。适用于断奶后仔猪、后备猪、种猪及怀孕2个月以内的母猪。对本病疫区的净化效果良好。有提高断奶仔猪窝重和增重的明显作用。

【用法与用量】按瓶签注明的头份，以每头份苗用5ml灭菌生理盐水的比例稀释，充分摇匀后从右侧胸腔倒数第六肋骨至肩胛骨后缘3～7cm处进针，作胸腔穿刺注射，每头猪注射5ml。

【免疫期】本菌接种60d后可产生免疫力，免疫期为8个月。

【保存期】于-15℃以下保存，有效期为12个月；0～8℃保存为1个月。

【注意事项】病弱者及体温不正常猪不宜注射。

稀释后的疫苗，限4h内用完。

疫苗注射前后15d和用后60d禁用土霉素、卡那霉素等药物，以免影响免疫效果。

22. 仔猪副伤寒活菌苗

【性状】本品系用免疫原性良好的猪霍乱沙门氏菌C500弱毒株培养液，加适当稳定剂经真空冷冻干燥制成。冻干苗为灰白色海绵状疏松团块，加入稀释液后迅速溶解成均匀悬浮液。

【用途】用于预防仔猪副伤寒，用口服或注射法免疫具有同样的预防效果。

【用法与用量】本疫苗适用于1月龄以上哺乳仔猪，体弱有病者不宜使用。

口服法：按瓶签注明的头份，用冷开水稀释成每头份5～10ml，均匀地拌入少量精料或切碎的青饲料中，让猪自由采食；或每头猪灌服5～10ml稀释好的疫苗。

注射法：按瓶签注明的头份，用摇匀的20%氢氧化铝生理盐水稀释，每头猪耳后浅层肌肉注射1ml。

对经常发生仔猪副伤寒的猪场和地区，为了加强免疫力，可在断奶前后各免疫1次，间隔3～4周。

【反应】个别仔猪注射后30min引起体温升高、发抖、呕吐和减食等症状，一般在1～2d后可自行恢复，重症者可注射肾上腺素。用口服法免疫无上述反应或反应轻微。

【保存期】于-15℃以下保存，有效期为12个月；2～8℃保存为9个月。

【注意事项】瓶签注明口服者不得用于注射。

稀释后的疫苗，限4h内用完。

疫苗注射前后10d应停止使用抗生素类药物，以免影响免疫效果。

有疫病流行地区或体弱有病仔猪均不宜注射本疫苗。

23. 仔猪黄痢 K_{88}、K_{99}、987p 基因工程三价灭活疫苗

【性状】本品系用基因工程技术构建表达 K_{88}、K_{99}、987p 伞毛抗原的大肠杆菌菌株，经发酵灭活后配制而成。疫苗成品为淡黄色，有少许沉淀。

【用途】用于预防因 K_{88}、K_{99}、987p 伞毛抗原肠毒素大肠杆菌引起的仔猪腹泻病。

【用法与用量】用前充分振荡，怀孕母猪耳后根肌肉注射，每头注射1ml。

【免疫时间】怀孕母猪预产期前2～3周注射。

【保存期】于-20℃保存2年；4～8℃保存1年；室温保存6个月。

【注意事项】本疫苗仅用于预防 K_{88}、K_{99}、987p 伞毛抗原肠毒素大肠杆菌引起的仔猪腹泻病（仔猪黄痢），对其他抗原引起的腹泻无效（如白痢等）。

注射后怀孕母猪可在2～3周产生高效抗 K_{88}、K_{99}、987p 抗体，新生仔猪可从母乳中获得抗体而获得被动免疫，故务必使每头新生仔猪吃足初乳。

24. 仔猪黄白痢遗传工程疫苗

【性状】本品为灰白色海绵状疏松固体，加入稀释液后，即溶解成均匀的混悬液。

【用途】用于预防仔猪黄、白痢。

【用法与用量】怀孕母猪预产期前2～3周按瓶签规定头份数，用生理盐水或冷开水稀释，每头份菌液中加入2g小苏打混合均匀，再拌入冷饭团或冷粥中灌服。

为强化免疫，对2～4日龄仔猪，以成年猪1/20用量稀释于20ml冷开水中，滴入仔猪口腔中。

【保存期】于-15℃保存1年；0～8℃保存4个月；10～30℃保存1个月。

【注意事项】本疫苗忌用热水、热料、发酵饲料等拌食。

稀释后的疫苗，限4h内用完。

本疫苗禁止与抗生素类药物和含抗生素的饲料同时使用。

25. 猪繁殖与呼吸障碍综合征弱毒冻干活疫苗

【性状】本品系用从美国引进的繁殖与呼吸障碍综合征弱毒株接种敏感细胞，收获细胞培养物，加入适当稳定剂经真空冷冻干燥制成。本品为乳白色疏松团块，稀释后即溶解成均匀的悬浮液。

【用途】用于预防猪繁殖与呼吸障碍综合征。

【用法与用量】适用于3周龄以上的健康易感猪。用灭菌生理盐水或蒸馏水，每瓶按规定头份稀释均匀，肌肉注射2ml/头。母猪应在配种前15d接种。

【免疫期】疫苗注射后10～15d可产生免疫力，免疫期6～12个月。

【反应】接种后有轻度的减食现象，属正常反应，几天后可以恢复。

【保存期】于 –15℃保存 1 年；0～4℃保存 8 个月。

【注意事项】稀释后的疫苗限当天用完。

屠宰前 21d 和怀孕母猪不宜接种。

26. 猪繁殖与呼吸障碍综合征油乳剂灭活疫苗

【性状】本疫苗是用国内分离的毒株在易感细胞上增殖获得高滴度病毒，灭活后用先进的乳化工艺乳化而成。本品为乳白色或近白色油乳剂，经贮存后，疫苗液面有少量油相，经振荡后即呈均匀乳状液。

【用途】用于预防猪繁殖与呼吸障碍综合征。

【用法与用量】适用于 3 周龄以上的健康易感猪。肉用猪肌肉注射 2ml/头，免疫期 6 个月；后备母猪和公猪，在断奶后肌肉注射 2ml/头，间隔 1 个月后再肌肉注射 2ml/头，可保护整个生产期。

【保存期】4℃保存 1 年。

【注意事项】稀释后的疫苗限当天用完。

本疫苗接种前应了解当地有无疫病流行，被接种猪一定要求健康，体质瘦弱或患有其他疾病者不应使用。

疫苗使用前应认真检查，如有破乳、变色、玻瓶有裂纹等均不可使用。

切勿冻结或高温。

27. 猪传染性萎缩性鼻炎油乳剂灭活苗

【性状】本疫苗是用猪支气管败血波特氏杆菌和多杀性巴氏杆菌菌种分别在特殊培养基中繁殖，收获其培养物，经甲醛溶液灭活，油乳剂乳化后制成。本品为乳白色均质乳剂。经贮存后，疫苗液面有少量油相，经振荡后即呈均匀乳状液。

【用途】用于预防猪传染性萎缩性鼻炎。

【用法与用量】母猪在产前 1 个月颈部皮下注射 2ml；公猪每年注射 2 次，每次注射 2ml；仔猪出生后的第 7d 和 25～28d 分别在颈部注射 1ml 和 2ml。

【保存期】2～10℃保存 1 年。

【注意事项】稀释后的疫苗限当天用完。

本疫苗接种前应认真检查，如有破乳、变色、玻瓶有裂纹等均不可使用。

切勿冻结或高温。

28. 仔猪红痢灭菌苗

【性状】本疫苗是用魏氏梭菌（C 型）的培养液用甲醛灭活脱毒；加入氢氧化铝胶浓缩而制成。静置后，上层为黄褐色透明液体，下层为灰白色沉淀物，经振荡后呈现均匀混悬液。

【用途】用于预防由魏氏梭菌（C 型）引起的仔猪红痢。适用于怀孕后期母猪。

【用法与用量】怀孕母猪初次注射本疫苗时，应肌肉注射 2 次。第 1 次于产前 1 个月颈部皮下注射 5～10ml，第 2 次于分娩前 15d 左右，剂量同第 1 次。

经产母猪只在分娩前 15d 注射 1 次即可，剂量为 3～5ml。

【保存期】2～15℃保存 1 年。

【注意事项】稀释后的疫苗限当天用完。

本疫苗接种前应认真检查，如有破乳、变色、玻瓶有裂纹等均不可使用。

切勿冻结或高温。

（二）禽类用疫苗

1. 新城疫中等毒力活疫苗（Ⅰ系）

【性状】本品为淡红色或淡黄色疏松团块，加入稀释液后迅速溶解。

【用途】本疫苗用于预防鸡新城疫，专供用于经新城疫弱毒疫苗（Ⅱ系、Lasota 株的疫苗）免疫过的 2 月龄以上的鸡使用。接种 3d 后，即可产生坚强的免疫力，免疫期为 1 年。

【用法与用量】按标明的羽份，用灭菌生理盐水，或适宜的稀释液，将疫苗稀释 100 倍（如标签为 500 羽份则稀释成 50ml），母鸡翅膀内侧无血管处皮下注射 0.1ml，还可将该苗稀释成 100ml，皮下或胸肌注射 1ml。

【保存期】于 -15℃以下为 2 年；2～8℃为 6 个月；10～15℃不超过 3 个月；25～30℃不超过 10d。

【注意事项】本疫苗系用中等毒力株制成，专供经鸡新城疫弱毒疫苗免疫过、2 月龄以上的鸡使用。不得用于初生雏鸡。

本疫苗对纯种鸡反应较强，产蛋鸡在接种后 2 周内产蛋可能减少或产软壳蛋，因此，最好在产蛋前进行免疫。

对未经弱毒疫苗免疫过的 2 月龄以上的种鸡可以使用，但有时可引起少数鸡神经麻痹或死亡。

使用疫苗时严禁用热水、温水及含氯离子等消毒剂的水稀释，加水稀释后，应放在冷暗处，必须 4h 内用完。

2. 鸡新城疫低毒力疫苗（Lasota 株）

【性状】本品是用鸡新城疫低毒力（Lasota 株），接种易感鸡胚繁殖后，收获感染鸡胚液，加适当稳定剂，经真空干燥而成的微黄色海绵状疏松团块，加入稀释液后迅速溶解成均匀混悬液。

【用途】本疫苗用于预防鸡新城疫，一般用于 7 日龄以上雏鸡。

【用法与用量】本疫苗可用多种方法进行免疫：

滴鼻方法：按标明的羽份，按每只鸡 0.05ml 计算，用灭菌生理盐水、蒸馏水或冷开水稀释，用消毒滴管每只鸡鼻孔滴入 2 滴（约 0.05ml），必须滴入鼻孔中，否则免疫力不可靠。

饮水方法：用冷开水、井水（忌用含氯等消毒剂及含有害物质的水）将疫苗稀释，稀释量根据鸡龄大小而定，疫苗加倍量使用（如疫苗瓶签注明为 500 羽份则可供 250 只鸡饮水免疫）。

喷雾法：剂量加倍，具体稀释方法同“饮水”。

【保存期】于 -15℃以下为 2 年；2～8℃为 8 个月；10～15℃不超过 3 个月；25～30℃不超过 10d。

【注意事项】有鸡支原体感染的鸡群，禁用喷雾法。

饮水免疫忌用金属容器，饮水前鸡群要停水 4h，饮水前后 3～5d 不宜饮高锰酸钾水。

稀释疫苗切忌用热水、温水及含氯等消毒剂。

加水稀释后，应放在冷暗处，必须 4h 内用完。

对纯种鸡群免疫时，应先作小区试验，再进行大群免疫，以防止由于鸡群敏感造成损失。

3. 鸡传染性支气管炎活疫苗（H_{120}株）

【性状】本品是用鸡传染性支气管炎H_{120}弱毒株，接种易感鸡胚繁殖后，收获感染鸡胚液，加适当稳定剂，经真空干燥而成的微黄色或微红色海绵状疏松团块，加入稀释液后迅速溶解成均匀混悬液。

【用途】本疫苗用于预防鸡传染性支气管炎。免疫后5～8d产生免疫力，免疫期为2个月。本品用于初生雏鸡，用本疫苗免疫后1～2个月需用鸡传染性支气管炎苗H52株进行加强免疫。

【用法与用量】

滴鼻方法：按标明的羽份，按每只鸡0.05ml计算，用灭菌生理盐水、蒸馏水或冷开水稀释，用消毒滴管每只鸡鼻孔滴入2滴（约0.05ml），必须滴入鼻孔中，否则免疫力不可靠。

饮水方法：用冷开水、井水（忌用含氯等消毒剂及含有害物质的水）将疫苗稀释，稀释量根据鸡龄大小而定，疫苗加倍量（如疫苗瓶签注明为500羽份则可供250只鸡饮水免疫）。

【保存期】于-15℃以下为1年；0～4℃为6个月。

【注意事项】饮水免疫忌用金属容器，饮水前鸡群要停水4h，饮水前后3～5d不宜饮高锰酸钾水。

稀释疫苗切忌用热水、温水及含氯等消毒剂。

加水稀释后，应放在冷暗处，必须4h内用完。

4. 鸡传染性支气管炎活疫苗（H_{52}株）

【性状】本品是用鸡传染性支气管炎H_{52}弱毒株，接种易感鸡胚繁殖后，收获感染鸡胚液，加适当稳定剂，经真空干燥而成的微黄色或微红色海绵状疏松团块，加入稀释液后迅速溶解成均匀混悬液。

【用途】本疫苗用于预防鸡传染性支气管炎。本品仅用于1月龄以上鸡，免疫期为6个月。

【用法与用量】

滴鼻方法：按标明的羽份，按每只鸡0.05ml计算，用灭菌生理盐水、蒸馏水或冷开水稀释，用消毒滴管每只鸡鼻孔滴入2滴（约0.05ml），必须滴入鼻孔中，否则免疫力不可靠。

饮水方法：用冷开水、井水（忌用含氯等消毒剂及含有害物质的水）将疫苗稀释，稀释量根据鸡龄大小而定，疫苗加倍量（如疫苗瓶签注明为500羽份则可供250只鸡饮水免疫）。

【保存期】于-15℃以下为1年；0～4℃为6个月。

【注意事项】饮水免疫忌用金属容器，饮水前鸡群要停水4h，饮水前后3～5d不宜饮高锰酸钾水。

稀释疫苗切忌用热水、温水及含氯等消毒剂。

加水稀释后，应放在冷暗处，必须4h内用完。

5. 鸡传染性法氏囊中等毒力活疫苗（B_{87}株）

【性状】本品是用鸡传染性法氏囊病毒 B_{87} 株，接种易感鸡胚繁殖后，收获感染鸡胚液，加适当稳定剂，经真空干燥而成的微黄色或微红色海绵状疏松团块，加入稀释液后迅速溶解成均匀混悬液。

【用途】本疫苗用于预防鸡传染性法氏囊病。

【用法与用量】

滴鼻、点眼方法：按标明的羽份，按每只鸡 0.05ml 计算，用灭菌生理盐水、蒸馏水或冷开水稀释，用消毒滴管每只鸡鼻孔或眼中滴入 2 滴（约 0.05ml），必须滴入鼻孔或眼中，否则免疫力不可靠。

饮水方法：用冷开水、井水（忌用含氯等消毒剂及含有害物质的水）将疫苗稀释，稀释量根据鸡龄大小而定，疫苗加倍量（如疫苗瓶签注明为 500 羽份则可供 250 只鸡饮水免疫）。

【免疫参考时间】母源抗体水平较低或不明的，10～14 日龄首免，28～35d 龄二免；在 IBD 疫区或受威胁区，首免时间可适当提前。

【保存期】于 -15℃以下为 18 个月。

【注意事项】饮水免疫忌用金属容器，饮水前鸡群要停水 4h。

稀释疫苗切忌用热水、温水及含氯等消毒剂。

加水稀释后，应放在冷暗处，必须 4h 内用完。

6. 鸡新城疫（Lasota 株）、鸡传染性支气管炎活疫苗（H_{120}株）二联活疫苗

【性状】本品为微黄色或微红色海绵状疏松团块，加入稀释液后迅速溶解成均匀混悬液。

【用途】本疫苗用于预防鸡新城疫和鸡传染性支气管炎，适用于 7 日龄以上初生雏鸡。

【用法与用量】

滴鼻方法：按标明的羽份，按每只鸡 0.05ml 计算，用灭菌生理盐水、蒸馏水或冷开水稀释，用消毒滴管每只鸡鼻孔滴入 2 滴（约 0.05ml），必须滴入鼻孔中，否则免疫力不可靠。

饮水方法：用冷开水、井水（忌用含氯等消毒剂及含有害物质的水）将疫苗稀释，稀释量根据鸡龄大小而定，疫苗加倍量（如疫苗瓶签注明为 500 羽份则可供 250 只鸡饮水免疫）。

【免疫期】接种本疫苗 7～9d 产生免疫力，免疫持续时间根据鸡本身免疫状态或日龄而定。

【保存期】于 -15℃以下为 1 年；0～4℃为 6 个月。

【注意事项】饮水免疫忌用金属容器，饮水前鸡群要停水 4h。饮水前后 3～5d 不宜饮高锰酸钾水。

稀释疫苗切忌用热水、温水及含氯等消毒剂。

加水稀释后，应放在冷暗处，必须 4h 内用完。

7. 鸡新城疫（Lasota 株）、鸡传染性支气管炎活疫苗（H_{52}株）二联活疫苗

【性状】本品为微黄色或微红色海绵状疏松团块，加入稀释液后迅速溶解成均匀混悬液。

【用途】本疫苗用于预防鸡新城疫和鸡传染性支气管炎，适用于21日龄以上的鸡。

【免疫期、保存期、注意事项】参照前述。

8. 鸡新城疫灭活疫苗

【性状】本品用高滴度的新城疫病毒灭活后，混悬于稳定的油乳剂中制成。每剂量疫苗中含大量的抗原，注射后油乳剂会控制鸡体对抗原的吸收，从而可显著的提高免疫力。本疫苗为白色或近白色的双相油乳剂，经振荡后立即呈均匀乳状液。

【用途】预防鸡新城疫。

【用法与用量】可用于任何年龄的鸡。

2周龄内雏鸡颈部皮下或肌肉注射0.2ml，同时用Lasota株弱毒疫苗滴鼻或点眼免疫，免疫期可达120d。肉鸡可保护至出售。

2月龄以上鸡注射0.5ml，免疫期可达10个月。

用弱毒活疫苗免疫过的母鸡，在开产前2～3周注射0.5ml，可保护整个产蛋期。

9. 鸡产蛋下降综合征灭活疫苗

【性状】本品为油包水型白色乳剂，经贮存后，疫苗液面有少量油相，振荡后立即成均匀乳状液。

【用途】预防鸡产蛋下降综合征。

【用法与用量】于鸡群开产前2～4周，每只鸡皮下或肌肉注射0.5ml。

【保存期】于4～10℃冷暗处保存，保存期为1年。

【注意事项】同新城疫灭活疫苗。

10. 鸡痘活疫苗

【性状】本品为淡红色或淡黄色疏松团块，加入稀释液后迅速溶解。

【用途】本疫苗用于预防鸡痘。

【用法与用量】按标明的羽份，加入灭菌生理盐水将疫苗稀释后，用消毒的刺种针蘸取疫苗，于鸡翅内侧无血管处皮下刺种。1个月以上的鸡刺种2针（约0.1ml）；20～30日龄的鸡，可将疫苗加倍稀释后刺种1针。

【反应】刺种3～4d，刺种部位微现红肿、结痂，2～3周痂块脱落。

【免疫期】刺种本品后3～4d产生免疫力，大鸡可持续5个月，初生雏鸡约2个月。

【保存期】于－15℃保存18个月；0～4℃保存12个月；25℃保存不超过1个月。

【注意事项】被刺种的鸡群一定要健康。

稀释后限4h内用完。

刺种用具等用前要彻底消毒。

11. 鸡传染性喉气管炎弱毒冻干活疫苗

【性状】本品为淡红色或淡黄色疏松团块，加入稀释液后迅速溶解。

【用途】本疫苗用于预防鸡传染性喉气管炎，适用于2月龄以上的各种鸡。

【用法与用量】按标明的羽份，加入灭菌生理盐水将疫苗稀释后，用滴管滴眼，每只鸡1滴（0.03ml）。

【反应】接种后可能引起眼结膜炎，个别鸡会引起眼红肿，但不引起全身反应。

【免疫期】接种后4～7d可产生免疫力，免疫期暂定6个月。

【保存期】于－15℃保存18个月；4～10℃保存12个月。

【注意事项】本疫苗采用点眼法接种，可以在此病污染地区的鸡场使用。

对纯种鸡免疫，应先作小区试验，再进行大群免疫。

鸡群有慢性呼吸道病、球虫病和其他寄生虫病时，使用效果会受到影响，或有其他传染病时不能使用。

疫苗稀释后当天用完。

12. 马立克病火鸡疱疹弱毒冻干苗

【性状】本品采用接种了火鸡疱疹病毒株的鸡胚成纤维细胞培养，经裂解、过滤，加入保护剂，再真空冷冻干燥而制成。为淡黄色或乳白色疏松团块，加入稀释液后迅速溶解。

【用途】本疫苗仅供用于预防鸡马立克氏病，适用于接种各种品种1～3日龄的鸡。

【用法与用量】按标明的羽份，用本疫苗专用稀释液每羽份肌肉或皮下注射0.2ml。接种1日龄雏鸡效果最佳。

【免疫期】接种后10～14d可产生免疫力，免疫期18个月。

【保存期】于－10℃保存12个月；4℃以下保存6个月。

【注意事项】在此病污染地区的鸡场采用本疫苗接种时，鸡舍、场地首先要清洁并彻底消毒，注射后应加强管理，隔离饲养观察3周。

疫苗稀释后在1～2h用完。

13. 鸭瘟鸡胚化弱毒冻干疫苗

【性状】本品系用鸭胚化弱毒接种鸡胚，采用鸡胚和鸡胚液，加入保护剂经真空冷冻干燥而制成。疫苗为淡红、淡黄或乳白色疏松团块，加入稀释液后迅速溶解。

【用途】本疫苗用于预防鸭瘟，适用于2月龄以上的鸭，也可用于初生鸭。

【用法与用量】按标明的羽份，用灭菌生理盐水稀释成200倍，在鸭胸肌注射1ml；初生鸭则稀释成50倍，腿部肌肉注射0.2ml。

【反应】一般无全身性反应，有时可能会造成食欲减少，精神差，2～3d后即可恢复正常。

【免疫期】接种后3～4d可产生免疫力，2月龄以上鸭免疫期9个月，初生鸭免疫期1个月。

【保存期】于－15℃保存18个月；4～10℃保存8个月；11～25℃保存最长不超过14d。

【注意事项】对初生鸭在2个月后加强免疫1次。

疫苗稀释后在当天用完。

（胡新岗、张其艳）

第三节　药物预防

药物预防是在正常饲养管理下，在某些疫病可能发生或传入之前给动物有计划地投服药物以防止疫病的发生或蔓延。预防用药是集约化、规模化养殖场经常使用的疫病预防的措施。合理正确地使用预防用药技术，能够起到防止传染病的发生发展，促进动物健康生长的作用。目前，相当多的动物疫病没有疫苗或没有有效疫苗，如沙门氏菌病、霉形体病、大肠杆菌病、曲霉菌病、球虫病等，因此在动物饲料或饮水中加入某些药物，调节机体代谢、增强机体抵抗力和预防某些疫病的发生就具有重要意义。使用药物预防以不影响动物产品的质量，不影响人的健康为前提。具体使用时应符合中华人民共和国农业部《药物性饲料添加剂使用规范》要求。

一、药物预防的条件和原则

（一）正确选择、注重质量

用于预防的药物很多，可根据以下原则选择。

1. 作用范围　最好是广谱抗菌、抗寄生虫药，对多种病原体有效。在正常情况下，磺胺药对大多数革兰氏阳性菌和部分革兰氏阴性菌有效，甚至对衣原体和某些原虫也有效；喹诺酮类对革兰氏阳性菌、革兰氏阴性菌、支原体、某些厌氧菌均有效；硝基咪唑类对大多数专性厌氧菌具有较强的作用；青霉素类、头孢菌素类、大环内酯类主要作用于革兰氏阳性菌；氨基糖苷类、多黏菌素类主要作用于革兰氏阴性菌；四环素类及氯霉素类对革兰氏阳性菌和革兰氏阴性菌等均有效。对于病毒性疫病可选用病毒灵、病毒唑、金刚烷胺等药品。

应充分考虑病原体对药物的敏感性，选用效果最好的药物。在使用药物以前或使用药物过程中，最好能进行药物敏感性试验，选择最敏感的或抗菌谱广的药物用于预防，以期收到良好的预防效果。要适时更换药物，防止产生抗药性。

2. 安全性好　对动物低毒和低残留。在选择药物时，要选用正规兽药生产企业生产的有批准文号的药物，但不得使用国家明令禁止或淘汰的兽药品和化学品。认真阅读说明书，要求对症、高效、低毒、安全和低残留，并查看生产日期、有效期。

3. 耐药性低　即较长时间使用，不易产生耐药现象。细菌对磺胺类易产生耐药性，尤以葡萄球菌最易产生，大肠杆菌、链球菌等次之。各磺胺药之间可产生程度不同的交叉耐药性，但与其他抗菌药之间无交叉耐药现象。

4. 性质稳定　不易分解失效，便于长时间保存。使用时混入饮水或饲料中不易被破坏，也能稳定发挥作用。

5. 价格低廉，经济实用　在集约化养殖场中，动物数量多，预防用药开支大，为了提高利润，降低成本，应尽可能地选用价廉易得而又确有预防作用的药物。

（二）合理使用、切勿滥用

动物疫病的预防，主要使用抗病原微生物的药品。滥用抗微生物药的危害很大，除增加生产成本外，更重要的是造成细菌耐药菌株的迅速增加，以致在关键时刻不能挑选出敏感药物来控制传染病，这不但危害养殖业的健康发展，还将给人类疾病的治疗造成困难；另外，滥用抗生素还会破坏动物体内正常菌群间的平衡，敏感菌被抑制，耐药菌株则大量繁殖，出现二重感染；三是正常菌群失调，也造成饲料消化吸收率和机体免疫功能降低。所以，动物养殖中必须严禁滥用抗微生物药，特别是要注意以下几点。

1. 尽量少用或不用抗微生物药物　有疫苗预防的动物疫病，尽可能使用疫苗预防；肠道细菌感染（如大肠杆菌病、沙门氏菌病等），可试用微生态制剂预防。

2. 使用单一药物　预防或治疗时，能用一种的不同时使用两种或多种抗微生物药物；

但应注意抗微生物药的交替使用，切勿长期使用同一种或同一类药物。

3. 注意有效剂量和疗程 用于防治动物疫病的药物都有一定的疗程，治疗时要按药物规定的剂量和疗程实施。如果用药量或疗程不够，药物就不能维持有效浓度和作用时间，有的病原体可能暂时被抑制，但并没有被彻底杀灭，一旦过早停止用药，受到抑制的病原体就会重新生长繁殖，再次出现病症，造成疫病复发，最终导致药物治疗的失败。预防或治疗用药的一个疗程一般为3～5d。

4. 不宜长期使用 原则上不宜长期将抗微生物药作为饲料添加剂使用。

（三）联合用药、合理配伍

联合用药多用于动物混合感染性疫病，能够发挥抗微生物药的协同作用，扩大抗菌范围，从而提高抑制杀灭微生物的效果，降低药物副作用，减少或延缓耐药性的产生。联合应用的抗微生物药物，必须是作用机理不同的抗微生物药；联合使用的抗微生物药之间，必须作用相互增强和互补，而不是彼此无关甚至相互颉颃的药物。

（四）注意剂量及用药期

抗微生物药对动物也有副作用，主要有过敏、二重感染、毒性反应，甚至影响动物产生主动免疫、降低生产性能等。

许多抗微生物药，特别是人工合成的各类药物如磺胺、抗菌增效剂、呋喃类、喹乙醇等，用量稍大，即会引起中毒。实际使用中，应严格掌握剂量，不得把治疗量当做预防量，或把治疗量、预防量当作促生长添加量长期使用。

当动物受到传染病或其他疾病侵袭时，肾脏、肝脏也会受到损伤，肝脏转化药物和（或）肾脏排出药物的功能下降，应当谨慎选用对肝、肾有毒害作用的药物，并适当延长用药间隔时间或减小剂量。如当鸡群发生传染性法氏囊病或传染性支气管炎时，常需预防和治疗细菌的并发或继发感染，但肾脏已受到病毒的侵害，此时就不宜选用经肾排出的磺胺药等，而应当选用强力霉素等对肾脏损害较小的药物。

某些抗微生物药能引起动物的生产性能下降。如磺胺类药可引起产蛋量下降等，这些副作用在实际应用中应予以考虑。另外，抗微生物药在抑制和杀灭病原体的同时，也抑制杀灭肠道内的正常微生物，使这些微生物合成的维生素量减少。因此在使用治疗或预防剂量的抗微生物药时，应当适当提高动物日粮中的维生素水平。

（五）注意停药期

许多抗微生物药在停止投药后，在动物体内仍有残留。其蛋、肉产品中仍可能留有一定浓度的药物，被人食用后，将影响人类的身体健康。所以，在动物产品上市前的一段时间内，根据不同药物在动物体内的代谢分解和排泄特性，应当停药一段时间（即停药期）。

（六）合理使用饲料药物添加剂

饲料药物添加剂一般为长期使用，容易产生耐药性，药物残留甚至蓄积中毒。因此，要严格按照农业部［1997］8号文《允许作饲料药物添加剂的兽药品种及使用规定》，科学、合理、准确选择使用饲料药物添加剂。不但要保证动物健康和动物产品质量，还应注意可能给环境造成的污染和食品安全问题。

（七）提倡使用生物制剂

近年来，随着人类生活水平的提高，对动物产品要求优质，健康，安全，无药残。传统的防制疫病药物及使用方法，不仅不能满足这一要求，而且使动物疫病越来越复杂，越来越难防制。于是酶制剂、中草药，特别是微生态制剂等新型生物制品得到了快速开发及利用。生物制剂尤其是微生态制品，不仅高效，无毒，无抗药性，无残留，而且能够调整肠道等体内环境，促进消化吸收和生长发育，改善、净化饲养环境，增强机体免疫力，减少应激和疫病发生。但应特别注意在使用微生态制剂的同时，禁止使用抗生素。

二、药物预防的方法

目前规模化养殖场由于动物饲养密度大、生产周期短以及各发育阶段动物生理特点不同，对药物的吸收、代谢、排泄结果也不一致。药物只有接触动物体内的病原微生物才能发挥作用，因此必须根据动物生理、病理状况、环境条件、药物特性等选择适当的用药途径，才能起到应有的效果。

（一）群体给药法

预防用药一般采用群体给药法。药物多是添加在饲料中，或溶解到水中，让动物服用，有些药物也采用气雾方法群体给药。

1. 拌料给药　这是现代集约化养殖业中最常用的一种给药途径。即将药物均匀地拌入饲料中，让动物采食时，同时吃进药物。该法简便易行，节省人力、减少应激，效果可靠，主要适用于预防性用药，尤其适应于长期给药。但对于病重的动物，当其食欲下降时，不宜应用。拌料给药时应注意：

（1）*准确掌握药量*：在进行混合拌料给药时应按照单位给药剂量，准确计算所用药物总剂量，若按动物每公斤体重给药，应严格按照测定的个体平均体重，计算出动物群体体重，再按照要求把药物拌进料内。这时应注意混合料是全天给药量，以免造成药量过小起不到作用或药量过大引起动物中毒。

（2）*确保用药拌合均匀*：在药物与饲料混合时，必须搅拌均匀。尤其是一些安全范围较小的药物及用量较少的药物，如喹乙醇等，一定要均匀混合。为了保证药物拌合均匀，通常采用分级混合法，即把全部用量的药物加到少量饲料中，充分混合后，再加到一定量饲料中，再充分混匀，然后再拌入到所需的全部饲料中。大批量饲料拌药更需多次逐步分级扩散，以达到充分混匀的目的。切忌把全部药量一次加入到所需饲料中，简单混合，将会造成部分动物药物中毒而大部分动物吃不到药物，达不到防制疫病的目的或贻误病情。

（3）*密切注意不良作用*：有些药物混入饲料后，可与饲料中的某些成分发生颉颃作用。这时应密切注意不良作用，尽量减少拌药后不良反应的发生。如饲料中长期混合磺胺药物，就容易引起鸡 B 族维生素或维生素 K 缺乏，这时就应适当补充这些维生素。

2. 饮水给药　饮水给药也是比较常用的给药方法之一。是将易溶解药物溶解到动物饮水中，让动物在饮水时饮入药物，发挥药理效应，这种方法常用于预防和治疗疫病。尤其在动物已发病，食欲降低而仍能饮水的情况下更为适用，但所用的药物应是水溶性的。除注意拌料给药的一些事项外还应注意：

（1）*药前停饮、保证药效*：对于一些在水中不容易被破坏的药物，可以加入到饮水中，让动物长时间自由饮用；而对于一些容易被破坏或失效的药物如疫苗等，应要求动物在一定时间内饮入定量的药物，以保证药效。为达此目的，多在用药前，让动物停止饮水一段时间。一般寒冷季节停饮 3～4h，气温较高季节停饮 1～2h，然后换上加有药物的饮水，让动物在一定时间内充分饮入药物。

(2) 准确认真、按量给水：为了保证全群动物中绝大部分个体在一定时间内都喝到一定量的药剂，不至因剩水过多造成个体摄入药物剂量不够，或加水不够饮水不均。应准确确定全群给水量，然后按照药物浓度和剂量，把所需药物加到饮水中以保证药饮效果。因饮水量大小与动物品种，圈舍内的温度、湿度，饲料性质，饲养方法等因素密切相关，所以动物群体在不同时期，饮水量不尽相同，应在饮水给药时注意。

(3) 合理施用、加强效果：一般来说，饮水给药主要适用于容易溶解在水中的药物，对于一些不易于溶解的药物可以采用适当的加热、加助溶剂或及时搅拌的方法，促进药物溶解，以达到饮水给药的目的。

3. 气雾给药 气雾给药是使用能使药物溶液气雾化的器械，将药物分散成一定直径的微粒，弥散到空间中，让动物通过呼吸作用吸入体内或作用于动物皮肤及黏膜的一种给药方法。使用这种方法给药，药物吸收快，作用迅速，节省人力，尤其适用于规模化大型养殖场，但需要一定的气雾设备，且动物舍门窗应能密闭。应用气雾给药时应注意：

(1) 恰当选择气雾用药，充分发挥药物效能：为了充分发挥气雾给药的优点，应该恰当选择所用药物。应用于气雾的药物应该无刺激性，易溶于水。同时应根据用药目的不同，选用吸湿性不同的药物。要使药物作用于肺部，应选用吸湿性较差的药物，而要使药物作用于上呼吸道，则应选择吸湿性较强的药物。

(2) 准确掌握气雾剂量，确保气雾用药效果：应用气雾给药时，不能随意套用拌料或饮水给药的剂量和浓度。为了确保用药效果，使用前应按照动物舍空间大小、密闭情况、所用气雾设备的性能和要求，准确计算用药剂量，以免造成不应有的损失。

(3) 严格控制雾粒大小，防止不良反应发生：在气雾给药时，雾粒直径大小与用药效果有直接关系。气雾微粒越细，越容易进入肺泡内，但与肺泡表面的黏着力小，容易随呼气排出，影响药效；但微粒过大，则不易进入肺泡内，而是落在地面或停留在动物的上呼吸道黏膜，也不能产生良好的用药效果。气雾微粒直径以0.5～5nm最合适。

4. 体外用药 动物体外用药主要为杀死动物的体表寄生虫、病原体所进行的体表用药。它包括喷洒、喷撒、喷雾、熏蒸和药浴等不同方法。

(二) 群体给药的剂量单位

在预防给药时，群体给药的剂量单位一般有以下几种：1mg/kg，它表示1t（100×10^4g）饲料中应加药物1g，也表示1 000L水中应加药物1g；或1kg饲料，或1L水中含药1mg；百分比浓度，表示将饲料或饮水重量作为100，所用药物占的比例，例如预防禽白痢或球虫病时。

三、主要预防用药品

预防用抗微生物药品主要是针对动物传染病使用，常见的有抗生素类、磺胺类、呋喃类、喹诺酮类、抗病毒药、抗真菌药、抗菌增效剂等7类。应根据养殖场的疫病情况和状态选用。

(一) 抗生素类药物

1. 苄青霉素 苄青霉素为快速杀菌药。对多数革兰氏阳性菌和部分革兰氏阴性菌，以及螺旋体和放线菌均有强大的抗菌作用。它能抑制细菌转肽酶活性，阻止黏肽的交叉连结，干扰细菌细胞壁的合成。低浓度时仅有抑菌作用，而在较高浓度时则有强大杀菌作用。一般细菌对青霉素不易产生耐药性，但金黄色葡萄球菌可渐进性地产生耐青霉素菌株。

2. 苯唑青霉素钠 耐酸、耐酶，内服有效。主要用于耐药性菌株引起的感染。

3. 邻氯青霉素钠 耐酸、耐酶，其优点不论内服或肌注均比苯唑青霉素吸收好，血中浓度高。用途同苯唑青霉素。

4. 乙氧萘青霉素钠 耐酸、耐酶，除对耐药金黄色葡萄球菌外，对溶血性链球菌及肺炎球菌有高效。用于耐药菌株引起的呼吸道及泌尿道感染。

5. 氨苄青霉素 耐酸，广谱，对多数革兰氏阳性菌效力与苄青霉素相似或稍弱，而对多数革兰氏阴性菌有较强抗菌作用。用于敏感菌引起的肺部、肠道、尿道感染。

6. 先锋霉素Ⅰ 为强效广谱抗生素，对各种球菌和杆菌都有明显的杀灭作用，其中对革兰氏阴性菌作用较广，遇青霉素酶仍稳定，因此对产酶金黄色葡萄球菌亦有效。用于严重感染和预防术后败血症等。

7. 先锋霉素Ⅱ 为广谱杀菌药，对革兰氏阳性菌作用强；耐酶程度低，对耐药金黄色葡萄球菌和某些产酶革兰氏阴性菌疗效较差。常用于敏感菌引起的败血症、心内膜炎、化脓性脑膜炎、尿路感染和软组织感染。

8. 先锋霉素Ⅳ 抗菌谱与其他先锋霉素（头孢菌素）相似。其特点在胃酸中较稳定，内服易吸收。

9. 链霉素 抗菌谱较青霉素广，其特点是抗结核杆菌作用突出和对多种肠道革兰氏阴性杆菌及金黄色葡萄球菌有效；对革兰氏阳性球菌的作用不如青霉素；对钩端螺旋体、放线菌等有效。用于由敏感菌引起的急性感染，如大肠杆菌引起的肠炎、白痢、乳腺炎、子宫炎、败血症和鹅卵黄性腹膜炎螺旋体、放线菌病、幼禽溃疡性肠炎等。

10. 硫酸卡那霉素 抗菌谱广，对大多数肠道革兰氏阴性杆菌（特别是变形杆菌）有强大抗菌作用，对结核杆菌也有效而对绿脓杆菌无效。用于敏感菌引起的各种感染，如禽霍乱、雏鸡白痢、坏死性肠炎、鹅卵黄性腹膜炎、乳腺炎、呼吸道感染、泌尿道感等。对猪喘气、猪萎缩性鼻炎也有一定效果。

11. 硫酸庆大霉素 本品抗菌活性强，适用于多种革兰氏阴性杆菌感染，如大肠杆菌、肺炎杆菌、变形杆菌和痢疾杆菌等都有良效，特别是抗绿脓杆菌感染的重要药物。对金黄色葡萄球菌也有高效，对链球菌及肺炎球菌则往往无效。主要用于敏感菌所引起的各种感染，如呼吸道、泌尿道感染、败血症、乳腺炎等。对禽慢性呼吸道病、坏死性皮炎和肉垂水肿等均有效。

12. 土霉素 为广谱抗生素，适用于防治牛出血性败血症、猪肺疫、禽霍乱、炭疽、大肠杆菌、沙门氏菌感染、马鼻疽、猪气喘病、禽衣原体病等；也可局部应用于马、牛子宫炎、坏死杆菌病等；此外对边虫病、泰勒梨形虫病、放线菌病、钩端螺旋体病、气肿疽等也有一定疗效。应用土霉素可引起肠道菌群失调、二重感染、某些维生素缺乏和损害肝脏等不良反应，因此在临床应用时应注意成年草食动物不宜内服，一般对杂食动物和新生草食动物可供内服。大剂量或长期应用时应加服复合维生素 B，可防止维生素 B 复合物缺乏及消化道反应。

13. 四环素 抗菌谱、不良反应及临床用途等与土霉素相同。但此药对革兰氏阴性杆菌（除伤寒及副伤寒杆菌外）的作用均与氯霉素相似，内服吸收良好。因此血液中药物浓度高，维持时间较长，对组织渗透力高。

14. 金霉素 抗菌谱、不良反应及临床用途均与土霉素相同，但金霉素对革兰氏阳性菌、耐药性金黄色葡萄球菌感染疗效较强。由于对胃肠黏膜和注射部位刺激性也较强，不可肌肉注射。对产后子宫内膜炎和乳腺炎可局部用药。

15. 强力霉素 本品是一种长效、高效、广谱的半合成四环素类抗生素。由于脂溶性比四环素大5倍，比土霉素大50倍，内服吸收快而完全。与四环素等一样，受含钙、铝、铁、镁、铋等离子的物质及抗酸性等会影响其吸收。由于排泄缓慢，有效浓度维持时间长，易透过组织，分布广泛。抗菌谱与四环素相似，但抗菌作用较之强10倍，特别是用于土霉素、四环素耐药的菌株有效。临床应用范围与四环素相似。可用于呼吸系统、泌尿系统、生殖系统和胆道感染。对革兰氏阴性菌引起的泌尿系统感染比四环素、氯霉素、磺胺等更有效。对败血症、皮肤软组织感染、布鲁氏菌病也有一定效果。

16. 氟苯尼考 一种动物专用的广谱、高效抗生素，是氯霉素的替代产品。对革兰氏阴性菌的作用较强，特别是对伤寒、副伤寒杆菌作用最强。临床上多用于治疗肠道感染（幼畜副伤寒、幼畜白痢、鸡伤寒、鸡白痢、禽副伤寒）、幼畜肺炎。对动物沙门氏菌病最为有效。

17. 泰乐菌素 主要对革兰氏阳性菌和部分革兰氏阴性菌、螺旋体有抑制作用，对霉形体有特效。已用做牛、猪、禽的饲料药物添加剂，促进增重和提高饲料效益。

18. 螺旋霉素 抗菌谱与本类其他抗生素相同。由于排泄慢，供肉用动物用药后需较长停药时间。多用于禽类呼吸道感染及各种肠炎。

19. 克霉唑 具有抗真菌广谱、毒性小，内服易吸收，对皮肤及深部真菌感染均有效等优点，值得推广应用。

20. 制霉菌素 主要用于预防和治疗长期服用四环素类引起肠道真菌性感染。气雾吸入对肺部霉菌感染效果较好。

21. 新生霉素 抗菌作用与青霉素和红霉素相似。临床上可用于葡萄球菌、链球菌等感染，适用于其他抗生素无效病例，但不能作首选药，因极易耐药。

22. 氟哌酸 抗菌谱广，对革兰氏阴性菌作用强。对耐庆大霉素、氨苄青霉素、甲氧苄氨嘧啶等的菌株仍有良好抗菌作用。

23. 杆菌肽 主要对各种革兰氏阳性菌有杀菌作用。主要用作饲料药物添加剂，内服几乎不被吸收，因此动物产品没有残留。临床常与链霉素、新霉素多黏菌素B等合用。治疗各种动物的菌痢。

24. 林可霉素 主要用于革兰氏阳性菌引起的各种感染，特别适用于耐青霉素、红霉素菌株感染或对青霉素过敏的动物。对痢疾菌有显著疗效，也常用于霉形体、副溶血性嗜血杆菌引起猪肺炎、关节炎等。

另外，还有新霉素、小诺霉素、壮观霉素、多肽类、喹诺酮类、螺旋霉素等可供选用。

（二）磺胺类药物

磺胺类药物具有抗菌谱广、性质稳定、便于长期保存、使用方便、价格低廉等优点，其主要缺点是抗菌作用不强，一般只有抑菌作用，易损害肾脏等。自从新的磺胺药出现，特别是抗菌增效剂（甲氧苄氨嘧啶）的发现，使原有磺胺药的缺点有所克服。例如，磺胺药与抗菌增效剂合用，抗菌作用大大加强，甚至变抑菌作用为杀菌作用，并扩大预防治疗范围。

凡是对磺胺类药敏感病原体引起的各种感染性疾病，如流行性脑脊髓膜炎、呼吸道感染、肠道感染、泌尿道感染、乳腺炎、子宫内膜炎；动物球虫病、猪弓形体病，创伤感染等均可使用磺胺类药物进行预防或治疗。

对体弱、幼龄动物或长期大剂量给药时，可能会出现不良反应，如食欲减退或废绝、精神沉郁、贫血、白细胞减少、少尿或无尿、血尿和体温升高等，一般停药后可消失。如果配合等量的碳酸氢钠，并增加饮水量（必要时可灌水）就可减少或预防不良反应的发生。反应严重时，除停止用药外，还应立即内服或静注碳酸氢钠、生理盐水或葡萄糖注射液等，以促进磺胺药的排出。少数动物对磺胺药敏感，当静注大剂量，尤其是注射速度过快时，可发生过敏性休克。

目前，常用的磺胺类药物主要有：磺胺嘧啶（SD）、磺胺甲基异噁唑（SMZ）、磺胺二甲异噁唑（SIZ）、磺胺二甲嘧啶（SM_2）、磺胺苯吡唑（SPP）、磺胺间甲氧嘧啶（SMM）、磺胺对甲氧嘧啶（SMD）、磺胺乙氧嗪（SEP）、磺胺间二甲氧嘧啶（SDM）等。

（三）抗病毒药

1. 金刚烷胺 为饱和三环癸烷的氨基衍生物，能阻止流感病毒进入宿主细胞，并能抑制病毒脱壳。可用于动物流感、传染性胃肠炎等疫病的防制。

2. 吗啉胍（病毒灵） 为广谱抗病毒药。对流感病毒、副流感病毒、鼻病毒、呼吸道合胞体病毒等 RNA 病毒有效，对 DNA 型的某些腺病毒也有一定作用。吗啉胍可抑制病毒增殖周期的各个阶段，但主要抑制 RNA 聚合酶的活性及蛋白质的生物合成。是目前使用较多的抗病毒药物。

3. 利巴韦林（病毒唑） 为广谱抗病毒药。作用机理可能是抑制肌酐酸和磷酸脱氢酶，阻断肌酐酸转化，抑制病毒 DNA、RNA 的合成。对流感病毒、副流感病毒、腺病毒、肠病毒、鼻病毒、单纯疱疹病毒等多种病毒均有抑制作用。

（四）抗菌增效剂

抗菌增效剂是一类新的广谱抗菌药。与磺胺类和某些抗生素药合用，可显著增强抗菌作用，一般不单独使用。常用的有甲氧苄啶、乳酸甲氧苄啶和二甲氧苄啶。

四、定期驱虫

（一）定期驱虫的意义

定期驱虫是按照寄生虫的生物学特性、寄生虫病的流行规律，在计划的季节时间内，给动物投药杀灭或驱除寄生虫。定期驱虫是控制和消灭寄生虫病的主要措施，一方面杀灭或驱除体内外寄生虫，治疗发病动物使其康复或者预防带虫动物发病；另一方面可减少病原体在自然界的散布，保护其他动物免受感染。

（二）动物驱虫的前提

要对动物的种类、年龄、是否怀孕等情况加以区分。怀孕母畜会因为驱虫而流产，一般应该在配种前进行驱虫。驱虫前必须先观察动物的身体状况，对体质差的，先要增加营养，加强饲养管理，待其恢复后再驱虫。

（三）驱虫药的选择和驱虫时机

1. 驱虫药选择原则 应选择低毒、高效、广谱、方便和廉价的药物。预防性驱虫应以广谱药物为首选，但还要依据当地主要寄生虫危害种选择高效驱虫药。治疗性驱虫应以药物高效为首选，兼顾其他。

（1）低毒：低毒是指治疗量对动物不具有急性中毒、慢性中毒、致畸形和致突变作用。要求对寄生虫有选择性毒性作用，对宿主动物则表现出良好的安全效果。驱虫药的安全性常以治疗指数（LD_{50}/ED_{50}）或安全系数（最小有效量与最小中毒量间的距离倍比值）表示。指数越大，安全系数越大，对动物的毒性就越小，越安全。一般抗蠕虫药物安全系数要大于3，新药需在5以上。

（2）高效：高效是指药物对寄生虫的成虫和幼虫都有高度驱除效果。在自然状态下应用药物必须达到高水平的驱虫活性，如果能驱除95%以上的虫体，则属于高效；如果只达到70%驱虫效果，则属于低效。理想的驱虫药最好是对成虫、幼虫及虫卵都具有抑制杀灭作用。如果仅对成虫有效，则必须重复多次用药，这样才能驱除首次投药时没死亡的幼虫及虫卵发育形成的成虫。然而对于后期虫体具有100%的效率也不必要，虫体的完全驱除会使宿主失去抗原刺激，不利于宿主产生良好的带虫免疫状态。

（3）广谱：广谱是指驱除寄生虫的种类多。多数动物的寄生虫病均属混合感染，有时甚至是多科、属、种的蠕虫混合感染，故对单一虫体有效的药物不能满足需要。应该选用一种可以驱除动物体内多种寄生虫的驱虫药，以解决联合用药，多次用药的问题。

（4）适口性：集约化的饲养，较为实际，经济的用药方法是将药物加到饮水或拌入饲料中喂服，若因驱虫药适口性不佳动物拒食或少饮，则会明显影响驱虫效果。

2. 驱虫时机选择 驱虫时间的确定，要依据当地动物寄生虫病流行病学调查结果来确定。对放牧饲养的动物一般要赶在虫体发育成熟前驱虫，防止性成熟的成虫排出虫卵、幼虫对外界环境的污染。或采取“秋冬季驱虫”，此时驱虫有利于保护动物安全过冬；另外，秋冬季外界寒冷，不利于大多数虫卵或幼虫存活发育，可以减轻对环境的污染。对寄生感染严重的地方，应根据感染季节动态，进行按季、双月1次驱虫都是可行措施。

在规模化养殖场，圈养动物寄生虫感染的环境和环节条件有较大改变，蠕虫感染明显降低，但原虫或体外寄生虫感染明显上升，生产中的驱虫应进行相应的调整。

（四）驱虫的实施及注意事项

① 驱虫前应选择驱虫药，确定剂型、计算剂量，给药方法和疗程，对药品的生产单位、批号等加以记载。

② 规模化养殖场驱虫之前，先随机选出少部分动物做驱虫试验，观察驱虫效果及安全性，得出结果后再选择用哪种药物。

③ 将动物的来源、健康状况、年龄、性别等逐头编号登记，为使驱虫药用量准确，要预先称重或用体重估测法计算体重。

④ 在驱杀体外寄生虫时，要注意药物的浓度不能过高，使用面积不能过大，以避免动物自己或同伴舔食中毒。

⑤ 投药前后1～2d，尤其是驱虫后3～5h，应严密观察动物群，注意给药后的变化，

发现中毒应立即急救。在驱虫药的使用过程中，一定要注意正确合理用药，避免频繁地连续几年使用同一种或同一类驱虫药，尽量争取推迟或消除抗药性的产生。

⑥ 驱虫应在专门的、有隔离条件的场所进行，驱虫后3～5d内使动物圈留，将粪便集中用生物热发酵处理，以杀灭虫卵。

⑦ 给药期间应加强饲养管理，役畜解除使役。

（五）寄生虫病的预防药物

防制动物寄生虫病的药物很多，具体使用时应根据实际情况选取。

1. 驱线虫药

（1）噻苯唑：为广谱、高效、低毒驱虫药。对成虫效果好，对未成熟虫体有一定作用，对雌虫产卵有抑制作用。本品有很强的驱线虫作用，但对哺乳动物的毒性很小，主要能干扰虫体特异代谢环节，阻断虫体能量产生，而对宿主糖代谢没有影响。对牛、羊胃肠道主要寄生线虫均有效，但对毛首线虫、毛细线虫、肺线虫效果不好；对猪除毛首线虫、蛔虫外的其他线虫均有较好驱虫效果；对犬预防驱虫，比一次治疗效果好，以0.025%浓度，连用16周几乎能全部清除钩虫、蛔虫和毛首线虫；用0.1%浓度混饲喂鸡，连用1～2周，可消除气管交合线虫。本品对牛、羊等毒性小，安全范围大，一般应用20倍治疗量无明显不良反应。

（2）硫苯咪唑：本品对牛、羊胃肠道主要寄生线虫，除毛首线虫外均有较好驱虫效果。对猪蛔虫、食道口线虫、红色猪圆线虫和未成熟虫体均有效。对犬、猫蛔虫、钩虫、毛首线虫和带状绦虫驱除有良好效果；在禽类可驱除胃肠道和呼吸道寄生虫。对羊安全性大，一次内服1 000倍治疗量也能耐受。

（3）丙硫咪唑：驱虫范围广，对动物胃肠道线虫、肺线虫、绦虫和肝片吸虫等均有效，可同时驱除混合感染的多种寄生虫。对牛、羊消化道线虫的成虫，驱除效果最好，对未成熟幼虫效果较好，对虫卵也有抑制作用；对猪胃肠道大部分寄生虫效果优于噻苯唑，尤其对蛔虫、毛首线虫效果更好，其幼虫也随之减少；对犬弓蛔虫有特效；对鸡蛔虫、异刺线虫，鸭膜壳科绦虫等有高效，毒性小。

（4）敌百虫：为有机磷酯类广谱驱胃肠道线虫药，不仅对多种内寄生虫有效，且对外寄生虫亦有杀灭作用。能抑制虫体内胆碱酯酶的活性，使虫体内的乙酰胆碱蓄积，表现先兴奋后麻痹死亡。以1%～3%溶液内服，对哺乳动物各种线虫均有效；对猪蛔虫、毛首线虫、食道口线虫和姜片吸虫均有较好的驱虫作用，对犬的蛔虫、钩虫和蛲虫等效果良好。但一般不用于禽类。

（5）哈乐松：是毒性很小的有机磷驱虫药。对牛、羊血矛线虫、毛圆线虫、古柏线虫、食道口线虫、奥氏线虫；猪蛔虫、食道口线虫；鸡毛细线虫等都有较好的驱虫效果。不但对成虫而且对幼虫也有一定作用。

（6）萘磷：为有机磷酸酯类。对牛、羊胃及小肠内寄生线虫均有较高驱虫效果，但对细颈线虫效果不稳定，对夏伯特线虫、食道口线虫效果很差。对马副蛔虫有良好的驱虫作用。

（7）左咪唑：本品广谱、高效、低毒，使用方便。可用于各种动物，对多种线虫有驱除作用，如胃肠道线虫、肺线虫、肾虫、心丝虫、眼吸吮线虫等。主要影响虫体糖代谢和能量供应，使虫体肌麻痹而被驱除。对成虫和幼虫均有效。主要用于驱杀牛、羊、猪的胃肠道线虫、肺线虫和猪肾虫；对犬蛔虫、钩虫和心线虫；猫的肺线虫；禽类的多种线虫如鸡蛔虫、异刺线虫、鹅裂口线虫、同刺线虫、鸽蛔虫、毛细线虫、气管线虫、鸭丝虫等。

另外，阿维菌素、伊维菌素、越霉素 A、潮霉素 B 等驱线虫药也被广泛使用。

2. 驱绦虫类药

（1）吡喹酮：是一种广谱、高效、低毒的较理想药物。是当前治疗血吸虫病的首选药物。对多种绦虫的成虫及蚴虫也有良好的作用。在极低浓度就能刺激绦虫活动，并损害吸盘功能，使虫体麻痹、瘫痪，使部分虫体肿胀、变性。对动物多种绦虫如牛、猪莫尼茨绦虫、无卵黄腺绦虫、带属绦虫、犬细粒棘球绦虫、复殖孔绦虫、牛线绦虫、家禽和兔各种绦虫；多种囊尾蚴如束状囊尾蚴、豆状囊尾蚴，细颈囊尾蚴，牛囊尾蚴、猪囊尾蚴、细粒棘球蚴等均有显著的驱杀作用。

（2）氯硝柳胺：是目前国内首选驱绦虫药，具有广谱、高效、低毒、使用安全等优点。其作用机理是抑制虫体细胞内线粒体的氧化磷酸化作用，杀灭绦虫头节和近段，使绦虫从肠壁脱落随粪便排出。对犬多头绦虫、带属绦虫、鸡赖利绦虫；兔、猴、鱼和爬行类绦虫；此外，对牛、羊前后盘吸虫和幼虫、牛双口吸虫、日本血吸虫中间宿主钉螺均有驱杀作用。

另外，硫酸二氯酚（别丁）、硝硫氰醚和硫酸铜等也可选用。

3. 驱吸虫药

（1）硝氯酚：为目前国内较理想的驱肝片吸虫药，具有高效、低毒、用量小、使用方便、价格低等特点。不但对牛、羊肝片吸虫成虫有很强的杀灭作用，而且对幼虫也有一定作用。目前在兽医临床已取代四氯化碳、六氯乙烷。其驱虫作用是干扰虫体能量代谢，阻止三磷酸腺苷的生成。

（2）六氯酚：对牛羊肝片吸虫、巨片吸虫、前后盘吸虫有显著的驱杀作用，对幼虫则无效。这是由于六氯酚在胆汁中比在血液中杀虫作用大，而幼虫主要存在于肝实质的血液中。此外对犬细粒棘球绦虫、带绦虫和鸡绦虫都有驱杀作用。安全系数较小，用药过量可出现神经症状和视力持久性损害，还可使奶牛产乳量、鸡产蛋率下降。

另外，氯氰碘柳胺、肝蛭净、硝碘酚腈等较新型的抗吸虫药也已广泛使用。

4. 驱球虫药

（1）氯苯胍：本品是较常用的抗球虫药。对球虫的作用可能是抑制虫体内磷酸化、氧和 ATP 酶的活性。主要抑制球虫第一代裂殖体的生长繁殖，对第二代裂殖体也有作用，而且还能抑制卵囊的发育，使卵囊的排出数减少。作用峰期在感染后第三天。它对动物的多种球虫和弓形虫有效。具有广谱、高效、低毒、适口性好等优点。

（2）氨丙啉：毒性小，安全范围大，对产蛋鸡能使用。抗球虫范围小，只能对鸡三、四种球虫有效。如与别的药物合用（磺胺喹噁啉），可扩大抗球虫范围，作用峰期为感染后第三天，抑制球虫第一代裂殖体生长繁殖，是唯一用于产蛋鸡的抗球虫药。

（3）球痢灵：对鸡、火鸡球虫有效，对寄生在小肠危害大的毒害艾美耳球虫最好。主要抑制第一代裂殖芽胞的增殖阶段，作用峰期在感染后第三天。

（4）莫能菌素：对鸡多种艾美耳球虫有抑制作用。有广谱抗球虫，促进生长，不易产生耐药性等优点。本品对鸡多种艾美耳球虫有抑制作用，对犊牛、羔羊球虫有效。主要作用球虫第一代裂殖体繁殖阶段，作用峰期为感染后第二天，效果最好。

（5）盐霉素：本品通过杀灭或显著延迟球虫成熟而起作用时，主要用于杀灭鸡球虫。

（王彤光、包 敏）

复习思考题

1. 动物免疫接种的途径有哪些？实践中如何进行选择？
2. 试分析动物生产实践中免疫失败的原因有哪些？如何避免？
3. 驱虫药物选择原则包括哪些内容？

第四章 检 疫

动物检疫是一项内容十分广泛的工作，它不仅仅是政府行为和国家各级动物疫病预防控制中心、兽医卫生监督检验所、检疫站等业务部门的疫病检疫和监测行为。根据我国《动物防疫法》和相关规定，动物检疫的性质范围中包括各种规模动物养殖场、个人家庭养殖动物的生产性检疫和贸易性检疫。本章讲述的内容，主要就是养殖场和养殖农户在动物养殖过程中，涉及的生产性和贸易性检疫。

第一节 引进动物及产品检疫

一、种用动物引进检疫

（一）种用动物引进检疫的必要性

种用动物的引进和更新，是规模化养殖场在自繁自养条件下，都会发生的情况。

种用动物引进是指从异地引进经过选育、具有种用价值，适于繁殖后代的动物及其卵子（种蛋）、胚胎、精液等。种用动物具有繁殖后代、生存时间长、流动性强的特点。一旦种用动物患病或成为病原携带者，不仅会成为长期的传染源，同时能通过精液、胚胎、种蛋垂直传播给后代，造成动物疫病持续传播。因此种用动物引进检疫及审批是一项法律规定，未经审批的引种是一种违法行为，要承担相应法律责任。从事种用动物生产经营活动的个人和单位应自觉知法守法，以免造成损失。

（二）有关种用动物引进检疫的法规

1997 年 2 月 1 日起实行的《种畜禽调运检疫技术规范》（GB16567—1996）对国内异地引进种用动物调运中的运前检疫、运输检疫和目的地检疫进行了明确的规定。

2004 年 7 月 1 日起实行的《关于修订农业行政许可规章和规范性文件的决定》规定："跨省引进种用动物及其精液、胚胎、种蛋的，货主应当填写《异地引种检疫审批表》，到输入地省级动物防疫监督机构办理检疫审批手续。输入地省级动物防疫监督机构应当根据输出地动物疫病发生情况在三日内作出是否同意引种的决定。"

（三）种用动物引进检疫的程序

1. 引种审批手续 准备跨省（自治区、直辖市、市）引种的单位和个人，应先向输入地（省、自治区、直辖市、市）动物防疫监督机构办理审批手续，输入地动物防疫监督机构在调查输出地动物疫情的同时，派人前往引种单位检查临时隔离检疫场，符合要求后方可批准引种。要求输出地无规定的动物疫病，输入地无重大动物疫情，引进的动物要有种用动物档案（系谱）。

2. 种用动物启运前的检疫　引种单位和个人持同意引种决定向输出地县级以上动物防疫监督机构报检。当地动物防疫监督机构收到报检申请后十五日内，在原种用动物养殖场实施隔离检疫，检疫合格的签发检疫合格证明。

3. 种用动物运输时的检疫　运载种用动物的交通和饲养工具应符合动物防疫卫生要求，并在输出地动物防疫监督机构的监督下进行清扫、洗刷和消毒后，出具《动物及动物产品运载消毒证明》。运输途中不准在疫区车站、港口、机场装填草料、饮水和夹带其他有关动物及其产品；押运员发现动物异常的，应停止运输，就近向当地动物卫生监督机构报告，不随意抛扔病死动物、垫料等可能传播动物疫病的物质；并需从规定的动物卫生监督检查站进入省境。

4. 种用动物到达目的地的检疫　种用动物到达输入地后，必须隔离观察饲养15～30d以上，并进行疫病监测。建议货主在隔离期间凭检疫合格证明，向输入地动物防疫监督机构报验，采集检样送省动物疫病预防控制中心作相关动物疫病的实验室检验，确定健康后方可混群饲养。

（四）种用动物检疫的疫病对象（国家标准GB16567—1996）

1. 种牛和乳用牛　口蹄疫、布鲁氏菌病、蓝舌病、结核病、牛地方性白血病、副结核病、牛传染性胸膜肺炎（牛肺疫）、牛传染性鼻气管炎、牛病毒性腹泻/黏膜病。

2. 种马、种驴　鼻疽、马传染性贫血、马鼻腔肺炎。

3. 种羊和乳用羊　口蹄疫、布鲁氏菌病、蓝舌病、山羊关节炎脑炎、绵羊梅迪－维斯那病、羊痘、螨病。

4. 种猪　口蹄疫、猪瘟、猪传染性水疱病、猪霉形体肺炎、猪密螺旋体痢疾。

5. 种兔　兔病毒性败血症、兔魏氏梭菌病、兔螺旋体病、兔球虫病。

6. 种禽　鸡新城疫、雏白痢、禽白血病、禽支原体病、鸭瘟、小鹅瘟。

（五）省（自治区、直辖市）内引入或调运动物

省内调动动物应按照省级政府和农业主管行政部门的有关规定和程序进行。

二、商品动物引进检疫

目前，我国畜牧业发展较快，虽然集约化、规模化养殖场日愈增多，但仍处在农村千家万户散养为主，不规范、条件简陋的小规模专业户养殖占主导地位的状况。农户散养和专业户养殖大多数做不到自繁自养，特别以养殖周转较快的肉食商品动物（如禽类、猪、羊、兔、肉牛等）为主的，其养殖动物来源主要依靠随时少量补充或不定时批量引进。这就使大量处于不同生长发育阶段的商品动物，随时处在一种市场大流通、频繁交易或长途调运的环境中；加之产地检疫、市场检疫和运输检疫等工作尚无法适应动物交易市场发展格局的需要，为一些动物疫病随动物的流通快速传播、跳跃式的蔓延流行、大面积的散发和地方性流行创造了条件，造成过严重的损失。

一些发生动物疫病的养殖户和养殖场，不按相关规定采取积极的疫病扑灭措施，为自身的经济利益，置国家法律法规于不顾，采用非正常的手段和方式淘汰病、死动物或同圈舍、同场动物；而一些养殖户、场只顾价格便宜，盲目购入处于潜伏期的动物，造成疫病传入。

因此，农村养殖户和养殖场，应重视引进商品动物的检疫工作，注意引进的几个环

节，避免不必要的损失。

（一）商品动物的来源选择

1. 自繁自养 农户养殖和农村的专业户养殖场，小规模养殖场要根据自身的饲养量和商品生产能力、周转需要，饲养一定比例的能繁动物，提供自需的商品动物；或根据本村、本地的情况，专门养殖能繁动物，就地为其他农户和专业户提供商品养殖动物。实行自身的或本村本地范围的自繁自养。这是最可靠的商品动物来源，有利于防止动物疫病传入，为维护小环境内的动物疫病防制创造条件。

2. 建立动物养殖产业链 要根据本地（县、乡镇、行政村）的养殖习惯，畜牧业发展规划或计划，结合养殖基地、养殖小区和无特定动物疫病区建设，利用市场调节机制和相应扶持引导政策，形成本地区内的动物养殖产业链。即形成种用动物繁殖场──→商品动物繁殖场（户），育成幼龄商品动物──→商品养殖场（户）的循环养殖体系，实现商品养殖动物的本地区自给，切断疫病传入途径，这也是许多地方的成功经验，也是公司＋基地＋农户，促进科学养殖的必由之路。使动物疫病检疫、免疫预防等大部分工作在商品动物繁殖场这一环节基本完成。

3. 市场或交易购入 目前仍是农户养殖、专业户养殖和大多数商品养殖场饲养动物的主要来源。也是动物疫病防制中的薄弱环节，存在极大的隐患。

（二）引进商品动物的检疫

引进商品动物是一个在较短时间内就需要完成的工作。需引进商品动物的农户、养殖场，应在引进中注意以下几个环节和问题。

1. 注意当地疫情 引入动物应注意掌握引入地疫情，做到心中有数。向原畜主问清关于动物来源、产地有无疫病流行、动物健康状况和主要疫病的免疫病种、时间、使用的疫苗等情况，确认为来自非疫区方可引进。如引入量较大时，最好选择有养殖许可证、兽医卫生合格证和工商登记完善，饲养管理和兽医防制较规范的养殖场；不要从农贸集市、动物交易市场同时购入来源地不一、品种混杂、生长发育阶段不同的混群动物。

2. 现场检疫 不要光听原畜主的介绍，还要进行现场检疫。如无能力，可委托当地兽医防疫机构和市场动物检疫方进行。现场检疫主要包括对所选动物的验证查物和“三观一察”。

（1）验证查物：验证就是查看有无动物检疫证明，检疫证明的出证机关是否合法（县动物检疫站或派出机构），检疫证明是否在有效期内；查验有无免疫证明或动物是否配带国家规定的统一免疫标志。如无检疫证明、免疫证明和免疫标志的“三无”动物，不能引进。

查物就是核对检疫证明、免疫证明与所选购的动物种类、品种、数量和年龄等是否相符，必须做到证物一致。

（2）三观一察：三观是对所选动物群体进行静态、动态和饮水饮食状态的认真仔细观察，通过问诊、视诊对动物群体的健康状况作出判断。

如通过三观发现有异常表现的病态动物或可疑病态动物，应进行可疑个体动物的查看和检查。通过常规的临床触诊、听诊、天然孔和可视黏膜视诊、所排粪尿的查看和嗅诊等技术手段，确定动物是否健康。必要时可逐头进行体温测定。

只有检疫证、免疫证和免疫标志齐全，证物相符，临床检查无异常的动物，才能引入或购入。只要发现一头（只）发病动物，全群动物均不能引进。

3. 隔离饲养观察　对新引入的动物，都应利用空置房屋或圈舍，进行15d以上的隔离饲养观察，并加强对隔离圈舍的消毒和饲养管理，必要时进行某些疫病的补充免疫。隔离观察无异常，方可与原有动物混群混圈饲养。

三、动物源性饲料购入检疫和使用

（一）动物源性饲料

动物源性饲料是指来源于动物，经加工制作后又供动物饲用的饲料。主要包括：肉骨粉、骨粉、肉粉、血粉、血浆粉、干血浆及其他血液产品、蹄粉、角粉、羽毛粉、鱼粉、油脂、油渣、蚕蛹、动物下脚料、磷酸二钙（不含蛋白或脂肪的矿物源性磷酸二钙除外）、皮粉（含皮革粉）、明胶、胶原、乳及乳制品等单一饲料，以及含有上述成分的饲料添加剂，预混合饲料，浓缩饲料，配合饲料和精料补充料等各类供动物饲用的饲料。动物源性饲料是动物养殖的重要原料，具有蛋白质含量丰富及生物学价值高等特点，被饲料企业和养殖场（户）广为利用。

（二）动物源性饲料检疫的必要性

我国动物源性饲料的原料，多为食品加工厂的副产品或下脚料，成分和来源复杂，新鲜度差异大，加工方法简单，无法保证原料不被微生物或重金属污染，加之缺乏有效的管理，产品卫生状况不甚理想，给饲料安全卫生带来隐患。加强动物源性饲料安全检查，不仅是保证饲料安全和养殖业安全的需要，而且是加强动物防疫和保证人体健康的迫切需求。

（三）动物源性饲料质量标准

养殖场使用的动物源性饲料，外观应无腐败变质、粘连结块、发霉异臭等异常，质地应均匀，色泽一致，松散干燥。产地、厂家、生产日期、保质期等应标示清楚；厂家应有安全卫生合格证、生产许可证和销售许可证。并附有相关的质检证书等。按照GB/T13091—1991的测定方法，动物源性饲料中不得检出沙门氏菌；按照GB/T13092—1991的方法检测，鱼粉和肉骨粉中每克产品中霉菌的允许量不超出20×10^3个；按照GB/T13093—1991，每克鱼粉中细菌总数的允许量小于20×10^6个。

（四）动物源性饲料的使用

1. 选购时的注意事项　选购时首先要查看标签，是否严格按照《饲料标签》的标准执行，没有标签的不要买；其次是看价格，价格很低的要慎重；购入批量大时可与标签上注明的生产企业或进口企业联系核实；不购买未取得《动物源性饲料生产企业安全卫生合格证》的企业生产的动物源性饲料产品；原料选用要确保不采用腐败、污染和来自疫区的动物原料。

2. 动物源性饲料的保存　动物源性饲料蛋白质含量高，极易腐败，仓贮布局要合理，防止交叉污染。原料采购和出库要有完整记录；原料分类堆放并明确标识，保证合格原料与不合格原料、哺乳类动物原料与其他原料分开；使用前进行筛选，去除不合格原料并做无害化处理。

3. 动物源性饲料的使用　使用环节是动物源性饲料管理的一个重点。反刍动物食用同类动物源性饲料是导致疯牛病和痒病的直接原因。2001年农业部发布《关于禁止在反刍动物饲料中添加和使用动物饲料的通知》，对反刍动物中使用动物源性饲料产品（乳及乳制品除外）作出了禁止性规定。因此，动物源性饲料产品的使用者，尤其是从事反刍动物养殖的养殖场（户）一定要严格遵守该规定和其他禁止事项。

四、人用动物源性食品购入的控制

人用动物源性食品，是指饲养管理人员在饲养场生活所需的动物源性食品，养殖场购入人用的鲜活动物或新鲜肉食品造成动物疫病的传入和流行，甚至造成严重损失的事例屡见不鲜。严格控制养殖场人用动物食品的购入和使用，是动物疫病防制的重要环节和技术措施之一。

（一）控制人用动物性食品的依据

动物疫病中有许多是人畜共患病，也有相当部分是多种动物共患病，还有一些是隐性感染和带毒、带菌动物，可以成为其他种类动物疫病的传染来源，如猪和禽流感；羊口蹄疫的隐性感染和带毒较高，常成为牛、猪口蹄疫的传播者等。因此，养殖场强调养殖的单一性、专业化、集约化，不允许两种或两种以上动物混养；同一养殖公司的不同种动物必须分区养殖，并有足够的分区间隔距离，就是这个道理。

同样，从市场上购入鲜活动物或新鲜肉食品作为员工的食品，也起到一样的作用和效果，其危险性和隐患不容忽视。

另外，目前和今后很长时间内，不可能对商品动物、屠宰动物每头（只）都做到主要疫病的监测，不可能完全剔除商品动物中的隐性感染和带毒动物。从严格意义上讲，所有鲜活动物和新鲜肉食品，包括严格、特殊净化饲养的都只能是假定健康，没有绝对健康的动物和新鲜肉食品，SPF 动物也只是无特定病原动物。

因此，在集约化、规模化养殖场的动物疫病防制中，不能对任何环节和细节疏忽。必须对进入养殖场的人用肉食品进行严格控制。

（二）控制措施

① 用自养动物作为员工的主要新鲜肉食来源，“养什么吃什么”，这是新鲜肉食品的主要来源。同种和其他动物的外购活体、鲜肉、内脏、腌腊制品等需要熟食加工的制品禁止购入。但正规渠道的熟食制品可以购入使用；经高温或消毒处理的动物油脂、乳和乳制品可以使用；养殖哺乳动物和禽类的可以购入水产品新鲜使用。

② 本场正规淘汰的养殖动物可以用作员工肉食品，但不得将发病动物和不明原因濒死的动物作为食品使用，应按有关规定做无害化处理。

③ 不得在养殖生产区内宰杀本场动物供食用。宰杀本场动物的污水、污物不得随意排入经过养殖区的污水道。外来和本场员工食堂的泔（潲）水不得用于养殖区动物的饲料。

④ 任何情况下，员工食堂的采购和炊事人员不得进入养殖区。

⑤ 饲养肉食动物狐、貂、犬等的，除病死动物和腐败变质动物产品外，不受上述条件限制。

第二节 饲养动物的健康检查

饲养动物是一个长期过程，随养殖条件和外界环境因素的变化，动物机体也会出现变化，甚至发生疾病或疫病。及时了解和掌握动物群体的健康状况，及时发现异常动物或发病动物，及时确诊疫病，采取相应措施，防止疫病的扩散，对任何养殖场都至关重要。作为饲养动物的日常健康检查，是“早”发现疫病症兆的最主要手段。

一、饲养动物的兽医临床检查

（一）临床检查

临床检查是应用兽医临床诊断方法，对动物进行群体和个体检查。临床检查的基本方法包括问诊、视诊、触诊、听诊和叩诊。这些方法简单，方便、易行，对任何动物在任何场所均可实施。因此，在生产中常和流行病学调查、病理剖检紧密结合，应用于动物的各种检疫，也用于养殖过程中各生长发育阶段的动物群体的现场检查，是动物检查中最常用的方法。

临床检查是养殖场兽医技术人员的主要职责之一，需要饲养人员的密切配合。饲养人员和饲养动物接触最密切，甚至昼夜不离，动物群体和个体的异常表现往往由他们最早发现、最先察觉。因此，培训饲养人员学会群体检查的基本方法和内容，在养殖生产中有重要意义。

1. 群体检查 群体检查是指对动物群体进行的现场临床观察。群体检查的目的是通过动物群体症状观察，对整群动物的健康状况作出初步评价，并从群体中挑出有病态的动物，记好病号标记，隔离后进行个体检查。

（1）群体检查程序：

① 检查顺序：一般的巡诊，按照养殖生产的流程，由兽医人员逐圈进行。或者在群体检查时先大群，后小群；先幼年动物群，后成年动物群；先种用群，后其他用途群；先健康群，后染病群。

② 检查时间：群体检查的时间，应依据动物的饲养管理方式、动物种类和检查要求灵活安排。对于放牧的动物群，多在放牧中跟群检查或收牧后进行；舍饲动物常在饲喂过程中进行。反刍动物在饲后安静状态下看其反刍；乳牛则常在挤乳过程中观察乳汁性状。在产地和口岸隔离检疫时，则需按规定在一定时间内完成必检项目。

③ 临时检查：根据饲养人员的报告，随时对异常动物个体或群体进行检查。

（2）群体检查的方法内容：群体检查以问诊和视诊为主，即对饲养人员询问所养动物群体的相关情况，同时用肉眼对动物进行整体状态（体格大小、发育程度、营养状况、精神状态、姿势与体态、行为与运动）的观察。必要时对群体动物测体温，如引进动物在进入隔离的第一周内及隔离期满前一周内，每日逐个测温。群体检查的内容一般是先静态检查，再动态检查，后饮食状态检查。

① 静态检查：在动物安静的情况下，观察其外貌、站立、睡卧姿势、精神状态、营养程度、呼吸、反刍、羽、冠、髯状态等基本生理活动。注意有无异常站立、睡卧姿势，

咳嗽、喘息、呻吟、流涎、嗜睡、孤立一隅等反常现象，从中发现可疑病态动物。

② 动态检查：经静态检查之后，将动物驱赶起来，观察其自然活动和驱赶活动。重点看起立、运动、排泄的姿势、精神状态。注意有无行动困难、肢体麻痹、跛行、步态蹒跚、转圈、共济失调、曲背弓腰、离群掉队及运动后咳嗽、喘气等病态，并注意排泄物的质度、颜色、混合物、气味等。

③ 饮食状态检察：目的在于检查动物的食欲和口腔异常。观察动物自然采食饮水动作，亦可有意少给食物看其抢食行为。从中发现不食不饮、少食少饮、吞咽困难、退槽、呕吐、流涎等现象。

2. 个体检查　个体检查是指对在群体检查中检出的可疑病态动物，进行系统的个体临床检查。目的在于初步鉴定动物是否患病。一般群体检查无异常的也要抽一定比例的动物作个体检查，若个体检查发现患病动物，应再抽检10%，必要时可全群进行个体复检。

个体检查的方法：

① 视诊：利用肉眼观察动物，要求检查人员有敏锐的观察能力和系统的检查经验。

检查精神状态：健康动物两眼有神，反应敏捷，动作灵活，行为正常，若有过度兴奋的动物，表现惊恐不安，狂躁不驯，甚至攻击人畜，多见于侵害中枢神经系统的疫病（如狂犬病、李氏杆菌病等）。精神抑制的动物，轻则沉郁，呆立不动，反应迟钝；重则昏睡，只对强烈刺激产生反应；严重时昏迷，倒地躺卧，意识丧失，对强烈刺激也无反应，可见于各种热性病或侵害神经系统的疫病等。

检查营养状况：营养良好的动物，肌肉丰满，皮下脂肪丰富，轮廓丰圆，骨骼棱角不显露，被毛光泽，皮肤富有弹性；营养不良的动物，则表现为消瘦，骨骼棱角显露，被毛粗乱无光亮，皮肤缺乏弹性。多见于慢性消耗性疫病（如结核病、肝片形吸虫病等）。

检查姿势与步态：健康动物姿势自然，动作灵活而协调，步态稳健。病理状态下，有的动物异常站立，如破伤风患畜形似“木马状”，神经型马立克氏病病鸡两足呈“劈叉”状；有的动物强迫性躺卧，不能站立，如猪传染性脑脊髓炎；有的动物站立不稳，如鸡新城疫病鸡头颈扭转，站立不稳甚至伏地旋转；有的盲目转圈，如李氏杆菌病；有的则步态异常，左摇右摆，多是脑部受损所致；跛行则由神经系统受损或四肢病痛所致。

检查被毛和皮肤：健康动物的被毛整齐柔软而有光泽，皮肤颜色正常，无肿胀、溃烂、出血等。患病动物的被毛和皮肤常发生不同的变化而提示某些疫病。若动物被毛粗乱无光泽，脆而易断、脱毛等，可见于慢性消耗性疫病（如结核病）、螨病等；又如猪瘟病猪在四肢、腹部及全身各部皮肤有指压不褪色的小点状出血，而猪丹毒病则呈现指压褪色的菱形或多角形红斑。

正常鸡的冠、髯红润：若发白则为贫血的表现，呈蓝紫色则为缺氧的表现（如新城疫病鸡冠髯黑紫）。

检查反刍和呼吸：主要检查呼吸运动（呼吸频率、节律、强度和呼吸方式），有无呼吸困难，同时检查反刍动物的反刍情况。

检查可视黏膜：主要检查眼结膜、口腔黏膜和鼻黏膜，同时检查天然孔及分泌物等。正常时马的黏膜呈淡红色；牛的黏膜颜色较马的稍淡，呈淡粉红色（水牛的较深）；猪、羊的黏膜颜色较马的稍深，呈粉红色；犬的黏膜为淡红色。黏膜的病理变化可反映全身的病变情况。黏膜苍白见于各型贫血和慢性消耗性疫病，如马传染性贫血；黏膜潮红，表示毛细血管充血，除局部炎症外，多为全身性血液循环障碍的表现；弥漫性潮红见于各种热性疫病和广泛性炎症；树枝状充血见于心机能不全的疫病等；黏膜发绀见于呼吸系统和循环系统障碍；黄染是血液中胆红素含量增高所致，见于肝病、胆道阻塞及溶血性疾病；黏膜出血，见于出血性素质的疫病，如马传染性贫血、梨形虫病等。

猪有脓样眼屎，牛大量流涎，鸡流鼻涕和眼泪，分别提示有猪瘟、牛口蹄疫、鸡传染性鼻炎的可能。

另外，口腔黏膜有水泡或烂斑，可提示口蹄疫或猪传染性水疱病；鼻盘干燥或干裂，应注意有无热性疫病；马鼻黏膜的冰花样瘢痕则是马鼻疽的特征病变。

检查排泄动作及排泄物：注意排泄动作有无异常及排泄困难。注意粪的颜色、硬度、气味、性状及尿的颜色、数量、清浊度等。便秘见于各种热性疫病（如猪瘟）、胃肠卡他等，腹泻见于侵害胃肠道的疫病（如仔猪副伤寒），里急后重是直肠炎的特征。粪尿的颜色性状也能提示某些疫病，如仔猪白痢排白色糊状稀粪，仔猪红痢排红色黏性稀便。

② 触诊：触诊是用手指、手掌或手背触摸动物的相应部位以判定有无病变，病变的位置、大小、形状、硬度、湿度、温度及敏感性等、此外，也可借助于诊疗器械（如各种探针）进行触诊。

触诊耳朵、角根、鼻端和四肢末端，可初步确定体温变化情况。触摸皮肤，全身皮温增高见于一切热性病；全身皮温降低是体温降低的标志，见于营养不良、衰竭；全身皮温不一致，局部增高多见于局部炎症。要注意判定皮下组织有无水肿、气肿、脓肿、结节等。牛羊肝片形吸虫病时，颌下、胸腹下水肿，质地较软；牛气肿疽时皮下气肿，多在肌肉丰满部位，触压时有捻发音；鸡腹部触摸有软硬不均肿块样物，腹部皮肤增温有压痛或波动感，多为大肠杆菌引起的卵黄性腹膜炎。

触摸健康动物皮肤柔软，富有弹性。弹性降低，见于营养不良或脱水性疾病。

触叩检查胸廓、腹部，敏感性增高可见于胸膜肺炎、腹膜炎等。

触摸检查颌下、肩前、鼠蹊等体表淋巴结，检查其大小、形状、硬度、活动性、敏感性等，必要时可穿刺检查。如马腺疫病马颌下淋巴结肿胀、化脓、有波动感；牛梨形虫病则呈现肩前淋巴结急性肿胀的特征；猪链球菌病下颌淋巴脓肿、较软。

禽要检查嗉囊：看其内容物性状及有无积食、气体、液体。如鸡新城疫时，挤压嗉囊或倒提鸡腿可从口腔流出大量酸性气味的液体食糜。

③ 听诊：检查者用耳直接进行听诊，或应用听诊器进行听诊。听动物叫声、咳嗽声。如牛呻吟见于疼痛或病重期；喘息多为呼吸道重感染引起或体温过高；鸡新城疫时发出“咯咯”声；上呼吸道感染、咽喉炎多为干咳，肺部炎症表现为湿咳。借助听诊器听心、肺、胃肠音有无异常。

④ 检查“三数”：三数即体温、脉搏、呼吸数，是动物生命活动的重要生理常数，其变化可提示许多疫病。

体温测定：通常测直肠温。测温时应甩动体温计使水银柱降至35℃以下，用酒精棉球擦拭消毒并涂以润滑剂后再行使用。被检动物应加以适当的保定。

测温时应考虑动物的年龄、性别、品种、营养、外界气候、使役、妊娠等情况，这些都可能引起一定程度的体温波动，但波动范围一般为0.5℃，最多不会超过1℃。

体温升高的程度分为微热、中热、高热和极高热；微热是指体温升高0.5～1℃，仅限于轻微疫病及局部炎症，如感冒、胃肠卡他、口炎等；中热是指体温升高1～2℃，见于亚急性或慢性传染病，如结核病、布鲁氏杆菌病、胃肠炎、支气管炎等；高热是指体温升高2～3℃，提示急性传染病或广泛性炎症，如猪瘟、猪肺疫、流感、马腺疫、急性弥漫性胸膜炎或腹膜炎、大小叶性肺炎等；极高热是指体温升高3℃以上，见于严重的急性传染病，如炭疽、猪丹毒、传染性胸膜肺炎、马传贫、脓毒败血症和日射病、热射病等。体温高者，需重复测试，以排除应激因素（如运动、暴晒、拥挤引起的体温升高）。体温过低则见于大失血、严重脑病、中毒病及热性病濒死期。

另外，持续定时测温，可根据体温变化曲线，判定热型。不同的热型在疫病诊断上有重要意义，主要热型有稽留热、间歇热、弛张热3种。

脉搏测定：动物充分休息后测定每一分钟脉搏的次数，以次/min表示。马属动物可检颌外动脉，牛检查尾动脉，猪、羊、犬和猫可在后肢股内侧的股动脉处检查。脉搏增数见于多数发热疫病、心脏病及伴有心机能不全的其他疾病等；脉搏减数见于颅内压增高的脑病、胆质血症及有机磷中毒等。

呼吸数测定：测定动物在安静状态下每分钟的呼吸次数，以次/min表示。一般可根据胸腹部的起伏动作而测定，检查者立于动物的侧方，注意观察其腹肋部的起伏，一起一伏为一次呼吸。在寒冷季节也可观察呼出气流来测数。鸡的呼吸数可观察肛门下羽毛起伏动作来测定。呼吸数增加见于肺部、高热性、疼痛性疾病，呼吸数减少见于颅内压显著增高的疾病（如脑炎、代谢病等）。各种动物正常体温、脉搏、呼吸数见下表。

表　各种动物正常体温、脉搏、呼吸数一览表

动物种类	体温（℃）	呼吸数（次/分）	脉搏（次/分）
马	37.5～38.5	8～16	26～42
骡	38.0～39.0	8～16	26～42
驴	37.0～38.0	8～16	42～54
乳牛	37.5～39.5	10～30	60～80
黄牛	37.5～39.5	10～30	40～80
水牛	36.5～38.5	10～50	30～50
牦牛	37.6～38.5	10～24	33～55
绵羊	38.0～40.0	12～30	70～80
山羊	38.5～40.5	12～30	70～80
骆驼	35.0～38.0	6～15	30～60
鹿	38.0～39.0	15～25	36～78
猪	38.0～39.5	18～30	60～80
狗	37.5～39.0	10～30	70～120
猫	38.0～39.5	10～30	110～130
兔	38.5～39.5	50～60	120～140
鸡	40.0～42.0	15～30	120～200
银狐	38.7～40.7	14～30	80～140
貉	38.1～40.2	23～43	70～146
水貂	39.5～40.5	40～70	90～180

（二）主要养殖动物临床检查特点

1. 猪的临床检查特点

（1）静态检查：

① 健康猪：站立平稳，不断走动拱食，并发出“吭吭”声，被毛整齐光亮。对外界声光刺激敏感，遇人接近表现警惕凝视。睡卧常呈侧卧，四肢伸展，头侧着地，呼吸均匀；爬卧时后腿屈于腹下。排泄物正常，粪便成形，表面油亮。

② 病猪：精神委靡，离群孤立，全身颤抖或蜷卧，吻突触地；被毛粗乱无光，鼻镜干燥，眼结膜潮红或眼睑内苍白有分泌物，呼吸困难或喘息；粪便干硬或腹泻，表面附着黏液或黏膜。

（2）动态检查：

① 健康猪：起立敏捷，行动灵活，走跑时摇头摆尾或上卷尾。若驱赶，随群前进，不断发出叫声。

② 病猪：精神沉郁，久卧不起，驱赶时行动迟缓或跛行，步态踉跄，或出现神经症状。

（3）饮食检查：

① 健康猪：饥饿时叫唤，饮喂时抢食，大口吞咽有响声且响声清脆，全身鬃毛随吞食而颤动。

② 病猪：食欲下降，懒于上槽，或只吃几口就退槽，饲喂后肷窝仍凹陷。有些饮稀不吃稠，只闻而不食，呕吐，甚至食欲废绝。

2. 牛的临床检查特点

（1）静态检查：

① 健康牛：站立平稳，神态安静，以舌频舔鼻镜。睡卧时常呈膝卧姿势，四肢弯曲于腹下。全身被毛平整有光泽，反刍有力，正常嗳气无异味，呼吸平稳。鼻镜湿润，眼、嘴及肛门周围干净，粪呈层叠状、尿液清亮微黄。肉用牛垂肉高度发育，乳用牛乳房清洁且无病变，泌乳正常。

② 病牛：头颈低伸，站立不稳，拱背弯腰或有异常体态。睡卧时四肢伸开，横卧或曲颈侧卧，嗜睡。被毛粗乱，皮肤干燥皲裂，反刍迟缓或停止。天然孔周围污染、分泌物增多颜色性状异常，粪便干硬或稀溏、有黏膜黏液等附着。尿液混浊、呈茶色或带血色等异常。乳用牛泌乳量减少或乳汁性状异常。

（2）动态检查：

① 健康牛：运动时精力充沛，腰背灵活，四肢有力，摇耳甩尾。

② 病牛：精神沉郁，久卧不起或起立困难。跛行掉队或不愿行走，走路摇晃，耳尾不动。

（3）饮食检查：

① 健康牛：争抢饲料，咀嚼有力，采食时间长，采食量大。放牧中喜采食高草，常甩头用力扯断，运动后饮水不咳嗽。

② 病牛：表现厌食或不食，或采食缓慢，咀嚼无力，运动后饮水咳嗽。

3. 羊的临床检查特点

（1）静态检查：

① 健康羊：站立平稳，乖顺，被毛整洁，口及肛门周围干净。饱腹后合群卧地休息，

反刍，呼吸平稳。遇炎热常相互把头藏于对方腹下避暑。

② 病羊：精神委靡不振，常独卧一隅或表现异常姿势，遇人接近不起不走，反刍迟缓或不反刍。鼻镜干燥，鼻液明显，呼吸促迫或咳嗽。被毛粗乱不洁或脱毛、痘疹、皮肤干裂。

(2) 动态检查：

① 健康羊：走路精神活泼，合群不掉队；放牧中虽很分散，但不离群。山羊活泼机敏，喜攀登，善跳跃，好争斗。

② 病羊：精神沉郁或兴奋，喜卧懒动，行走摇摆，离群掉队或出现转圈及其他异常运动。

(3) 饮食检查：

① 健康羊：饲喂时互相争食，放牧时常边走边吃草，边走边排粪，粪球正常。遇水源争先抢水喝，食后肷窝鼓起。

② 病羊：食欲不振或停食，食后肷窝仍下陷。

4. 马的临床检查特点

(1) 静态检查：

① 健康马：多站少卧。站立时昂头，机警敏捷，稍有音响，两耳转动竖立，两眼凝视。卧时屈肢，两眼完全闭合，平静似睡。被毛整洁光亮，鼻、眼、肛门洁净，呼吸正常。

② 病马：睡卧不安，时站时卧，回视腹部。站立不稳，低头耷耳或头颈平伸，肢体僵硬。两眼无神，对外界反应迟钝或无反应。被毛粗乱无光，眼、鼻等天然孔有不正常的分泌物。粪便干硬或腹泻。

(2) 动态检查：

① 健康马：行动活泼，步伐轻快，昂首蹶尾，挤向群前。善于奔跑，运动后呼吸变化不大或很快恢复正常。

② 病马：精神沉郁，步伐沉重无力，很少跑动。有时表现起立困难和后肢麻痹。

(3) 饮食检查：

① 健康马：放牧时争向草地，自由采食。舍饲给料时两眼凝视在饲养员身上，时常发出“咴咴”叫声，食欲旺盛，咀嚼有音响，饮水有吮力。

② 病马：对牧草和饲料不予理睬，时吃时停或食欲废绝，对饮水不感兴趣。咀嚼、吞咽困难。

5. 家禽的临床检查特点

(1) 静态检查：

① 健康家禽：神态活泼，反应敏锐。站立时伸颈昂首翘尾，且常高收一肢，卧时头叠放在翅内。冠、髯红润，羽绒丰满光亮，排列匀称，口鼻洁净，呼吸、叫声正常。

② 病禽：精神委靡，缩颈垂翅，闭目似睡。冠、髯苍白或紫黑，喙、蹼色泽变暗。头颈部肿胀，眼、鼻等天然孔有异常分泌物。张口呼吸或发出“咯咯”声或有喘息音。羽绒蓬乱无光，泄殖腔周围及腹部羽毛常潮湿污秽。

(2) 动态检查：

① 健康家禽：行动敏捷，步态稳健；鸭、鹅水中游动自如，放游时不掉队。

② 病禽：行动迟缓，离群掉队，跛行或有肢翅麻痹等神经症状。

(3) 饮食检查：

① 健康家禽：啄食连续，食欲旺盛，食量大，嗉囊饱满。

② 病禽：食欲减退或废绝，嗉囊空虚或充满液体、气体。

6. 家兔的临床检查特点

(1) 健康家兔：精神饱满，反应灵敏，喜欢咬斗。白天大部分时间静伏，闭目休息，呼吸动作轻微。稍有惊吓，立即抬头，两耳直立，两眼圆瞪。全身被毛浓密、顺匀光洁。食欲正常，咀嚼迅速，夜间采食频繁。

(2) 病兔：精神沉郁，反应迟钝，低头垂耳，耳部颜色苍白或发绀。常伏卧不起或表现行动迟缓，有的出现跛足或异常姿势。食欲不振或厌食，白天常能在舍内发现软粪。被毛粗乱蓬松，缺乏光泽，或有异常脱毛。眼结膜颜色异常。粪球干硬细小或稀薄如水。多有体温异常。

7. 犬的临床检查特点

(1) 健康犬：活泼好动，反应灵敏，情绪稳定，喜欢亲近人，机灵而警觉性高，稍有音响，常会吠叫。安静时呈典型的犬坐姿势或伏卧。运动姿势协调，能快速奔跑，经训练有很强的跳跃能力。吃食时“狼吞虎咽”，很少咀嚼。眼明亮，无任何分泌物。鼻镜湿润，较凉，无鼻液。口腔清洁湿润，舌色鲜红，被毛蓬松顺滑，富有光泽。

(2) 病犬：精神沉郁，眼睛无神，不听使唤，嗜睡呆卧，对外部反应迟钝甚至无反应。有的病犬则表现兴奋不安，无目的走动、奔跑、转圈，甚至攻击人畜。站立不稳或有异常站立姿势。食欲减退或废绝，饮水增加，呕吐或腹泻。鼻端干燥，呼吸困难。被毛粗硬杂乱，或见有斑秃、痂皮、溃烂。体温多异常。

二、病理剖检

病理剖检以临床检查为基础进行，是临床检查的继续和补充。是依据动物系统、器官和组织的病理剖检变化，解释临床症状，验证临床诊断的准确性，迅速准确诊断动物疫病的一种方法，又是进行必要的实验室检验和采集必要病理材料送检的主要技术手段之一。在诊断上起着承前启后的重要作用。

病理剖检一般选择病死动物或有明显临床症状的患病动物进行。通过直接观察动物各组织、器官病变的部位、性质、作出病理诊断结论。

（一）动物尸体剖检的要求

1. 剖检前检查 剖检前仔细检查尸体体表（卧位、尸僵情况、腹围大小）及天然孔有无异常，以排除炭疽等恶性传染病。患炭疽、狂犬病、破伤风等十大恶性传染病的动物及其尸体，禁止剖解。若怀疑动物死于炭疽，先采取其耳尖血液涂片镜检，排出炭疽后方可解剖。

2. 剖检时间 针对动物尸体，剖检进行得越早越好，尸体久放，容易腐败分解，失去诊断价值。所以，夏季在动物死后不超过 2h，冬季不超过 6h，以保证眼观病理变化的真实性。对术者来讲，最好在白天自然光下进行；在灯光下，病变的颜色判断会受到干扰。

3. 剖检地点 有条件的在病理解剖室进行。在野外或其他检疫现场剖检时，应选择地势高燥并远离居民区、养殖圈舍、水源地、河流及交通要道的地方进行。剖检前挖一深达2m以上的坑，或利用枯井、废旧土坑。坑底撒上生石灰，坑旁铺垫席，在垫席上进行操作。剖解完成后，将动物尸体连同垫席及其周围污染的土层，一起投入坑内、撒上生石灰或其他消毒剂掩埋，并对周围环境进行消毒。

4. 剖检数量 在动物发生群体死亡现象时，要剖检一定数量的病死动物。家禽至少剖检5只；大中动物至少剖检3头。只有找的共同的特征性病变，才有诊断意义。

5. 剖检术式 动物尸体的剖检，从卧位、剥皮到体内各器官的检查，按一定的术式和程序进行。扑杀剖检牛采取左侧卧位，马采取右侧卧位，猪、羊等中小动物和家禽取背卧位或偏卧位。自然死亡的动物，由未触地侧剖检。

6. 安全防护 一要做好工作人员的安全防护工作，避免感染；二要防止环境污染。在整个剖检过程中和剖检结束后应注意清洁消毒。无关人员一律不得参加剖检或围观；野外剖检时严禁有犬、猫等动物进入剖检区，防止可能的病原扩散。

7. 如需采集病理组织或病原学实验诊断病料 应提前做好无菌操作器材和保存液的准备工作。

（二）外部检查

在剖检剥皮之前详细检查尸体外部状态，以大致区别是普通病还是疫病，并确定是否进行剖检。

1. 检查尸体变化 动物死亡后受酶、细菌和外界环境因素的影响，会出现尸僵、尸斑、死后凝血、尸腐等变化。通过检查，正确辨认尸体变化，避免把某些死后变化误认为生前的病理变化。

① 尸僵：动物死后尸体发生僵硬的状态，称为尸僵。可通过检查下颌骨的可动性和四肢能否屈伸来判断。一般死于败血症和中毒性疾病的动物，尸僵不明显。

② 尸斑：即尸体倒卧侧皮肤的坠积性淤血现象，局部皮肤呈青紫色。家畜皮肤厚，且有色素和被毛遮盖，不易发现，要结合内部检查。

③ 尸腐：因消化道内致腐微生物繁殖引起尸体腐败分解并产生气体所致。常表现尸体腹部膨胀，体表的部分皮肤、内脏，特别是与肠管接触的器官呈现灰蓝或绿色，血液带有泡沫，尸体散发出恶臭气味。

2. 检查皮肤 检查被毛及营养情况，注意有无外伤、骨折、皮肤溃疡、水肿、出血、丘疹、坏死及皮肤寄生虫等。

3. 检查天然孔 查天然孔的开闭状态，有无分泌物及分泌物性状，同时查可视黏膜。败血症尸体的口、鼻、肛门等处常流出血样液体。

（三）内部检查

1. 皮下检查 注意皮下脂肪的量和性状，浅表淋巴结的性状，肌肉发育状态和病变。炭疽时皮下呈出血性胶样浸润；败血性传染病，淋巴结、肌肉多有出血斑或出血点；寄生虫病，肌肉中有寄生虫包囊或结节。

2. 内脏器官的检查 先检查腹腔和腹腔器官，再检查胸腔和胸腔器官。各内脏器官多从尸体上采出后检查，亦可不采出进行检查。禽、兔等小动物和仔猪、羔羊等幼龄动物内脏器官常连带在尸体上进行检查。

① 切开腹腔和胸腔之后，首先观察暴露的腹腔、胸腔器官在动物体内自然位置是否正常，其表面有无充血、出血、粘连、肿瘤、寄生虫。检查胸、腹腔液体的量和性状。然

后由暴露部分开始，由表及里，由后向前逐一检查器官外表性状。

② 对有病变和病变严重的器官要重点检查，分辨病理变化特点，判定病变性质。病变器官检查多采用视诊、触诊、剖检的方法，依次进行。

先看脏器的大小、形态、颜色、表面性状（表面光滑或粗糙、凹或凸、有无干酪样物或粉末状物等）。再用手触摸、按压检查器官质地（软硬度、弹性、脆性、颗粒状）。最后，切开脏器检查切面性状，看切面组织结构是否清晰、有无结节、出血、寄生虫及其他病变。如有特殊病灶，则对病灶进行细致检查。

3. 检查口腔、鼻腔和颈部器官 注意有无创伤、出血、溃疡、水疱、肿胀、寄生虫等变化。剪开食管和气管，主要看食管黏膜和管壁厚度、气管分泌物的性质（浆液性、黏液性、出血性）和黏膜病变。

口腔、鼻腔和颈部器官的检查，对以口腔、食道和上呼吸道变化为主要表现形式的疫病，如鸡传染性喉气管炎、禽痘（黏膜型）、兔病毒性出血症、鸭瘟等有较大诊断价值。

必要时对脑、脊髓、骨髓、关节、肌肉、腱、生殖器官进行检查。

（四）剖检记录

1. 记录内容 除记录被检动物的种别、年龄、性别、临床检查摘要外，应详细记录外部检查和内部检查时各系统的变化，这是尸体剖检报告的主要依据，也是综合分析诊断的原始材料。对病变严重的器官，更要详细准确记录其病理变化。所记内容要求完整、客观、真实。记录应在检查过程中完成，不宜事后补记。

2. 病变描述 对剖检所见病变的描述，必须客观准确，反映组织器官本来的变化。对病变大小应尽可能用数字表述，或用确切的实物比喻；描述有复色的病变组织时，要分清主色和次色，一般次色在前，主色在后，如灰白色、紫红色。对色泽混杂的病变组织用实物形容，如淋巴结切面周边出血，间有灰白色淋巴组织，呈红白相间似“大理石样”；肝肿大淤血并脂肪变性时，切面呈红黄相间的“槟榔样”。无肉眼可见变化的器官，概括为“无肉眼可见变化”。

3. 提出病理剖检报告 在剖检记录的基础上，应对所见病变进行综合分析，判定病变的主次，肯定病变的性质，确定致死原因。最后根据病理剖检的结果，结合临床症状，流行病学资料等，提出初步的诊断病名或疑似病名，提出防治意见和建议。

三、动物疫病监测

动物主要疫病的监测和病原学检验，在一般情况下，都由国家各级动物疫病预防控制中心按防疫工作的计划，分期分批进行，养殖户和养殖场应积极配合。因这类监测和检验工作设备要求条件较高，生物安全设施和检验试剂成本高、投资较大，养殖场或养殖户一般无力承担或开展。

但大中型集约化、规模化养殖场，应配备兽医室和必要的常规检验设备、器材，根据防疫工作的需要，结合临床和病理剖检，开展必要的常规检验和检疫工作，是迅速确诊疫病的重要技术手段。主要有以下几项。

（一）常规检验

主要包括血检、粪检和涂片检查。设备要求较简单：显微镜（1 000～1 500 倍）、载玻片、盖玻片、各种染色剂、试管、粪筛和普通容器（玻璃杯、塑料杯）等即可。

1. 涂片检查 主要有血液涂片、淋巴穿刺涂片、分泌物涂片、阴道分泌物和刮取物涂片，病理剖检时病变组织的涂片或触片检查。这些涂片经火焰或甲醇固定和染色后，作显微镜检查。即可对动物的大多数血液原虫病、球虫病（病变肠黏膜或内容物涂片）、生殖道原虫和是否有细菌等病原感染作出准确判定。

2. 粪检 可用水洗沉淀法（多用于吸虫、棘头虫）或饱和盐水漂浮法（多用于线虫、绦虫、球虫）进行寄生虫卵集卵。后取沉淀残渣或表层液膜加盖片镜检或进行虫卵计数。根据单位粪便中的各种虫卵数，初步判定动物感染寄生蠕虫的强度和主要优势种、属。

（二）细菌培养和生化试验

细菌培养和生化试验的设备主要是培养箱、干烤箱、高压灭菌器，器材和试剂主要是试管、平皿、各种培养基和生化试剂等。常用病理剖检所获实质器官病料，为细菌分离鉴定的培养来源，也可用临床发病动物的血液等为培养源。

1. 细菌培养 各种病原菌在培养基上生长时，表现一定的特性。这些特性是鉴别细菌种、属的重要依据。

（1）固体培养基生成菌落的性状：细菌在适宜的固体培养基上可生长成肉眼可见的菌落。菌落的大小、形状、色泽、边缘特征、表面性状和透明度等因菌种不同表现差异较大。因此，菌落生长特征是细菌鉴别的重要依据。也可用放大镜和低倍显微镜对菌落进行观察。

（2）液体培养基上的生长性状：细菌在液体培养基上生长，可使培养液出现混浊、沉淀、变色、产气和在液面形成菌膜等变化，有的形成菌环，黏液状，摇动试管形成各种状态的混悬或悬浮状态。也是判定菌种的重要依据。

2. 生化试验 生化试验是对培养菌种的定性检验，测定所获菌株在人工培养过程中所产生的某些代谢产物是否存在，可以利用哪些有机物和无机物。不同的细菌或菌株，代谢产物不一，能利用的营养物质也不一样，利用方式也有差别，因此会表现不同的生化特性。这些有一定组合关系的系列生化性状，是鉴别细菌种属的主要依据。

根据细菌的培养特性和生化反应的系列特征，一般都可确定所获细菌的种属。

3. 药敏试验 如确定所获菌株确是引起传染病的细菌性病原菌或继发感染菌，为选择有效防治药物，可使用固体平面培养基，并在培养基表面粘贴含各种抗菌作用的药物圆片，测定各种药物对所获菌株的抑制杀灭作用。一般来讲，抑菌圈越大，该药物对所获菌株的抗菌作用越好。依此结果选择临床治疗用药或预防用药，防治效果是可靠的，从而避免临床治疗和预防用药的盲目性。

（三）血清学检验

血清学检验的技术种类很多，而且新的血清学检验技术不断涌现，检出率和准确性不断提高。血清学检验建立在抗原和抗体间的特异性反应基础上，抗原和相应抗体在体外创造的一定条件下发生反应，反应的结果可以通过肉眼观察到或经相关仪器检测出来。因此，可以用已知抗原或抗体去检测未知的抗体或抗原，以达到检测某种疫病情况的目的。

就目前的血清学检验方法和所需的仪器设备看，养殖场只要具有兽医常规检验和细菌检验的能力，那么，操作简便、快速的凝集反应、沉淀反应就能开展，而且成本低廉，所用商品性检测试剂一般均有配套供应。无菌采集养殖动物的血液、分离血清作为被检样品，就能进行检验。

1. 凝集反应

(1) 直接凝集反应：分为试管法和玻片法。玻片法在洁净载玻片或玻璃板上进行；试管法在灭菌干燥的试管中进行。主要用于布鲁氏菌病、鸡白痢、鸡支原体病、猪传染性萎缩性鼻炎等疫病的检验和检疫普查。

(2) 间接凝集反应：是将可溶性抗原或抗体吸附在载体颗粒（红细胞、乳胶等）表面上，然后与相应的抗体或抗原作用，形成肉眼可见的凝集（或不凝集）现象，而对疫病状况作出判定。

如用已知抗原吸附的载体来鉴定抗体，称为正向间接凝集反应，多用于疫病的抗体检测，如伊氏锥虫病等；如用已知抗体吸附的载体去鉴定抗原，称为反向间接凝集反应，多用于病原检测，如口蹄疫、猪水疱病等检测，有快速诊断作用。

(3) 血凝和血凝抑制试验：是通常所经常应用的免疫抗体检测技术。广泛应用于养殖动物的口蹄疫、禽流感、猪瘟、新城疫、鸡减蛋综合征等疫病的母源抗体和免疫抗体消长情况的监测。对这些重大疫病在新生动物的首次免疫时间、第二次或重复免疫间隔时间的确定上具有重大的实际指导作用；通过免疫抗体的检测，可以准确判定所用疫苗、剂量的免疫质量和效果，对免疫保护期的长短也可进行较准确的测定。免疫抗体的测定，群体抽样不得少于28头（只）。

2. 沉淀反应

(1) 环状沉淀反应：目前仅用于炭疽病诊断和可疑炭疽皮张的检疫。

(2) 琼脂扩散反应：在半固体的琼脂凝胶平皿上按备好的圆形模版打孔并封底，一般由一个中心孔和6个等距离周边孔为1组，孔径4～5mm，孔距3mm。中心孔加已知抗原液，周围孔分别滴加被检血清和标准阳性血清并编号。当抗原抗体向外扩散相遇时，在相遇处形成1条或数条白色沉淀线，反应即为阳性。该试验常用于马传染性贫血、鸡马立克氏病、鸡传染性支气管炎等许多疫病的诊断。该法操作简便、成本低廉、准确有效。

（四）变态反应检测

变态反应又称过敏反应，是一种异常的或病理性免疫反应。可用已知变应原（如结核菌素等），给被检动物点眼、皮内注射，观察被接种部位是否出现特异性变态反应，借此确定被检动物是否患病或感染。

变态反应主要应用于哺乳动物的一些重要人畜共患传染病的检疫和监测。特别是对定期的群体检疫、畜群疫病净化有重要意义。是奶牛，肉牛、山羊、绵羊、奶山羊、马属动物等养殖场必须具备的检验能力。目前，主要应进行的布鲁氏菌病的皮内变态反应或凝集反应检测；奶牛、肉牛的结核病、布鲁氏菌病的皮内变态反应检测；马的马鼻疽点眼变态反应检测。

实施变态反应检测，应按国家、农业部制定的相关技术标准进行。一般每年进行两次，检查动物的数量每次应不低于90%，检出的阳性动物应按国家的相关规定进行扑杀淘汰、无害化处理或隔离饲养治疗。

（五）其他动物疫病的监测

动物疫病的种类很多，危害性差异很大，因此，农村养殖户、各种规模的养殖场，不可能对所有疫病自行进行监测和检验，应按以下原则搞好相关的疫病监测。

1. 配合做好动物疫病的普查和抽检 国家的各级动物疫病预防控制中心，会根据农业部和本地区农业行政主管部门的安排，对动物疫病进行普查和抽样调查，要求在一定范围内检验一定数量的饲养动物。养殖户和养殖场都要积极配合，按所要求的动物种别、性别、年龄采集血液、血清和病料，进行相关疫病的监测。

养殖农户和专业养殖场一般由县、乡、村兽医人员直接到现场采样，只要搞好采样的配合就可。

大、中型养殖场，应由本场兽医技术人员和饲养员按采样的要求，以无菌方式采集检验样本。不得由外来兽医人员直接进入养殖区进行采样，因他们走场串户，有携带病原的可能。

2. 报检 农村养殖户、专业户、规模养殖场和基层兽医，在群发性疫病诊断和防制困难时；需对常发、严重疫病进行监测时；对重大疫病的免疫效果有疑问时；或畜主认为有必要时均可向县以上动物疫病预防控制中心、兽医防疫部门报检。怀疑是主要人畜共患病时，可同时向县疾病预防控制中心、卫生防疫部门报检。怀疑是群发性中毒病或投毒的，可同时向当地公安机关报检。

畜主应根据接受报检的部门意见，配合搞好相应的现场检查和采样工作。

3. 自采样送检 畜主如需自行采样送检，一定要从实际出发。一是客观衡量自己采样的无菌操作技术能力，采样用品消毒，样品处理、保存密封、冷藏运送的条件，不能勉强进行。二是应先联系好检验单位，落实是否有能力，有条件进行所需的检验，问清采样要求，是否收费等，不能盲目送检。

第三节 检验样品的采集和处理

采集检验样品是动物疫病检验工作的重要内容。采样的时机是否适宜，样品是否具有代表性，样品处理、保存、运送是否合适与及时，直接影响到检验结果的准确性。只有准确采集含病原体最多的病料，才能检出患病动物体内的病原体。在采集病料前，应根据临床检查，对被检查动物可能患有什么疫病，作出初步诊断，针对该疫病病原体可能存在的部位，采集最适宜的病料进行检查，才能比较容易得到正确结果。

一、采集检验样品的原则

（一）适时采样

根据检查要求及检验项目的不同，选择适当的采样时机十分重要，应尽可能采集到新鲜样品。采样是有时间要求的，应严格按规定时间采样；有临诊症状需要做病原分离的，必须在病初的发热期或症状典型时，并未经大量抗生素治疗时采集样品。若需制备血清，应在动物空腹时采血。从动物尸体采样，无论检测什么项目，都应在动物死后立即采集。若无条件，夏季最好不超过动物死后 2h，冬季不超过 20h，南方应在 6h 内。

（二）合理采样

取样动物的数量和样品的数量要合理。动物群体发病，至少采取 5 头（只）份动物的病料。每一种样品应有足够的数量，除确保本次检验用量外，以备必要的复检用。所采样品应逐头（只）分部位分装，不得将不同部位的病料混装；更不能数头（只）病料混装。

不同疫病所需检验样品不同，应按可能的疫病侧重采样。对未能确定为何种疫病的，应全面采样。

（三）典型采样

要求样品具有代表性。一是要选择典型动物，即未经药物治疗、病状典型的动物，或病变最明显的样品，如有并发症，还应兼顾采样，这对细菌性传染病的检查尤其重要。二是选择典型材料，通常采集病原体含量最高的材料，不同疫病的病原体在动物体内及其分泌物、排泄物中的分布、含量不同，即使同一种疫病，在病的不同时期和不同病型中，病原体在体内分布也不同。在采取病料前，对动物可能患某种疫病作出初步诊断，侧重采集该病原体常侵害的部位。如呼吸道疫病采集咽喉分泌物；消化道疫病采集粪便；发热性疫病采集血液、咽喉分泌物、粪便；水疱性疫病采集水疱皮和水疱液。

从动物尸体采样，通常采集有病变的组织、器官或病变最明显、最典型的部位。供病理组织切片的样品，应连带部分健康组织。淋巴结、心、肝、脾、肺、肾，不论有无病变，一般均应采集。

（四）无菌采样

样品采集全过程应无菌操作，尤其是供病原学检查和血清学实验的样品。采样部位、采样用具、盛放样品的容器均需灭菌处理。有些样品，如皮肤上的水疱，采集部位用清水清洗即可，忌用消毒剂消毒。在采样过程中，采样人员要注意安全，防止感染；同时防止病原扩散而造成环境污染。动物尸体剖检需采集样品的，应先采样后检查，以免人为污染样品。

（五）样品包装

装载样品的容器可选择玻璃或塑料制品，可以是瓶式、试管式或袋式。容器必须完整无损，密封不漏出液体。装供病原学检验样品的容器，用前须彻底清洁干净，必要时经清洁液浸泡，冲洗干净后以干热或高压灭菌并烘干。如选用塑料容器，能耐高压的经高压灭菌，不能耐高压的经环氧乙烷熏蒸消毒或紫外线距离20cm直射2h灭菌后使用。根据检验样品性状及检验目的选择不同的容器，一个容器装量不可过满，尤其液态样品不可超过容量的70%，以防冻结时容器破裂。装入样品后必须加盖或塞，然后用胶布或封箱胶带固封，如是液体样品，在胶布或封箱胶带外还需用熔化的石蜡加封，以防液体外泄。如果选用塑料袋作容器，则应用两层袋，分别用线结扎袋口，防止液体漏出或入水污染样品。所有装入样品的容器均需贴附标签，标明样品名称、动物种类、采集时间、采集地点、样品编号、采样人等内容。

1. 供病毒学检查的样品 病毒学检材要在特定的温度下，置于保温容器（保温瓶或保温箱）中运输。血液样品要单独存放在保温瓶中，不能和其他样品混合。

对冷藏样品，若能在4h内送到实验室，在保温瓶中加入冰块或冰袋，冷藏运输；否则，应将样品进行冷冻处理。对冻结的样品，必须在24h内冷藏送到实验室。若在24h内不能送到实验室，要冷冻运输，即在运输过程中样品的环境温度应保持在－15～18℃以下。

2. 供细菌学和寄生虫学检查的样品 经冷藏的材料、并在24h可以冷藏运输，亦可加冰块、冰袋密封常温运输。

3. 血清样品 经冷藏处理的血清，在24h内能送到实验室，冷藏运送；否则，先将血清冷冻；经冷冻处理的血清，在保温箱内加大量冰袋运送，在48h内到达实验室。

（六）送检迅速

样品经包装密封后，必须尽快送往实验室，延误送检时间，常会严重影响检疫结果。因此在送检样品过程中，要根据样品的保存要求及检验目的，妥善安排运送计划。送检样品过程中，为防止样品容器破损，样品装入冷藏瓶（箱）后应妥善包装，防止碰撞并尽可能地保持平稳运输。以飞机运送时，样品应放在增压仓内，以防压力改变，样品受损。

二、病原学检查材料的采集和处理

（一）供病原学检查材料的采集、处理

1. 血液 大、中动物选颈静脉，需要量少时可选尾静脉或耳静脉，一般每头每次10ml；家禽从翅静脉或心脏抽取，每只每次3～5ml。死亡动物从右心房采血。

全血必须加抗凝剂以防凝固。抗凝剂可选用乙二胺四乙酸二钠（EDTA-Na_2）、枸橼酸钠、肝素。枸橼酸钠不宜用于病毒血样。采血前，按10ml血液加入5%枸橼酸钠溶液1ml或0.1%肝素1ml或乙二胺四乙酸二钠15～20mg的比例，把抗凝剂直接加入真空采血管或试管中，让采集的血液立即与抗凝剂混合。采得血液后密封外贴标签，送检或冷藏。但冷藏时间不宜太久，以免溶血。

（1）病毒检验样品：在动物病初体温升高期间采集。对于没有症状的带毒动物，一般在进入隔离场后7d以前采样。血样品必须是脱纤血或是抗凝血。抗凝剂可选肝素或EDTA。采血前，在真空采血管或其他容器内按每10ml血加入0.1%肝素1ml或EDTA20mg。牛、马、羊从颈静脉或尾静脉采血；猪从前腔静脉采血，用量少时也可以从耳静脉抽取；家禽从翅下静脉或颈静脉用注射器抽取血液。采得的血立即与抗凝剂充分混合，防止凝固；采脱纤血时，先在容器内加入适量小玻珠，加入血液后，反复振荡血液，以便脱去血液纤维。采得的血液经密封后贴上标签，以冷藏状态立即送实验室。必要时，可在血中按每毫升加入青霉素和链霉素各500～1 000IU，以抑制血源性或采血中污染的细菌。

（2）细菌检验样品：采血应在动物病初体温升高或发病期，并未经药物治疗前采集，血应脱纤或加肝素抗凝剂或EDTA或枸橼酸钠，但不可加入抗生素和防腐剂。血液密封后贴上标签，冷藏尽快送实验室，否则须置4℃冰箱内作暂时保存，但时间不宜过久，以免溶血。

2. 分泌物和渗出液 采集口腔、鼻腔、喉气管、泄殖腔及阴道分泌物时，通常是将棉棒插入天然孔反复旋转以蘸上分泌物，然后将样品端剪下。采集咽食道分泌物前被检动物禁食12h，大中动物用食道探子从已扩张的口腔伸入咽喉部、食道，反复刮取。乳汁采集前，应先清洗乳房并消毒，弃去最初挤出的几把乳汁，然后收集10～20ml做检材。尿液可在动物排尿时采集，亦可利用导尿管采取。取样量据检验目的而定，通常取30～50ml。水泡液、水肿液、关节囊液，胸腹腔渗出液可用注射器抽取，至少采取1ml。脓汁的采集，用棉球蘸取，或用注射器吸取。

3. 淋巴结、内脏器官、肌肉淋巴结连带周围脂肪整体采集 内脏器官和肌肉通常取病变最明显的部位，取样大小可酌情而定。采集的淋巴结、内脏器官、肌肉分别置于灭菌容器内。

4. 水疱皮 先将病变部用清水清洗，剪取新鲜水疱皮3～5g放入灭菌小瓶。

5. 肠管　选取至少长6cm肠管，两端结扎，从结扎线外端稍远处剪断，剪断口用无菌清水冲净，置灭菌玻璃容器或塑料袋中。

6. 长骨及肋骨　通常整根采集，不要损伤其两端，用5%石炭酸水溶液浸透的纱布或麻袋片包裹；亦可在骨头上撒食盐，再用麻袋片包裹。

7. 流产胎儿、家禽及其他小动物尸体、鱼等　用不透水塑料袋包装扎紧，装入木箱送检。

8. 患病小动物　在距离实验室较近，又有较好的隔离运输条件下，可将发病小动物直接送实验室检查。

以上病料采集后，立即放入灭菌的玻璃容器，密封，外贴标签。做细菌学检查的，尽快冷藏。做病毒学检查的，尽快冷冻或加入病毒保护液。常用的病毒保护液有：含抗生素的pH值7.2～7.4磷酸盐缓冲液、50%甘油磷酸盐缓冲液、50%甘油生理盐水，亦可用灭菌生理盐水。

在采集液体材料和固体材料时均需制作涂片，供显微镜检查。液体材料如血液、胆汁、分泌物等直接用灭菌接种环取一滴，于载玻片中央均匀涂布成适当大小的薄层；组织器官则以无菌方法剪取新鲜切面，在玻片上压印（触片）或涂抹成一薄层。涂片自然干燥后，使其涂面彼此相对，两端加以火柴杆或厚纸片，用橡皮筋或线缠紧，用纸包好，放小盒内送检。每份病料不少于3张涂片。

（二）供寄生虫检查材料的采集、处理

1. 血液采集　多从耳静脉采血，立即制成涂片标本。

2. 阴道分泌物采集　用蘸有生理盐水的棉球在阴道内反复旋转擦拭，再将棉球的液体挤压在载玻片上，制成涂片。当分泌物较少时，可用35℃左右的生理盐水冲洗阴道、子宫，收集冲洗液，离心，取沉渣涂片。

3. 粪便样本　可从动物直肠采集或采集新排出的粪便，一般采取10～30g。采集后置于洁净的玻璃容器或塑料袋，冷藏待检。

4. 被寄生虫寄生的组织、器官　采集时常连带寄生虫一并采集，放入5%～10%福尔马林溶液中。

5. 皮肤刮下物

（1）螨病病料：在病变皮肤和健康皮肤交界处采集。病变部剪毛，用锐匙或凸刃小刀，与皮肤垂直刮取皮屑，刮到皮肤微出血为止。把刮取物放入洁净小瓶，加塞。若在野外采集样品，可在刀刃上蘸些水或煤油，以防刮风吹跑病料。

（2）蛲虫病料：用常水浸湿棉球，在马匹肛门周围及会阴部皮肤上反复擦拭，用擦拭后的棉球涂片。

6. 寄生虫

（1）体表寄生虫：用手或镊子捏取；附有虫体的羽毛可剪下，放入70%酒精、甘油酒精或5%福尔马林溶液中。

（2）体内寄生虫：在胃肠道等组织器官洗液中发现蠕虫时，小型线虫用毛笔将虫体挑出，经生理盐水洗净后，移入70%酒精、甘油酒精或巴氏液固定。大型蠕虫像蛔虫、棘头虫、绦虫用5%～10%福尔马林溶液固定。

三、供血清学检查材料的采集和处理

血清

1. 采血 用于制备血清的血液采出后不加抗凝剂，不进行脱纤处理。一次采血量，大中动物每头不少于10ml，家禽不少于3ml，雏鸡适量。需要检测双份血清比较抗体效价时，第一份血液采于病初，制成血清后冰冻保存；然后间隔3～4周采集制备第二份血清。两份血清同时送检。为保障血清质量，一般情况下，空腹采血较好。采得的血贴上标签，室温静置待凝固后送实验室，并尽快将自然析出的血清或经离心分离出的血清吸出，按需要分装若干小瓶密封，再贴上标签冷冻保存备检或冷藏送检。

做血清学检验的血液，在采血、运送、分离血清过程中，应避免溶血，以免影响检验结果。

做中和试验用的血清，数天内检验的可在4℃左右保存。较长时间才能检验的，应冻结保存，但不能反复冻融，否则抗体效价下降。

供其他血清学检验的血清，一般不必加入防腐剂或抗生素，若确有需要时也可加入抗生素（每毫升血清加青霉素、链霉素各500～1 000IU），亦可加入浓度为0.01%硫柳汞、0.08%叠氮钠。加入防腐剂时，不宜加入过量的液态量，以免血清被稀释。加入防腐剂的血清可置4℃下保存，但存放时间过长亦宜冻结保存。

2. 制备血清 采血时使血液沿管壁流入试管，加塞，立即摆成斜面，待血液凝固后竖起试管，使血清自然析出。析出的血清用注射器或吸管移至另一试管或青霉素空瓶中，加塞送检。亦可将血液离心分离血清。

做血清学检测的血液，在采集、运送、制备血清过程中，均应避免震动和冻结，防止溶血，影响检测结果。

3. 血清保存 制备的血清若能在一周内检测，4℃冷藏。若需保存较长时间，应冷冻保存。

四、供病理组织学检查材料的采集和处理

（一）选材

病理组织学检查材料是供切片镜检用的，为了在显微镜下正确辨别组织和细胞病变，一个视野中应包含病变组织和健康组织。因此，应选择病变部位与健康部位交界处的组织作为检材。而且健康组织应包括器官的构造，例如，肾组织应包括皮质、髓质、肾盂；肝脏、脾脏等应连有被膜。

较重要的病变要多取几块，以展示病变的发展过程。若同一器官有不同的病变，分别采取。

（二）采集

切取组织块要用锋利的刀具，切割时必须迅速而正确，忌用拉锯式来回切割。供切片用的组织块大小为1.5cm×1.5cm×0.5cm，但采集的新鲜组织块要大一些和厚一些，以便固定后重新修整组织块，并留有备用部分。组织块固定前切忌触摸、挤压，以防改变组织原有结构和性状。

（三）固定

常用的固定液有10%福尔马林溶液、95%酒精、鲍因氏液（Bouni氏液）等。固定液的量应是病料体积的5～10倍。固定时间通常为12～24h。若需长期保存，经12～24h后更换一次固定液。固定时在容器底部垫以脱脂棉，以防组织粘底而固定不良。若有几个病例的组织固定在同一容器时，应把每一病例的组织块用纱布包好，附上标签再投入固定液中。供快速冰冻切片检查用的组织常不经固定，采样后尽快送检。如当天不能送出或检查，必须冰冻保存，以免组织腐败和自溶。

（包 敏、张其艳）

复习思考题

1. 商品用动物引进检疫有什么意义？
2. 根据所学内容总结视诊在临床检查中的位置？
3. 检疫样品的采集应遵循哪些原则？
4. 采血过程中如何防止出现溶血现象？

第五章　隔离封锁

在许多地方或养殖农户、养殖场业主，都会认为隔离封锁只是在发生重大动物疫病时，政府采取的一项强制性行政技术措施，这种认识十分片面。事实上，只要从事动物养殖，特别是规模化养殖，隔离封锁将会贯穿于整个养殖过程的各个环节。

规模化养殖，特别是猪和禽类动物规模化养殖生产，都面临疫病种类多、病情复杂程度不断加剧，继发感染、混合感染严重，存在免疫抑制性疫病，只靠疫病免疫预防和药物防治已不能解决疫病问题的局面。因此，推行健康养殖，实施兽医综合防制措施，建立完善的生物安全体系，已成为有效控制动物疫病的基础和唯一选择。

生物安全是杜绝或减少病原体侵入、传播和扩散，防止或减少病原体对动物的致病性攻击的系统性管理措施，以达到保证动物健康安全为目的。养殖场的动物疫病综合防制技术，生物安全措施，一般只能在内部才能进行。必须有一个与外界大环境隔离和内部相对封锁的小环境才能进行。

符合兽医卫生要求的场址选择、场区布局和圈舍及附属设施建设，是实施隔离封锁饲养的硬件基础。

第一节　封闭饲养

一、概念和意义

封闭饲养，就是实施严格的自繁自养，养殖场只饲养能繁殖的公（或采用人工授精）、母动物和由它们生产的商品动物；全封闭饲养是指种用和商品动物只出不进。这是经过长期养殖实践和动物疫病防制成效证实的最好养殖模式。

二、封闭饲养的管理和技术措施

封闭饲养或全封闭饲养只是一种好的模式，必须有相应配套管理制度和技术措施的实施才能有成效，否则会流于形式。

（一）做好养殖场封闭管理，防止病原传入

自繁自养或只出不进，解决了经常或批量向外引进同种饲养动物，切断了同种动物疫病传入的主要途径。建立健全相关管理制度，严格控制人员和车辆等进出养殖场，是进一步防止外界病原传入的基本要求。

1. 严格门卫管理

除常规的门卫职责外，应注意以下几点。

① 监督进场人员的消毒和登记；饲养人员出场应有相关责任人的批条，未经同意不得出场。

② 每2天1次更换大门消毒池内的消毒液，确保消毒液有效；或按兽医技术人员的安排更换消毒液种类或更换间隔时间；并做好大门内外的卫生消毒工作。

③ 严禁外来人员和本场职工、家属携带活体动物、生鲜动物食品、腌腊制品等进入厂区。

④ 严禁犬、猫和其他动物进入或串入场区。

⑤ 严禁无关外来人员进入厂区；对外来联系业务的人员，需征得应事当事人的同意，并经合格消毒后进入，但不得进入生产区；对饲料、兽药、养殖用品等的推销人员和其他养殖场的人员，原则上不予接待，因为他们在各养殖场间经常走动，不能排除携带病原体的可能。

2. 严格进出场和场内消毒制度

① 有需进场的人员和车辆、设备、物资的外包装等，要在门卫的监督下进行全面的喷雾消毒。

② 进入生产区的人员要洗澡，更换经洗消的工作服、胶鞋、紫外线灯照射10min左右方可进入；外来的设备、物资、工具拆除外包装后，经适宜的方法消毒后，方可进入；外来人员必须进入生产区的，需经相关负责人批准；外来车辆不得进入生产区。

③ 生活区、生产区外周环境每周至少进行2次全方位喷雾消毒；动物圈舍每周2次带动物的喷雾消毒；隔离区每两天1次全方位消毒，隔离舍每天1次带动物消毒。

④ 每批次动物转出后，用强力消毒剂（氢氧化钠、漂白粉等）喷淋洗消，再经48h熏蒸消毒后，空置5～7d，方可调入下批次动物。

⑤ 日常消毒剂应轮换使用，每种消毒剂使用不得连续超过8次；带动物的圈舍消毒剂应使用低刺激、低浓度，并注意雾滴大小在10nm以下，即使用电动喷雾器的弥雾喷头；普通手动和普通喷头只能用于环境消毒。

3. 严格动物出入场管理制度

① 养殖场不得饲养任何其他动物或进行不同动物的混养；员工和家属不得喂养任何宠物，包括鸟类宠物。

② 养殖动物出场，需用本场车辆驳运或经赶运通道运送出生产区后，再装入外来运输车辆；外来车辆和装运人员，买主严禁进入生产区；本场驳运车辆和人员每次返回生产区，都需进行严密消毒；最好是除驳运车辆驾驶员外，养殖区人员不参加外装车，驾驶员也不下车，只进行车体消毒。

③ 本场养殖动物一出生产区或离开本场后，无论任何原因，一概不许再入场或返回场区。

④ 种用动物引进后，须有专人在隔离舍饲养观察45～60d，并在隔离期内进行主要相关疫病的血清学复检，补充免疫至测定抗体合格后，方可进入生产区并入生产动物群。

⑤ 隔离舍每2天进行1次带动物消毒；饲养隔离动物的人员如无特殊情况，隔离观察期间不许出圈舍。

（二）加强水源和饮水卫生管理

养殖场水源污染，特别是生物污染也是疫病传入的重要原因之一。水源和饮水应符合国家和农业部制定的相关标准，动物饮用水细菌总数和大肠菌群不得超过 100 个/100ml，一般集中供应的自来水可直接使用；如系天然水源则需进行沉淀、过滤、氯化消毒后使用。

（三）加强动物饲料的卫生管理和防鼠杀虫

加强动物饲料的卫生管理。注意防鼠杀虫，防止动物疫病的传入。特别要严格控制动物源性饲料的使用，严禁使用不可靠的动物饲料或泔（潲）水做动物饲料。

三、人员控制和管理

（一）稳定饲养队伍

动物疫病传入的防范和综合防疫技术措施，无论制定多完整，其认真的落实和实施最终要靠管理饲养人员进行。另一方面，许多动物疫病的传入和扩散、蔓延也是由养殖人员的不规范行为造成的。因此，相关人的管理是动物养殖各个环节中不能忽视的一个重点。

养殖场，特别是规模化养殖场，都远离城镇、交通不便、工作环境较差，生活条件较艰苦，物质文化生活匮乏，个人自由和亲朋交往还因养殖业的特殊性受到限制等。养殖业主和管理者如不注意关爱员工，给予合理的及时发放的报酬，改善员工的物质文化生活，那么，员工不安心工作跳槽，队伍不稳定，饲养人员频繁流动更换；更有甚者，员工拿养殖动物出气，不认真投料、不认真消毒、不认真免疫，踢打动物、动物异常不处理不报告、病死与己无关等现象和情况在一些养殖场屡见不鲜。造成的直接间接损失远大于压扣的员工工资和改善员工物质文化生活所需投入的资金；甚至造成动物疫病传入、流行，导致严重损失。

目前，能在一个养殖场连续工作 3 年以上的饲养员和技术人员已较少见。需知，一个新的称职的饲养员和技术人员、管理人员的成长，都是以饲养动物生产性能降低或死亡增加、非正常淘汰增多为代价才能得到的。有经验的饲养员和技术人员的流失，离开的不仅是人，还有一套成熟的养殖技术和经验，其损失很难估量。一个整天忙于找饲养员、技术人员的养殖场、一个人员频繁流动更换的养殖场，饲养管理和兽医综合防疫措施只能流于形式，陷入盲目状态。

因此，稳定员工队伍，是确保养殖场健康安全生产的重要措施，也是养殖隔离封锁，实施封闭式养殖的前提条件之一。没有稳定的员工队伍，就没有稳定的饲养管理程序和疫病防制措施，这是许多养殖场至今没能解决的问题。

稳定员工队伍实质就是对员工实行人性化管理，尊重和理解员工；实施封闭式管理的养殖场要为员工创造较好的物质文化生活环境，提供多一点的学习交流机会和条件；关爱和善待员工，建立奖励制度；结合封闭饲养实行一次性带薪长假制度，实行定额（数量、病死率等）基本工资和超额奖励制度；本场肉食低价供应员工和预留自留地给员工种植蔬菜；建立相应的福利劳保和卫生补贴制度等，让养殖场成为员工较满意的工作场所。

（二）关于其他人员

1. 谢绝现场参观交流　任何人员都可能成为病原的携带者，参观和现场交流又大多为同行业者，携带病原的可能性远大于普通人群。对这种参观交流应坚决谢绝，20 世纪 80～90年代，一些办得较好的养殖场，一些部门为宣传所谓政绩、经验交流或推广，大批人员不间断进行现场参观、开现场交流会，成百上千的人流在养殖场内，各圈舍间不受任何限制的穿梭走动，结果造成疫病暴发流行，全军覆没的教训不胜枚举。就是一些专家的考察也同样存在危害，应高度重视，对有组织的人数众多的所谓专家考察也应坚决拒绝。对实在无法的极少数情况，采取以下方法解决：

① 拍摄全景全流程录像在接待室观看，代替现场参观。

② 必须进入现场考察的专家，应严格限定人数，一般不超过3人，应更换外衣，穿消毒的外工作服，胶鞋，经消毒和紫外线10min照射后进行。但一般不得进入种用核心群和幼龄动物群，以参观商品育成群、育肥群动物为主进行。

③ 外来兽医参加发病动物会诊，一般都应经消毒、更换外工作服在隔离圈舍或兽医室进行。或拍摄临床、病理剖检录像结合相关口述情况进行。

2. 购买商品动物人员　原则上不得进入生产区直接选购。经常性出售种用和商品动物的养殖场，应在生产区靠围墙处盖建专门待出场圈舍，并修建靠围墙的封闭走道，供购买者挑选。选中的动物由饲养人员在内标记。

3. 本场其他人员控制　本场饲养人员，只能在本养殖小区和本圈舍范围内活动，尽可能减少本场人员进出本场和生产区的次数，各区、各单元的人员禁止随意走动串舍；本圈舍、本小区使用的饲养工具、物品、饲料、药品等实行专用制，不得随意借出或挪用其他圈舍物品、工具。

本场维修水、电、木工等，应在轮换空圈期内进行检修，不得随意串舍；紧急检修应进行消毒、换装后方可进入圈舍，但应控制和动物的直接接触。

本场的饲养人员和兽医、畜牧技术人员，不得接受其他养殖场和养殖农户的邀请，到现场进行技术指导和疫病会诊、治疗等业务活动。

第二节　分区饲养和全进全出饲养

一、分区饲养的概念和类型

分区饲养是养殖场饲养管理的一项重要措施，有利于采取隔离封锁措施进行封闭饲养。是养殖场为有利于合理组织生产，规避风险；有利于疫病防控，避免造成严重经济损失；根据养殖生产流程、生产性质和目的，养殖规模所设计的从建场到投入养殖生产的一种总体生产布局。

养殖场的规范建设都应分为管理生活区、生产区和隔离区，这是养殖场应具备的基本合理布局，并不是分区饲养。目前，在我国的大多数规模养殖场和一些规模很大、圈舍独幢面积很大的养殖场，仍在沿续传统的一点一线式养殖模式。就是在同一个地方，同一个养殖场范围内，按动物养殖的自然流程安排动物圈舍和生产过程，即能繁动物——配种——妊娠——分娩——保育——育成——育肥——出场的生产流程组成。或按品种、用途、生产性能等，将动物分饲养在不同的圈舍，如种用动物舍、幼龄动物舍、育成舍、成年或育肥舍等，特点是各个生长阶段的动物集中在同一个地点。优点是管理方便，转群简便，动物转群的应激反应小，适合于规模小，占地面积不足，资金少的养殖场，是目前的重要养殖方式。但由于各生长发育阶段的动物都处在同一生产线上，各圈舍、各阶段动物在不断进入，又不断转出、根本做不到空圈、空舍，实质上仍为混养状态。动物疫病极易发生垂直和水平传播，一旦发病极难控制；各阶段动物的疫病防制重点、方法不一，容易疏漏；一旦传入或发生重大疫病，按国家法规将会是毁灭性损失。

鉴于一点一线式养殖模式存在的动物疫病防制问题，一些新的分区饲养模式应运而生，主要有两种类型：

1. 两点式生产 即将动物的繁殖配种妊娠——分娩——断乳这前一阶段的养殖定为一点；将保育——育成——育肥后阶段在另一养殖点完成。

2. 三点式生产 即在两点式生产中，将保育阶段动物单独设养殖点完成，再到另一养殖点继续完成育成和育肥。

这两种模式多用于猪、羊、兔和鸡、鸭、鹅等动物养殖。其原理是利用母源抗体还没有消失前，如猪21日龄、鸡等禽类脱温阶段，就将其转移到远离生产区的清洁干净的保育区（舍）饲养，使免疫系统尚未完全激活的幼龄动物，不再受原繁殖场病原的侵袭，减少幼龄动物的抗病消耗，提高成活率和生长速度。有的猪场在仔猪出生吸吮母乳后10～15d即强制断奶，进入保育舍人工哺乳、提前补饲；禽类一孵出就转入脱温场（舍），离开母鸡（禽）场；使幼龄动物在母源抗体开始下降时，就离开繁殖场存在的病原侵袭。

分阶段的分点饲养，点与点的隔离尽可能大些，理想距离为1km以上，最小不低于100m，各点之间的人员、饲养用品、日常管理均独立，做到全隔离封闭饲养。后勤供应由后勤基地统一负责。

这种多点分区饲养使养殖的疫病风险大大降低。繁殖点主要抓好源头性动物疫病的防制和净化，抓好主要动物疫病的免疫，增强新生幼龄动物母源抗体水平；保育场点主抓幼龄或初生动物的消化道和呼吸道疫病的防制和强化免疫；育成和育肥阶段抓好常见病、多发病的防制和必要的补充免疫。这样，各阶段动物疫病的防制重点突出，互不干扰，一旦哪个阶段或环节出现问题，不会波及全场，容易阻断疫病的流行和蔓延。

同时，由于各环节周转较快，动物在每个点上的饲养时间都较短，有利于实行同批次动物的人员固定饲养。完成一个批次的阶段饲养后，饲养员再集中休假，准备接手下批次动物饲养。由于周转快，各点的圈舍建设也将趋于小型化，不宜建设几百头、数千只的大型圈舍。有利于水平传播疫病的控制和空圈舍的彻底消毒，避免不同批次和生长时间不一的动物混养于同一圈舍。

但是，搞好分区饲养的前提是各养殖阶段的动物应做到全出全进，全进全出的管理是实现分区饲养的基础。分区饲养的关键点在于动物强制断乳后或育雏阶段的饲养管理和疫病防制。

二、全进全出饲养

全进全出是对传统的一点一线式连续进出养殖的一种新的管理方法。要求养殖动物在一个养殖阶段同时被移出一幢或一间圈舍；并在新一批动物进入前，对腾空圈舍彻底清扫消毒。由于同日龄（禽）、同周龄（猪）或同月龄（羊）等的动物全进全出，依次转入保育、育肥、肥育阶段的圈舍，使养殖的连续性、节律性和均衡性很强，可实现有计划生产。

从疫病防制上看，一线式饲养和连续进出，使圈舍一直处于被占用状态，只能搞带动物消毒，限制了强力消毒剂的使用；另外圈舍的粪便、污物不能彻底清除和有颉颃消毒剂的作用，使病原体不断的滞留和累积，病原的种类和数量日益增加，致使动物受感染的机率逐渐加大，发病率和死亡率也随之增高，甚至达到无法控制的地步。全进全出方式既可做到各批次动物的隔离封闭，又可保证清空圈舍，进行彻底清扫和强力消毒，有效阻止病原体的滞留和累积，抑制了条件性病原体向致病性病原体的转化过程，防止动物疫病在养殖场的传播。

三、多点分散饲养

目前，许多地方和企业一搞就万头、几万头、甚至10万头猪场，10万只、百万只鸡场，似乎越大越好。圈舍密集、无安全间隔；圈舍越大，每幢圈舍养母猪数百头，养育成猪上千头，养鸡上万只；数量巨大的粪尿和污物难以处理，严重污染环境，生物安全和生态环境条件恶劣等问题不断出现。结果，导致动物疫病防控措施不能有效实施，疫病反复发生，连绵不断；疫病传播速度明显加快，特别是接触性、呼吸道和消化道疫病，如口蹄疫、蓝耳病、疥螨、痢疾等的传播极其容易；无法实施全进全出饲养，出售动物也只能选大留小、提强留弱，造成大批僵化、体弱消瘦动物压圈，数量一多又舍不得淘汰，形成疫源动物群体，隐患极大。因此，盲目兴办大型规模化养殖场，就我国目前的兽医防疫技术水平，尚不适宜。

应大力提倡中等规模养殖，不宜太大或太小。即使要办大型规模化养殖场，也应由多个中型养殖场组成，实行多点分散饲养，不能太集中，各场之间至少要有3～5km以上的安全距离。假如办一个占地20～33.3hm^2的大型养殖场，就不如办3～5个各占地6.67hm^2左右的中型养殖场。并在每个场内实施两点或三点式饲养，实行全进全出式养殖。这样，可较好的实行动物疫病的综合防制技术措施，有效控制动物疫病，即使有一个场或一个养殖点发生疫病，其他场、点也可避免感染，造成大的损失。

第三节　自存疫病的控制和净化

养殖场的持续饲养到一定阶段，或因动物疫病综合防制技术措施存在漏洞和薄弱环节，或因一些动物疫病可通过空气、灰尘、引种、野生动物、昆虫等途径传入；或因人员的流动、鲜活肉食的购入等原因，都会引发动物疫病。这些动物疫病如扑灭不彻底，或留存隐性带病动物，带菌带毒动物，久而久之的日积月累，就会形成养殖场内循环不断，反复发生的自存动物疫病，甚至形成次生疫源地性动物疫病。这类疫病多见于慢性传染病如结核病、布鲁氏菌病、猪气喘病、鸡白痢、马传贫等；非典型性疫病，如温和型猪瘟、新城疫；隐性感染和带菌带毒较多的疫病，如猪蓝耳病、细小病毒病、伪狂犬病、沙门氏菌病等危害较严重的疫病。这些疫病是养殖场应重点控制和净化的疫病。

一、形成正确的动物淘汰机制

任何规模化养殖场，都存在老、弱、病、残和生产性能低下的动物，及时淘汰这些动物，特别是病弱动物，是控制场内病原积累，防止发生持续感染、交叉感染和水平传播的重要手段，也是净化疫病的首要措施。

（一）重视淘汰工作，提高动物群体的健康水平

目前，许多养殖场往往不愿淘汰病弱动物，只算病弱动物淘汰损失的小账，不计算病弱动物对整个动物群体可能存在的危害，结果因小失大。病弱动物携带的病原体一旦传播开来，造成的经济损失难以计算。因此，及时淘汰病弱动物，是降低养殖风险和提高动物群体健康水平、生产性能、经济效益的重要措施之一。

（二）淘汰要从核心动物群开始

养殖场的核心动物群由能繁公、母动物和后备公、母动物构成。核心动物群既是维持养殖生产的源头，也是许多动物疫病传播的源头。要从以下几个方面抓好核心动物群的淘汰和培养工作：

1. 严格核心动物群的引进检疫　核心动物群要靠引进能繁公、母动物或后备公母动物，经过培育、选育和淘汰更新才能逐步形成。因此，引进能繁公、母动物和后备公母动物，要在注意生产性能和品系的同时，必须按程序进行认真的临床检查、主要动物疫病的检疫监测和隔离观察，确保不引进国家规定的检疫疫病。必须注意引入场被检疫疫病的调查了解和兽医卫生、日常防疫工作和措施的执行等方面情况，提出补充检疫和调查的项目，在引入环节上多下工夫，避免“花钱买病”。一旦拟引进动物存在检疫疫病或其他防制难度较大的疫病，应坚决拒绝。

2. 对核心动物群实施定期疫病检测　核心动物群应坚持每年两次以上主要疫病检测；通过检测发现的阳性动物、带毒动物、野毒阳性动物等，应坚决淘汰，不再留作核心群作为繁殖动物。

3. 生产性能低下的核心动物应淘汰　核心群动物都有一定的使用年限，年龄过大生产性能下降；公畜精液品质差，配种能力低下；母畜出现高比例流产、死胎、空怀、发情紊乱，有泌尿生殖系统疾病，母性弱带仔能力差、乳房发育不良、泌乳力差等情况的都会直接影响后代的体质和健康，造成疫病感染的机率增高。因此，应淘汰或转变用途。

（三）商品病、弱、残动物的淘汰

商品动物出现病、弱、残动物是正常现象，有先天或后天多种原因造成的。许多养殖场不愿淘汰病、弱、残动物，并将正常淘汰列入饲养成活死亡率考核指标；饲养员也因怕淘汰造成完不成生产指标，影响自已的收入，也不愿淘汰病弱动物；结果；下一生产环节也不愿接收病弱动物，使病弱动物留圈，与后续动物混养，带来病弱动物的积累效应。导致不同日龄、月龄动物混养；不同体重、批次动物混养；不同健康水平的动物混养；而病弱残动物在各生产环节一次次的被长期压圈，不死就留，越积越多，成为疫病的高发群体和传染源，难以控制。使饲养的全进全出成了空话或流于形式。

有的养殖场将病弱残动物集中在一个圈舍隔离饲养，不失为一个办法，但这类隔离舍必须远离健康圈舍，清洁、温暖、干燥，专人管理，并给予比健康动物更优质的饲料和营养添加剂、药物添加剂和采取相应的治疗措施，这样的结果一般会使投入的成本高于可挽回的经济损失。另外，因其是病弱动物，往往对其的饲养管理漫不经心，大部分会久拖死亡，形成危险的疫源，这种做法绝不可取。

养殖场对病、弱、残动物的淘汰应有明确的规定和制度，坚决淘汰各环节的病弱残动物。产房的病弱残动物不留给下一批混群或转至保育舍；保育舍不接收产房的病弱动物，也不将病弱动物转入育成舍或肥育舍，确保全场动物的流程健康，做到全进全出饲养。

二、疫病净化

由于日常动物疫病监测和检疫检验被忽视，也不对病弱动物进行及时淘汰，使一些动物疫病，如奶牛结核病、牛、羊、猪的布鲁氏菌病、猪繁殖呼吸综合征、猪气喘病等慢性经过或隐性感染疫病不断在养殖场内积累，相互感染，形成恶性循环。一经检测，动物感染率之高，令人吃惊，极难根除。如按国家规定对结核病奶牛、布鲁氏菌病阳性牛、羊进行扑杀，损失巨大，畜主难以接受，而且相关的配套措施和补偿政策又不落实；实行药物根治，疗程长、成本高、技术难度较大，疗效不可靠。因此，这类动物疫病的净化，目前已成为防制工作的难点。

（一）扑杀销毁

对检出的结核病、布鲁氏菌病等阳性动物，经复检仍为阳性的，因系严重危害的人畜共患病，应坚持扑杀销毁处理。

（二）集中封销隔离，培育健康后代

对猪气喘病等慢性病的母猪，可集中实行严格的封锁隔离，所产仔猪落地后即离开母体，用健康母猪代养或进行人工哺乳，培育健康仔猪。

（三）多次集中检疫，净化繁殖动物群

多用于猪和羊，对繁殖的公、母猪，后备母猪和羊，一年进行 4 次检测，剔除阳性的猪瘟野毒感染猪，猪繁殖呼吸综合征、猪细小病毒感染猪和布鲁氏菌病阳性羊。使临床感染或隐性感染的阳性猪、羊及时清除，再配合其他防制措施，如免疫、消毒等，逐步达到净化目的。

（四）更换养殖动物种类

更换养殖动物种类，是最彻底的自存动物疫病控制净化方式，也是应提倡的一种饲养方式。

1. 更换养殖的依据 大多数动物疫病都有其特定的易感动物种别，这些疫病对其他种类的动物不会造成明显的危害和感染发病，具有先天性的免疫力或抵抗力。即使是动物共患病，也由于病原的毒株、血清型不同，对不同种动物的易感性也有较大差异，如沙门氏菌；一些动物共患的烈性传染病，如口蹄疫、炭疽等，因有较严格的扑灭措施和主动预防手段，不易在养殖场内形成疫源性；一些慢性共患传染病，因动物生产周期不同，对一些生产周期短的动物（猪、肉羊、肉牛）也不会形成累积感染效应，如结核病、布鲁氏菌病等；一些会造成严重损失的条件性共患病，病原体本就存在于健康动物体内，如巴氏杆菌、大肠杆菌等。并且，大多数共患病也有主动免疫和药物防治手段控制。

另外，养殖圈舍和养殖场的布局建筑，尽管根据养殖动物不同有一定的差别，但基本的通用性是一致的，或者稍加改造，无须大的投资就能适应其他种类动物的养殖。

2. 更换养殖的优点 许多养殖场根据动物疫病发生、发展的规律，病原或动物疫病的累积效应；动物疫病会随养殖年份的延长趋于复杂化，防制难度和防制成本逐年增高。在建场时，场区布局和圈舍的通用性就要有远见的考虑，使其适应不同种类动物的养殖。

（1）彻底清场：更换养殖动物种类，应对原养殖动物全部清场，做淘汰处理，并对全场进行彻底的清扫、消毒和必要的维修改造后，即可引入另一种动物进行养殖，空场时间极短。如清场时间掌握得当，清场淘汰的原有动物的回收资金，足以购回或引入新的动物

种类，不至于造成经济损失。

（2）考虑市场调节：清场淘汰应充分考虑市场的商业时机，不要在所养动物市价低谷期进行。应在淘汰的养殖动物价格较高，而准备更新的动物种类较低时；或双方面总价值基本符合时进行。

（3）净化控制疫病的主动措施：当一个养殖场，特别是猪和鸡的规模养殖场，一旦出现疫病难以控制，混合感染、多重感染、疫病复杂、防制效果明显降低、防治成本大幅增加等情况时，说明场内的环境已被多种病原污染或隐性感染动物、带毒动物、核心群动物感染已占较大比例。应主动采取清群或更换养殖动物种类措施。一旦动物出现持续性的不断发病，那将是被动采取疫病扑灭紧急措施，发病动物的无害化扑杀处理。两者的本质和造成的经济损失完全不一样。

3. 更换养殖的做法　在一般情况下，牛、羊的肉食动物饲养不需要做更换饲养。养鸡场的养殖年限以3年、商品猪场为4年就应考虑更换饲养。并根据动物疫病发生发展和疫情的状况作更换时限的相应调整。

通常的做法是猪——鸡——猪轮换；猪——羊——鸡——猪轮换等，根据场址、圈舍、环境、饲养管理技术水平、当地动物疫情等实际情况进行选择。全场动物应经适当处理（如公、母动物去势育肥）后一律做商品动物处理等。

（张其艳、胡新岗）

复习思考题

1. 分区饲养在动物防疫上有什么好处？
2. 分区饲养的分类和方法？
3. 动物疫病采取的净化措施有哪些？

第六章　消毒、杀虫与灭鼠

第一节　概念和意义

一、消毒的概念

消毒是指利用物理、化学和生物学方法，清除杀灭外界环境中的所有病原生物的措施。消毒是贯彻“预防为主”方针，保持圈舍场地卫生，防止病原体留存，孳生，形成疫源的一项重要措施。也是有效切断疫病传播途径，防止或阻止疫病发生蔓延的技术手段。因此，消毒是疫病综合防制技术中的最重要措施之一。

二、消毒的意义

我国动物养殖业已从农户分散饲养逐渐向规模化、集约化方向发展，动物疫病特别是动物传染病的防制至关重要。

（一）预防动物疫病

消毒的主要目的是防止动物疫病，特别是传染病，由病原体通过相应途径感染动物机体引起发病。病原体不仅可以在动物体内生长、繁殖，使动物感染或发病，还能通过感染或发病动物排出体外，污染环境，并经过一定的传播途径使易感动物感染发病，引起传染病的流行。消毒能杀灭被污染环境中的病原体，切断传染病的传播途径，从而防止和阻止动物疫病的发生、传播和流行。

1. 水平传播　动物疫病的传播方式有水平传播和垂直传播，对于水平传播的动物疫病，无论传播方式上为直接接触传播还是间接接触传播，消毒都是消灭病原体的最主要方法。

（1）间接接触传播：疫病经被污染的圈舍、场地、饲料、饮水等传播。日常或患病动物的分泌物、排泄物、病畜的尸体、脏器及污水等，都可污染饲料、牧草、食槽、水池、水桶，或经污染的用具、圈舍、车船、畜产品等污染饲料和饮水，使易感动物感染发病。搞好这些物品和环节的消毒，均可预防或切断以消化道为主要侵入门户的动物疫病，如猪瘟、口蹄疫、沙门氏菌病、大肠杆菌病等；间接接触传播也可经空气传播，经空气传播主要是通过飞沫和尘埃传播感染。所有以呼吸道症状为主的疫病主要通过飞沫传播；少数抵抗力较强的病原体，如结核杆菌、痘病毒也能通过尘埃传播。呼吸道疫病传播速度较快，与圈舍内空气污染有直接关系。饲养密度过大、通风不良，更有利于呼吸道传染病的传播。有些疫病的病原体可附着在羽毛、尘埃随风远距离传播，如口蹄疫、马立克氏病病毒，因此，对空气和环境中可扬尘的物体进行消毒具有重要的意义。许多呼吸道传染病如传染性支气管炎、喉气管炎、支原体病、新城疫、禽流感等都应进行空气消毒。

（2）经污染的土壤传播：病原随病畜分泌物、排泄物或尸体进入土壤，并能在其中存活较长时间的病原体，称为土源性病原体。引起的疫病有炭疽、气肿疽、破伤风、恶性水肿、猪丹毒和土源性寄生蠕虫病等。这些病原体对外界环境的抵抗力较强。因此，应特别注意对患病动物分泌物、排泄物、尸体和被污染环境的消毒处理，防止病原体进入土壤，形成难以处理的疫源地。

（3）经生物媒介传播：生物媒介主要包括节肢动物、野生动物和人类。

① 节肢动物：虻类、螯蝇、蚊、蚋、蠓、家蝇和蜱等作为疫病的病原宿主和传播媒介主要是机械性传播，它们在患病动物和健康动物群之间刺吸血而传播病原体。经节肢动物传播的疫病很多，如附红细胞体病、流行性乙型脑炎、炭疽、动物血原虫病等。虫媒疫病可通过杀虫进行预防。而某些虫媒病原体是通过这些中间宿主污染空气、物品表面等，引发人和动物传染病的流行，因此，做好环境消毒是防止这些动物疫病发生和流行的重要措施。

② 野生动物：野生动物特别是啮齿动物，是构成自然疫源性疫病的主要传播来源，他们可传播狂犬病、沙门氏菌病、钩端螺旋体病、布鲁氏菌病、伪狂犬病、鸭瘟等。可通过灭鼠、防鼠进行预防。

③ 人类：动物饲养人员和兽医工作者在工作中如不注意自身健康或遵守卫生防疫制度，或者消毒不严时，极容易携带或传播病原体。如在进出发病动物和健康动物的圈舍时可将手上、衣服、鞋底沾染的病原体传播给健康动物。兽用的体温计、注射针头及其他器械消毒不严也可能成为附红细胞体、猪瘟、鸡新城疫等疫病的传播媒介。有些人畜共患传染病如口蹄疫、结核病、布鲁氏菌病等，人也可能成为传染源。

2. 垂直传播 是指从母体到后代之间经胎盘、卵和产道传播。如禽蛋进行消毒可杀灭某些附着在蛋壳表面的病毒、支原体和细菌。

（二）防止动物群体及个体间交叉感染

消毒是防止动物疫病在个体和群体间交叉传播和感染的主要手段。在动物养殖饲养过程中，防止疫病交叉感染是防制疫病的重要措施。一般病原体感染具有种的特异性，如新城疫只能在禽类中流行，猪瘟只能在猪群中流行。但有些传染病可在不同种群间流行，如禽流感不仅可引起禽类发病，还可使人感染发病。有些人畜共患病如炭疽、结核病、布鲁氏菌病、狂犬病等，不仅危害动物，而且严重危害人的健康。搞好相应环节的消毒工作，是控制种间交叉感染的重要手段。

另外，动物交易市场、动物运输集散地和运输工具、动物医院、门诊部、兽医站等又是病原微生物集中的地方，做好这些地方和单位的消毒工作，对防止动物疫病的传播和交叉感染具有重要意义。

（三）防止工作人员感染

动物疫病中，相当部分是人畜共患病，做好消毒和人的防护工作，不但可以阻止疫病的流行和蔓延，还可防止兽医、饲养员、管理人员以及其他人员的感染。

三、消毒的种类

根据消毒的时机和目的不同，可将消毒分为以下 3 种。

（一）预防消毒

预防消毒是指未发现传染源的情况下，以预防动物疫病发生为目的，结合平时的饲养管理对动物圈舍、场地、饲养用具和饮水等进行的定期消毒。在发病地区和受威胁区，坚持进行预防性、经常性严格消毒，对防止疫病的传入有重要作用。这种消毒一般采取先清扫后消毒的做法。

（二）临时消毒

临时消毒的目的是在发生疫病时，为及时消灭动物所在场所由发病动物体内排出的病原体而采取的消毒。消毒对象包括发病动物所在的圈舍、隔离场地以及被发病动物的分泌物、排泄物污染的和可能污染的一切场所、用具和物品等。临时消毒应随时、多次、反复进行。通常在解除封锁前，进行定期的多次消毒，疫区内一般2～3d消毒一次，发病动物隔离舍应每天和随时进行消毒。这种消毒应先消毒后清扫，防止病原随扬尘扩散，并在清扫后再用同一消毒剂进行一次补充消毒。这种消毒可以减少传染源数量的蓄积和限制传染源的扩散、蔓延。

（三）终末消毒

在发病动物离开原圈舍、病愈或死亡后，或者在疫点解除隔离和疫区解除封锁之前，为了彻底消灭疫区内可能残留的病原体所进行的全面彻底的大消毒为终末消毒。终末消毒不仅对发病动物周围的一切器物、粪便、圈舍的全部内空间、场地等进行消毒，还需对存活的动物体表、动物产品进行消毒。俗称“立体消毒”。

目前，部分学者将消毒分为预防性消毒和疫源性消毒两种。预防性消毒是指未发现传染源的情况下，进行的消毒措施；疫源性消毒是对有传染源存在的地区进行的消毒，包括临时消毒和终末消毒两种。但实质内容没有差别。

第二节 消毒的方法

一、物理消毒法

是指用物理学方法清除或杀灭病原体，包括人工或机械清除，热力，光线等方法。

（一）机械清除

利用人工或机械的方法进行清扫、洗刷、通风等清除可能污染的病原体，是常用的方法。如圈舍地面的清扫和洗刷，将圈舍内的粪便、垫草、饲料残渣清除干净；动物体被毛污染的刷洗；对被污染的场地、地表进行铲除，对车辆、饲养工具、器具、容具的污染进行清洗；随着这些污物的清除，大量病原体可被清除。机械清除不能达到彻底清除病原体的目的，必须配合其他消毒方法进行，才能消灭残存病原。清扫出的污物，根据污染病原体的性质进行堆沤发酵、掩埋、焚烧或其他药物处理。清扫后的圈舍内空间还需要喷洒化学消毒药或用其他方法，才能将残留的病原体杀灭干净。另外，利用开窗、换气、机械通风等手段，将圈舍内污浊、高湿空气排除，也能改变或减少病原体繁殖的机会和条件。

近年来，一些试验动物养殖场，生物制品生产用动物养殖和高档种畜、封闭养殖圈舍，已使用空气压缩过滤装置，进行室内空气净化和置换，减少或杜绝病原体的污染。

（二）阳光、紫外线和干燥消毒

阳光有天然的消毒作用，其中的紫外线有较强的杀灭病原作用，阳光的灼热和蒸发水分引起的干燥也有同样作用。一般病毒和非芽胞病原菌，在直射日光下几分钟至几小时可灭活。因此，阳光对于养殖场地、牧场、草地、围栏、饲养用具和垫草、工作衣物等的消毒有重要的实用价值，应充分利用。

在实际工作中，养殖场更衣室消毒目前应用最多为紫外线。紫外线可引起病原细胞成分、特别是核酸、原浆蛋白发生变化，导致病原体死亡。紫外线杀菌作用最强的波段是250～270nm。对紫外线以革兰氏阴性菌最敏感，革兰氏阳性菌敏感性较低，耐受力以真菌孢子最强，细菌芽胞次之，细菌繁殖体最弱，仅少数例外。紫外线穿透力差，只能对表面光滑的物体才有较好的消毒效果。对污染表面消毒时，灯管距表面不超过1m，灯管周围1.5～2m处为消毒有效范围，消毒时间为1～2h。房舍消毒每10～15m^2可设30W灯管一个，最好照射2h后，间歇1h后再照射，以免臭氧浓度过高。当空气相对湿度为45%～60%时，照射3h可杀灭80%～90%的病原体，空气中尘埃及相对湿度高可降低其杀菌效果。对水的穿透力随深度和混浊度而降低。但因使用方便，故仍广泛用于空气及一般物品表面消毒。照射进出养殖场圈舍人员及外衣物消毒作用有限，照射时间过长，会使人体发生皮肤红斑，紫外线眼炎和臭氧中毒等，故使用时应有相应的防护措施。

目前，其他辐射消毒已有应用，分为非电离辐射和电离辐射两种。前者除紫外线外，还有红外线和微波，后者包括丙种射线的高能电子束（阴极射线）。红外线和微波主要依靠产热杀菌。电离辐射设备昂贵，对物品及人体有一定伤害，故使用较少。

（三）干热消毒

干热消毒温度都超过100℃，甚至可达到摄氏数百度，能使病原体在较短时间内失去活力或被杀灭。动物疫病上常用的有3种。

1. 焚烧法 是简单而有效的消毒方法。当发生抵抗力强的病原体引起的传染病如炭疽、气肿疽等时，发病动物的粪便、饲料残渣、垫草、污染的其他废弃物以及发病动物的尸体，均可加助燃剂或易燃物进行焚烧。不易燃而耐火的圈舍地面、墙壁等可用各种工业用火焰喷灯消毒。

2. 烧灼法 一般仅用于兽医实验室的接种针、接种环、试管或玻片等耐热物品、器材的消毒。

3. 干热法 即利用热空气进行消毒，该法需在特制的电热干燥箱内进行，主要用于实验器材的消毒。干热空气传导差，热容量小，穿透力弱，物体受热较慢。需在160～170℃维持1～2h才能灭菌。适用于不装溶液的试管、吸管、玻瓶、培养皿等实验器材的消毒。

（四）湿热消毒

湿热消毒的温度在65～130℃，能较好杀灭病原的繁殖体，也是养殖单位最常用的消毒方法。

1. 煮沸法 是最常用的消毒方法之一。操作简便、经济、实用而效果较可靠，适应于一般器械如刀剪、注射器、针头等金属、玻璃、搪瓷等制品的消毒。一般煮沸（100℃）后再维持3～5min，就能杀死所有病原体的繁殖体，但不确保杀灭细菌的芽胞。杀灭细菌芽胞则需较长时间，炭疽杆菌芽胞需煮沸30min，破伤风芽胞需3h，肉毒杆菌芽胞需6h。金属器械消毒，加1%～2%碳酸钠或0.5%软肥皂等碱性剂，可溶解脂肪，增强杀菌力，减少金属表面的氧化；如在水中加入2%～5%石炭酸，煮沸5min，可杀死炭疽芽胞等病原体。棉织物加1%肥皂水15L/kg，有消毒去污之功效。物品煮沸消毒时，消毒时间应从水煮沸后起算，消毒物品一次不能过多，不应超过容积的3/4；消毒物品应浸于水面下，注意留有空隙，以利沸水对流。各种材质的器械煮沸时间见下表。

表 各类器械煮沸消毒时间

消毒对象	时间（min）
玻璃类器械	20～30
橡胶及胶木类器材	5～10
金属及搪瓷类器材	5～15
接触过疫病的器材	30以上

注：消毒可拆卸的器材，如注射器时，应将针筒、针杆、活塞拆开或松开后进行

2. 流通蒸气消毒法 又称常压蒸气消毒法。是在自然标准大气压下，用100℃左右的流动水蒸气进行消毒，常用于不耐高温高压物品的消毒。消毒时间应从水沸腾后蒸气从盖上冒出起计算，各类物品的一般消毒时间与煮沸法相同。100℃蒸气维持30min，可杀灭所有细菌的繁殖体。

3. 高压蒸气消毒法 需使用合格的高压灭菌器进行，为杀灭病原体效果最好的消毒方法。此法常用于耐高热高压的实验器材，如培养基、金属器械、敷料、针头类等，高压蒸气在密闭条件下，压力越大温度越高，杀死病原的效果越强。当压力达到1×10^5Pa时，温度为121.3℃，经过30min。即可杀灭所有病原的繁殖体和芽胞。

4. 巴氏消毒法 是利用热力杀死物品或溶液（隔水）中病原菌和繁殖体（不包括芽胞和嗜热菌类），而又不严重损害被消毒物品质量的方法。常规条件下，通常用于各种鲜奶的消毒。消毒温度在60～80℃，时间15～30min。养殖场用异体奶哺喂初生动物，被检血清灭能等常用此法。

二、化学消毒法

是用化学药物或化学制品（习惯称为消毒剂）的液体或气体，使病原体发生繁殖生存障碍或死亡的方法。在动物疫病的防制过程中，常常利用各种化学消毒剂对病原体污染或可能污染的场所、圈舍、物品、运输工具、饲养工具等，进行清洗、浸泡、喷洒、喷雾、熏蒸等消毒，以达到杀灭病原体，切断传播途径的目的。已成为预防和控制动物疫病发生、流行的重要措施，是在养殖业生产中最常用、最基本的消毒方法。

三、生物消毒法

是利用养殖场的动物粪便、污水、垃圾、垫草等废弃物中微生物的生命活动，通过堆积发酵、沉淀池发酵、沼气池发酵等方法，产热或产酸，以杀灭其内部所含病原体的方法。在发酵过程中，利用粪便中的微生物发酵产酸、产热，可使温度达70℃以上，经过一段时间，可杀死细菌、病毒、寄生虫卵等病原体，以达到消毒的目的。

在日常饲养和发生一般动物疫病时，这是一种很好的对粪便和养殖废弃物的消毒方法。但这种方法不适用于由芽胞菌所致的动物疫病（如炭疽、气肿疽等）的粪便消毒，这类粪便应予焚烧处理。

第三节　消毒药品

一、消毒药品的选择和使用

（一）消毒药品的选择原则

动物养殖场潜在的病原体十分复杂，范围也较广泛，各种病原体对不同消毒药品的敏感性或抗药性差异极大。同时，消毒药品的种类很多，根据用途和作用原理可分为八类，按化学性质可分为13类以上，对消毒剂的选择比较困难。因此，选购选用消毒药品时应注意以下几个方面。

① 对所选用的消毒药品应进行较深入的了解，弄清药品的作用原理，适用范围、毒副作用，使用方法和注意事项等。使所选药品与本身的需求、使用目的和条件相符合。

② 对所选用的消毒药品，其内、外包装的标签、说明书应符合兽药规范。绝不购买、使用“三无”产品。

③ 对病原体的杀灭能力强且具广谱性，易溶于水，性质比较稳定。消毒药品是否广谱，应从主要成分区判断。卤素类、酚类、醛类及氧化剂类，对各类病毒、细菌芽胞及霉菌均有效，消毒效果较好，属于广谱消毒药品。

④ 对人、动物及动物产品无毒、无残留、不产生异味，不损伤被消毒物品，并且能与清洁剂配伍使用。安全性好，无易燃、易爆危险。

⑤ 价格低廉，使用方便。除配伍禁忌外，无特别的使用限制和要求。作用迅速，抗菌活性较好，有效寿命长，具有较高的脂溶性和分布均匀的特点。

（二）消毒药品的配制

大多数的消毒药品都是原液和浓缩液，或者是粉、散剂，片剂，必须进行稀释配制和处理，才能正常使用。配制时应注意几个问题。

① 根据需要配制的消毒液浓度和用量，正确计算所需溶质和溶剂的用量。特别是注明有效含量的消毒药品，尤应注意正确换算用量。

② 对固态消毒剂（结晶体、片、粉、散剂），要较准确称量；对液态剂要用刻度较准确的器具量取。先将准确称量的消毒原粉、原液溶于或混于少量水中，充分溶解后再与足量水混匀。

③ 使用洁净容器配制和使用消毒剂。特别是原盛装和使用过其他消毒剂的容器和工具，一定要清洗干净，防止发生配伍禁忌。

④ 消毒剂的使用液，应现配现用。使用液存放时间过长，浓度会降低或失效。特别是氧化剂类、含氯类、活性剂类、醛类消毒剂等应特别注意。

（三）消毒药品的使用方法

消毒药品和被消毒对象种类都比较多，消毒的目的和范围、程度也不相同。因此，消毒药品的使用方法也呈多样化。在养殖场生产实践中，主要有以下使用方法。

1. 喷雾法　最常用、适用于大部分消毒药品的方法。将配制好的消毒使用液装入小型手动喷雾器或大型机动喷雾器内，加压使消毒液呈雾滴状喷出，均匀的附着于被消毒物或对象的表面。常用于圈舍地面、墙壁、空间或动物体表等的消毒。喷雾消毒时雾滴过大，在空气中沉降速度太快，对空气起不到消毒作用；雾滴太小，易被动物将消毒剂吸入肺内，引起呼吸困难和肺水肿。雾滴大小控制在10μm左右为宜。

2. 熏蒸法　将消毒液（药）加热或利用消毒药的理化特性使消毒药形成药物蒸气。常用于动物圈舍、实验室、兽医室等的空间消毒，或在密闭的室内对皮张、毛等动物产品和物品进行消毒。常用的有甲醛加热、甲醛与高锰酸钾、过氧乙酸加热、二氧化氯熏蒸等。

3. 喷洒法　一般是将消毒液装入喷壶或用容器直接喷洒，使消毒液直接均匀洒到物体表面或地面。常用此法做场地和圈舍消毒。

4. 冲洗法　将消毒液装入密闭容器内或高压仓内，用喷枪以不同压力对需清洗消毒的对象进行喷洗。该法对平时不易消毒的死角、缝隙和圈舍顶梁有特殊意义，所用消毒液视对象而选择。

5. 浸泡法　将需消毒的物品浸泡入相适宜的消毒液中一定时间，再用清水洗净。如污染的动物皮张的浸渍、常用器械的浸泡、饲养人员外工作服的浸泡等。所用消毒液应无腐蚀性和异味。

6. 洗刷法　用毛刷等工具蘸取适量消毒液，对动物的体表或被污染物黏附的物品表面进行洗刷。在清除污物的同时进行消毒。对动物和金属物品洗刷时，应禁用腐蚀性药品。

7. 涂擦法　用纱布蘸取消毒液在物品表面擦拭消毒，或用被消毒液浸湿的脱脂棉球对动物和人员的皮肤、黏膜、伤口等进行涂擦消毒。

8. 撒布法　将粉剂型消毒药品均匀撒布在消毒对象的表面。常用生石灰加适量水使之松散后成粉状，将石灰粉或漂白粉撒布在污染的潮湿地面、粪池周围、污水沟内进行消毒。

9. 拌合法　一般仅用于对动物粪便、养殖场垃圾等废弃物消毒，可用粉剂消毒剂与其按一定比例拌合均匀，封闭堆放于隐蔽处一段时间，就能达到消毒的目的。常用的有漂白粉、生石灰等。

二、消毒药的分类

消毒药品的分类有以下两种方法。

（一）根据作用原理分类

① 凝固蛋白质和溶解脂肪类消毒药　如甲醛、酚、醇、酸等。
② 溶解蛋白质的消毒药　如氢氧化钠、石灰等。
③ 氧化蛋白质类的消毒药　如过氧化氢、漂白粉、氯胺、碘、过氧乙酸等。
④ 与细胞膜作用的阳离子表面活性剂　如洗必泰、硫柳汞等。
⑤ 使细胞脱水的消毒药　如福尔马林、乙醇等。
⑥ 与巯基作用的消毒药　如重金属盐类的升汞、红汞、硝酸银、蛋白银等。
⑦ 与核酸作用的碱性染料　如龙胆紫。
⑧ 其他消毒剂　如戊二醛、烷化剂等。

（二）根据化学性质分类

根据消毒药品的化学性质，可将消毒药品分为：酸类、碱类、醇类、卤素类、重金属盐类、氧化剂类、杂环类、双缩胍类、表面活性剂类、抗菌类、除臭剂类等。

三、常用消毒药及主要用途

消毒药品的使用，已成为预防和控制动物疫病的重要措施，消毒药的更新换代，老药新用及药物的协同消毒，复合制剂的研制生产等方面有了较大进展，在实际应用中也各具特点。现将近年来常用消毒药的应用现状简介如下。

（一）醛类

1. 作用原理 醛类消毒药主要与病原体蛋白质中的氨基结合使其变性或使蛋白质分子烷基化，或者与胞壁脂蛋白发生交联和胞壁磷壁酸中的脂联残基形成侧链，且封闭细胞壁，阻碍病原体对营养物质的吸收和代谢产物的排出，从而达到杀灭目的。

2. 主要制剂及用途 主要产品有甲醛、戊二醛、丁二醛、乙二醛及其复合制剂。这类消毒药抗菌谱广、杀菌作用强，可杀灭细菌、芽胞、真菌和病毒，而且价格较便宜。

（1）甲醛（福尔马林）：为含36%～40%甲醛的水溶液。是一种曾广泛使用的价廉高效的消毒剂，有很强的杀菌作用。2%～4%溶液用于喷洒墙壁、地面、护理用具、饲槽等，1%可作动物体表消毒。用0.5%碱液洗涤过的皮毛，在60℃时用4%福尔马林浸泡2h可杀死其中的炭疽芽胞。福尔马林还常用于圈舍、孵化器等的熏蒸消毒；消毒前应将家畜、饲料、粪便等移出，将舍内待消毒的物品、橱柜、用具等敞开，门窗和通气孔尽量密闭，按12.5～50ml/m^3剂量，加等量水一起加热蒸发；无热源时，可加入高锰酸钾（30g/m^3）即可产生高热蒸发。但因其穿透力差，刺激性和毒性较大，危害动物和使用人员健康，现除仍用于熏蒸外，临床上已较少使用，但常用于动物标本的固定保存。

（2）戊二醛（glutaraldehyde）：是取代甲醛的新一代主要消毒剂。商品是其25%的水溶液。常用浓度为2%，以0.3%碳酸氢钠作缓冲，调节pH值至7.5～8.0，杀菌作用显著增强。戊二醛无腐蚀性和刺激性，杀菌力比甲醛更强，为快速、高效、广谱消毒剂，性质稳定，在有机物存在的情况下不影响消毒效果，对物品无损伤作用。常用于不耐高温的医疗器械的消毒，如金属、橡胶、塑料和有透镜的仪器等。2%溶液对病毒作用较强，2min内可使肠道病毒灭活；对腺病毒、呼肠孤病毒等30min内可灭活，30min可杀灭结核杆菌，3～4h内可杀灭芽胞。但不宜用作皮肤、黏膜的消毒。

（3）“安灭杀”消毒剂：是戊二醛和季铵盐（专利产品）的复合制剂，性质稳定，两种成分有相乘效果，是目前消毒剂的最佳组合之一。对病毒、细菌、芽胞均有很强的快速杀灭效果。该制剂在消毒池中的持续效力可达7d以上。

醛类消毒药品主要用于动物圈舍、场地，动物体表（除甲醛）的喷雾消毒或作为养殖场各消毒坑、槽的浸泡液。

（二）酚类

1. 作用原理 酚类和复合酚类在低浓度时能破坏病原体细胞膜，使细胞质溢出；高浓度时能使蛋白质变性、沉淀或使氧化酶、去氢酶、催化酶失去活性而起杀灭作用。

2. 主要制剂及用途 主要的老产品有苯酚、来苏、六氯酚等，因这些产品毒性大，刺激性强，有特殊臭味，除来苏外，已很少使用。现临床消毒上主要使用复合酚制剂，这类制剂对细菌、囊膜病毒、真菌有灭活作用，对多种寄生虫卵也有一定的杀灭作用，但对芽胞菌、无囊膜病毒不敏感。

（1）来苏尔（煤酚皂溶液，lysol）：以47%甲酚和钾皂配成。红褐色，易溶于水，有去污作用，杀菌力较石碳酸强2～5倍，常用浓度为2%～5%水溶液，可用于喷洒、擦试、浸泡容器及洗手等。细菌繁殖体10～15min可杀灭，但对芽胞和结核杆菌的效果较差。

（2）复合酚：一般的复合酚制剂，是含酚41%～49%和醋酸22%～26%的混合物。国产的商品制剂有：菌毒敌、消毒灵、农乐、畜禽安、杀特灵等。这些制剂配成0.5%～1%水溶液，用于动物圈舍、笼具、排泄物等消毒，能杀灭细菌、霉菌和病毒，也能杀灭多种寄生虫卵。

但酚类消毒剂不能与碱性药物和其他消毒液混合使用。酚制剂都具有刺激性气味，对动物机体的黏膜系统有较强刺激作用，可引起红肿等反应。其气味有滞留性，一般只用作空圈舍消毒，不宜用于养殖圈舍消毒。

（三）含氯类（属卤素类）

1. 作用原理　含氯消毒剂溶于水中能产生次氯酸。次氯酸不仅可以作用于细胞壁，因其分子小，不带电荷，故易进入细胞内与蛋白质发生氧化作用或破坏磷酸脱氢酶，使糖代谢失调；次氯酸还能分解形成新生态氧，氧化菌体蛋白，导致病原体死亡。

2. 主要制剂和用途　含氯消毒剂是使用较早，目前应用最广泛的有效消毒剂之一，占有重要地位。其特点是广谱、效果好、见效快、毒副作用小。含氯消毒剂种类很多，除长期使用的漂白粉，氯胺-T等外，近年来，固体粉状的含氯制剂有优氯净、速消净等；溶液制剂有消佳净、84消毒液、消洗液等；有机氯制剂有二氯异氰尿酸钠复方制剂、三氯异氰尿酸复方制剂等。

（1）漂白粉（氯化石灰）：是一种广泛应用的消毒剂。其主要成分为次氯酸钙，含有效氯25%～30%。漂白粉遇水产生极不稳定的次氯酸，易离解产生氧原子和氯原子，通过氧化和氯化作用，呈现强大而迅速的杀菌作用。漂白粉的消毒作用与有效氯含量有关，新制漂白粉有效氯含量一般在25%～30%，因其性质不稳定，可为光、热、潮湿及CO_2所分解，有效氯易丧失，有效氯含量降至16%时即失效。所以漂白粉应保存于密闭、干燥的容器中，放在阴凉通风处，时间不超过1a；如存放日久，应测实际有效氯含量，校正配制用量。常用剂型有粉剂、乳剂和澄清液。5%溶液可杀死一般病原菌，10%～20%溶液可杀死芽胞。常用浓度为5%，可用于圈舍、地面、水沟、粪便、运输车船、水井等的消毒。将干粉按1:5比例与病畜粪便均匀混合，可进行消毒，10%～20%乳剂可用于污染圈舍、粪池、排泄物、车辆、用品的消毒。本品对金属、衣物、纺织品有破坏力，使用时应注意。漂白粉溶液对皮肤、黏膜有刺激性，使用时应注意人畜安全。漂白粉精的粉剂和片剂含有效氯可达60%～70%，使用时可按比例计算用量。

（2）氯胺-T（chloramine-T）：为有机氯消毒剂，含有效氯24%～26%，性能较稳定，密闭保持1a，仅丧失有效氯0.1%。易溶于水，刺激性和腐蚀性小，作用较次氯酸缓慢。氯胺杀菌谱广，对细菌繁殖体、芽胞、病毒、真菌孢子都有杀灭作用。常用于养殖场、无菌室和器械、饮水的消毒。0.2%溶液，1h可杀灭细菌繁殖体；5%溶液，2h可杀灭结核杆菌；10%溶液，2h以内可杀灭芽胞；0.3%氯胺溶液可用于黏膜、皮肤消毒；0.5%溶液可杀死大肠杆菌、金黄色葡萄球菌等。饮水消毒时，加氯胺2～4g/t即可；食具、器皿、器械和设备消毒仅用0.5%～1.0%溶液；排泄物、分泌物消毒用3%溶液。日常，以1:500配制的消毒液，性能稳定、无毒、无刺激性、无酸味、无腐蚀性、使用保存安全，可用于室外内空气、带动物环境消毒和器械、用具的浸泡消毒。各种胺盐可促进其杀菌作用。活性液体需在用前1～2h配制，时间过久，杀菌作用降低。

（3）二氯异氰尿酸钠（sodium. dichlorisocynurate）：又称优氯净为应用较广的新型有机氯消毒剂，含氯60%～64.5%。具有高效、广谱、稳定、溶解度高、毒性低等优点。以1:（100～200）水溶液可用于喷洒、浸泡、擦抹消毒。亦可用干粉直接消毒污染物，处理粪便等排泄物，用法同漂白粉。直接喷洒地面，剂量为10～20g/m^2。与多聚甲醛干粉混合点燃，气体可用于熏蒸消毒。可与92号混凝剂（羟基氯化铝为基础加铁粉、硫酸、双氧水等合成），以1:4混合成为"遇水清"，做饮水消毒用。并可与磺酸钠配制成各种消毒洗涤液，如滴静美，优氯净等。

此外有氯化磷酸三钠、氯溴二氰尿酸等制剂，与优氯净的效用相同。

（4）二氧化氯（ClO_2）：是一种新型广谱消毒剂。加硫酸或乳酸活化后，可产生原子氧（O）和氯（Cl），后者与病原体分子结构中某些主要物质发生氧化、卤代反应，从而杀灭病原微生物。该药物不仅具有强消毒作用，还可清洁用水及其他养殖环境如圈舍、地面等，是一种优良的消毒剂。

（四）含碘类（属卤素类）

1. 作用原理 碘的活性靠正碘离子。碘的消毒作用机制有4个方面。

① 正碘离子与病原体酶系统中的蛋白质所含的酪氨酸起亲电取代反应，使菌体蛋白质失活；

② 正碘离子有氧化性，能对膜酶联中的硫氨基（—SH）进行氧化，破坏酶的活性；

③ 正碘离子对带被膜病毒的类脂双电层中不饱和脂肪酸的双键，进行亲电加层反应，而破坏病毒被膜；

④ 碘能使病毒外部蛋白质等电点发生变化，并使蛋白质的抗原特性改变。

2. 主要制剂和用途 最熟悉和最常用的碘制剂为2%或5%碘酊或碘甘油。在20世纪90年代，碘伏类消毒剂才开始出现，并日益广泛用于动物疫病防制。碘伏是碘和表面活性剂的不定型结合物；利用不同的碘伏与不同的表面活性剂复配，就可以得到各种不同商品名称的碘伏类消毒剂，如强力碘、威力碘、PVPI，或洗必泰与碘形成的配合物活力碘等。

碘伏类消毒剂具有高效、低毒、广谱，作用快速、气味小、无刺激性，性质稳定耐贮存等优点。对细菌、芽胞、真菌、病毒、衣原体等均有效，对抵抗力较强的结核杆菌能完全灭活。常用消毒浓度为0.5%～1.5%，可用于皮肤、黏膜、器械、用品、圈舍和水的消毒。对金属器械无腐蚀性，也不会引起病原体的耐药性。

碱性环境、还原性物质会降低碘伏类消毒剂的效果，要求在弱酸性环境条件下使用。

（1）碘酊：2%～5%碘酊，用于手术部位、注射部位消毒。加入2%碘酊5～6滴/L水中，可用作饮水消毒，在15min能杀死致病菌和原虫。

（2）碘伏：商品制剂很多，均可用于饮水、食槽、水槽和环境消毒。12～25mg/L用作清洁和饮水消毒；50mg/L水溶液可用作环境或带动物消毒；75mg/L水溶液可用作圈舍、场地、饲槽、水槽的消毒；作用时间为5～10min。

（五）碱类

1. 作用原理 碱类杀灭病原体的作用强度决定于所含OH^-的浓度，浓度越高，作用越强。高浓度的OH^-能水解病原体的蛋白质和核酸，使其酶系统和细胞结构被破坏，抑制正常代谢机能，分解糖类，使病原体死亡。

2. 主要制剂和用途　碱类一般为工业制品。碱类消毒剂使用历史最长，因来源较易、价格低廉、效果可靠、用途广泛，至今仍常用于消毒，特别是在病毒引起的重大动物疫病防制和扑灭中，常被作为首选消毒剂。碱类消毒剂对细菌、芽胞、病毒等几乎所有病原体均有强大的杀灭作用，特别对病毒和革兰氏阴性菌有高效。另外，碱有皂化、去垢作用，在消毒中有明显的清除污物、油脂等作用。加热的碱溶液在这方面效果更好。

（1）氢氧化钠（苛性钠、粗制品俗称烧碱或大碱）：常用消毒溶液为2%，作为对口蹄疫、高致病性禽流感、蓝耳病、猪瘟等病毒和常见细菌病原体的消毒，加热液（40℃以上）可杀灭寄生虫卵和球虫卵囊。5%溶液在30～40min内杀死芽胞。适用于圈舍、场地、护栏、运输车辆和饲养用品的消毒。常被选用为紧急消毒和终末消毒的主要消毒剂。因其具有较强腐蚀性，养殖圈舍应在消毒后6～12h用清水冲洗地面、护栏、墙面下部，防止动物蹄部、足趾和皮肤损伤；铝制品不宜使用碱类消毒剂；操作人员应注意自身防护。

（2）生石灰（氧化钙）：是最古老的常用消毒品，至今仍广泛使用。使用时现配成石灰乳，即为氢氧化钙。用于消毒的石灰乳是1份生石灰加1份水制成熟石灰，然后用水配成10%～20%的混悬液用于消毒。在配制石灰乳时，应现用现配。石灰乳有较强的杀菌作用，但不能杀灭细菌的芽胞。适用于粉刷墙壁、围栏、消毒地面、沟渠和粪尿等。可用生石灰1kg加水350ml化开的粉末，撒布在阴湿地面、粪池周围等处进行消毒。直接将生石灰干粉或熟石灰粉撒播在干燥的地面上，没有消毒作用。

（3）碳酸钠：常配成4%热溶液洗刷或浸泡衣物、用具、车船和场地等，以达到消毒和去污的目的。外科器械煮沸消毒时在水中加入1%，可促进黏附在器械表面的污染物溶解，使灭菌更安全，还可防止器械生锈。

（六）氧化剂类

1. 作用原理　氧化剂通过氧化反应杀灭病原，其原理是：

① 直接与病原或酶蛋白中的氨基、羧基发生反应而损伤细胞结构。

② 破坏病原体细胞代谢的必须物质，使代谢失衡。

③ 通过氧化还原反应，加速代谢，损害病原的生长过程；达到杀灭病原的目的。

2. 主要制剂和用途　常用的有过氧化氢、高锰酸钾和过氧乙酸等。是广谱高效的消毒剂，作用快而强，对病毒、细菌、芽胞、霉菌均有效。采用浸泡或喷雾法、熏蒸法，广泛用于圈舍、场地、器材用品的消毒。并特别适合饮水消毒。

（1）过氧乙酸（peroxy-acetic acid）：又名过醋酸，为无色透明液体，商品制剂为20%溶液，有易挥发的刺激性酸味。是一种高效速效消毒剂，易溶于水和乙醇等有机溶剂，具有漂白和腐蚀作用，性质不稳定，遇热、有机物、重金属离子、强碱等易分解。0.01%～0.5%溶液，0.5～10min可杀灭细菌繁殖体；1%溶液，5min可杀灭芽胞；0.01%～0.02%溶液可直接作动物的消毒饮用水；0.5%溶液用于喷洒消毒圈舍地面、墙壁、食槽、车辆等；0.04%～0.2%溶液可用于被污染物品、器械的浸泡；5%溶液可用于被污染的实验室、无菌室、采精输精室、动物圈舍、仓库、场地和门窗、墙壁的消毒，空间喷雾消毒用量为2.5ml/m^3，喷雾时，操作人员应做好个人防护；也可用3%～5%溶液加热熏蒸消毒，用量为1～3g/m^3，但应保持室内相对湿度在60%以上，门窗密闭1～2h，以确保效果。

(2) 高锰酸钾：为强氧化剂，遇到有机物或加酸或碱均能释放出新生态氧，达到杀灭病原作用，同时具有解毒和除臭作用。0.1%水溶液能杀死多数细菌繁殖体，也可用于皮肤、黏膜、伤口、创面的冲洗消毒和饮水消毒。2%～5%溶液能在24h内杀死芽胞，如用含1%盐酸的1%高锰酸钾液，能在30s内杀死炭疽芽胞。可以与福尔马林混合用于密闭空间或物品的熏蒸消毒。

(3) 过氧化氢（双氧水）：虽有较强氧化性，但一般不作环境消毒药品使用。

（七）表面活性剂类

1. 作用原理 表面活性剂类消毒药品以季胺盐类为主，其杀灭病原的活性物质是阳离子，即季胺离子。季胺离子能迅速渗透入胞浆膜脂质体和蛋白质体，改变细胞膜的通透性，而具有较强杀菌能力。同时，季胺离子具有降低表面张力，吸附表面带负电荷的细菌、蛋白质的能力，造成病原体代谢受阻而死亡。

2. 主要制剂和用途 目前广泛使用的有新洁尔灭、百毒杀、消毒净等制剂。新一代季胺盐类叠加为四烷基胺盐、台湾的溴化二甲基二癸基胺，并向复合制剂如氯盐、戊二醛复合剂的方向发展。季胺盐有灭菌谱广，对各种细菌、包括需氧或厌氧菌均有效外，对常见病毒也有良好效果，而且有低腐蚀性、低刺激性、水溶性好、使用方便、性质稳定、耐热、耐光、耐贮存的优点。是一类具有良好发展前景的消毒剂。

(1) 新洁尔灭（溴苄烷胺）：为无色或淡黄色胶状液，易溶于水，性质稳定、能长期保存，为最常用的表面活性剂，兼有杀菌和去污效力。对化脓性菌、肠道菌和部分病毒有较好杀灭能力，对结核杆菌、真菌、芽胞菌效果较差。0.05%～0.1%溶液用于人员手的消毒，0.1%用于皮肤、黏膜、器械消毒；也可用于种蛋的喷雾或浸泡消毒。不能与肥皂、合成洗涤剂等阴离子表面活性剂混用。

(2) 百毒杀：为双链季胺盐洗涤剂。本品有速效和长效双重作用，能杀灭多种病原体和芽胞。0.0025%～0.005%溶液可用于水塔、水池、水管和饮水器的消毒，有杀霉、除藻、除臭和改善水质的作用。0.015%溶液可用于圈舍、环境喷洒和器械物品的洗涤、浸泡等预防性消毒。疫病发生时的控制性消毒，用0.05%溶液，饮水消毒浓度为0.005%。

(3) 消毒灵宁（度米芬）、消毒净、洗必泰等：用途大多与新洁尔灭相同，一般不用于环境消毒。

另外，还有醇类、酸类、重金属类、杂环类等消毒剂，一般都不用于养殖场所、圈舍、污染物、动物体表的消毒；有的因毒副作用大，有强刺激性或腐蚀性，已经极少用于养殖生产环节。

第四节　消毒的应用

消毒在养殖生产中占有十分重要的地位，是动物疫病综合防制技术的重要环节和关键措施。根据消毒对象合理、科学的组合选择消毒方法、消毒技术手段和消毒药品，排除影响消毒效果的各种因素，避免陷入消毒的误区，才能在预防、控制和扑灭动物疫病中发挥消毒的积极可靠作用。

一、不同消毒对象的消毒方法

动物养殖场的消毒对象，无论是在日常饲养中，或是受到动物疫病传入威胁和自身发生动物疫病时，动物养殖的场院、圈舍、通道、仓库、土壤、水源、运输工具、器械、用具用品、养殖动物、粪便、尸体、动物产品、外来物品物资、饲养管理人员和进入养殖场的外来人员等都属于消毒对象。各主要消毒对象的主要消毒方法如下。

（一）空圈舍消毒

任何规模或类型的养殖场（户），都可能受到各种病原体不同程度的污染，其圈舍或全场养殖动物出场（圈）后，这些圈舍在下次启用前，必须空出7～15d或更长时间（发病圈舍），经多种方法彻底消毒后，方可重新启用。

1. 机械清除　首先对圈舍顶棚、墙壁、地面、门窗、隔栏彻底打扫，将蛛网、尘土、粪便、垃圾、垫草和沟槽内污染物等全部清除，定点收集，做生物堆肥处理。饲槽、水槽、围栏、笼具、网床等设施用常水洗刷，去除污垢；最后冲洗地面、走道、排粪沟槽和不易清扫的死角等。通风待干后用化学法消毒。

2. 消毒药喷洒或喷雾　常用3%～5%来苏溶液、2%～5%氢氧化钠液、0.2%～0.5%过氧乙酸、20%生石灰乳液、5%～20%漂白粉乳液等喷洒或喷雾消毒。用药量800～1 000ml/m^2，舍内其他设施（墙壁等）200～400ml/m^2。为提高消毒效果，应使用2～3种不同类型的消毒药进行2～3次消毒，每次间隔2～5d。因为不同病原体对不同消毒药的敏感性不同，一次消毒难以杀灭所有病原体。必要时，对耐热物品可使用火焰消毒。

3. 熏蒸消毒　最常用福尔马林熏蒸，用量28ml/m^3，密闭1～2周左右。或按25ml/m^3福尔马林、12.5ml水、25g高锰酸钾的比例熏蒸。此法易将顶棚、墙壁熏黄，可用等量生石灰代替高锰酸钾，可消除此缺陷。

（二）场、舍门口消毒

正规符合建筑标准的养殖场在场门、养殖分区门、圈舍门都设有消毒池（坑）。消毒池常用2%～4%氢氧化钠液或1%农福液、安灭杀液，每周应更换或添加消毒液。在寒冷冬季，可在消毒池加入8%～10%氯化钠防止消毒液结冰。

（三）养殖动物圈舍消毒

每天要清除圈舍内的动物排泄物和其他污物，保持圈舍、饲槽、水槽和用具的清洁卫生，做到勤洗、勤换、勤消毒。仔畜和雏禽的饲槽、水槽每天清洗消毒1次。根据季节、温湿度变化、适时调整通风，保持舍内空气流通新鲜。圈舍内地面、墙壁、设施至少每周用0.1%～0.2%过氧乙酸或0.1%次氯酸钠等消毒剂喷雾消毒2次。

（四）养殖场地、土壤消毒

一般情况下，只对养殖场的通行道路、动物运动场地进行定期、不定期的消毒，所用消毒程序和消毒剂与圈舍地面相同。运动场地、圈舍土质地面被病畜污染，应将表土铲除按粪便消毒处理，再用10%～20%漂白粉、20%生石灰乳喷洒消毒。如发生重大疫病或芽胞菌（炭疽、气肿疽、梭菌类）污染，则需对土质运动场表层铲除按1∶1混入漂白粉后深埋；严重污染时深翻土层15～20cm，混入5kg/m^2漂白粉拌均加水湿润后重新压平；如系水泥地面，则用5%氢氧化钠液喷洒消毒；空置一段时间后再行使用。放牧场被污染，一般利用阳光或种植大蒜、洋葱、大葱、黑麦等对病原有杀灭力的植物，使土壤发生自洁作用，逐步净化。

（五）动物体表消毒

正常动物体表可携带多种病原体，尤其是在脱毛、换羽期，毛、羽可成为一些疫病的传播媒介。做好动物体表消毒，对预防一般疫病发生、在疫病流行期防止传播都有较大意义。动物体表消毒也称圈舍带动物消毒，常选用对动物皮肤、黏膜无刺激性或刺激性较小的消毒剂做喷雾消毒。常用的有 0.015% 的百毒杀、0.1% 新洁尔灭、0.2%～0.3% 次氯酸钠或过氧乙酸等消毒液。

（六）粪池、粪沟和粪便消毒

粪池、粪沟和粪便堆放地是消化道疫病、寄生虫病病原体较集中的地方，特别染疫动物粪便中病原含量剧增，这些地方也是疫病传播媒介昆虫苍蝇、蚊虫和某些甲壳动物较集中的地方，是养殖场舍、土壤、水源、饲料、居住环境、养殖用品工具的主要污染来源，决不能忽视。及时妥善地做好粪便和粪便通道的处理消毒，是切断许多动物疫病传播途径的重要措施。粪便的生物消毒最常用堆肥法和发酵池法。目前随环保和节能意识提高，提倡废物利用，有条件的养殖农户已逐步将粪便、垃圾、垫草、饲料残渣等用作沼气池的原料；越来越多的规模化、集约化养殖场也将大中型沼气池或复合肥料加工厂纳入设施配套建设，使粪尿等污染废物的管理利用进入一个较封闭系统，极大强化和提高了养殖场环境卫生和疫病防控能力。

1. 堆肥法 选择远离人类、居住地和动物养殖地，避开水源区和地面雨水冲刷区，开挖数个深 25～30cm 圆形或长方形坑，大小应根据粪便处理量的多少和时间周转确定。先将垫草、麦秆、稻草、杂草铺垫于坑底 10～20cm 厚，上堆一层健康动物粪便，再堆放需消毒的粪便等污染物高 1～1.5m；如粪便过稀，加干粪土混合，粪便过干，可泼加适量水，含水量宜为 50%～60%。后在粪堆表面加一层健康动物粪便覆盖，厚约 10～20cm，最后在外层抹上 10cm 厚草泥涂封。堆封发酵时间夏季为 1 个月，冬季为 3 个月；也可根据当地气温确定，气温越高，封闭时间可短一些，反之则延长。堆封时间到后即可作肥料使用。

2. 发酵池法 发酵池的选择地点要求同堆肥法。需选土质较硬实、不易塌陷的地点，挖深 2～3m，宽 2～3m，长 3m 以上深坑；底、侧壁也可用砖砌和水泥灌封。将需消毒的粪便等污染物倒入坑内压实，装满时在粪堆表面一层用厚 10cm 以上泥土封闭，经 1～3 个月，即可清池作肥料使用。此法多用于规模较大的养殖场。

3. 焚烧法 适用于数量较少的烈性传染病病原污染物和病畜粪便、分泌物的处理。将粪便与垃圾、垫草和柴草混合焚烧。数量较多时，可加助燃剂或用土坑加较密铁条架空焚烧。

4. 掩埋法 本法适用于烈性传染病病畜粪便和污染物的处理，特别在冬春季防火期和山林灌木密集区多采用。将漂白粉或生石灰与粪便、污染物按 1∶5 混合，深埋地下 2m 左右。掩埋地点同堆肥法。

5. 药物喷洒消毒 粪池周围和圈舍内、外排粪沟常用 20% 漂白粉乳剂、生石灰乳液、5% 氢氧化钠、3% 氯胺等喷洒或撒布消毒。这些消毒剂不易受有机物影响效果。

（七）水的消毒

饮水处理主要针对池塘、河水、井水和雨水，有条件的应设过滤池过滤或沉淀，在每立方米水中加含25%有效氯的漂白粉2～4g；没过滤的原水加6～10g/m³即可作动物饮用水；也可用氯胺2～4mg/L，优氯净4mg/L等；氯制剂消毒水后无色，杀菌力强而快，异味挥发快。

养殖污水多产生于动物尿液和圈舍冲洗液，且定期进行消毒，只要有适宜容量的沉淀池，其消毒剂浓度随液体蒸发而增高，在正常情况下一般无须作专门消毒。沉淀池应加盖并经常清除沉淀物。将污水混合排入粪便发酵池的做法不可取。

（八）运输工具消毒

对于进入养殖场的外来运输车辆，不得进入养殖区。如是运输饲料、饲草、物品的进场车辆，只需用2%氢氧化钠液对车轮、底盘进行喷雾消毒即可。如来自疫区和经过疫区的车辆，应根据疫病种类对车辆、篷布、装载物的外包装，采用相应有效的消毒剂进行消毒。

（九）器械用具消毒

根据器械用品的材质、使用情况和是否接触、粘染病原等情况，决定消毒方法。最可靠的是煮沸法或高压蒸气灭菌法。一般不耐高热、高压的物品和器材，常用70%～75%乙醇、2%戊二醛溶液、0.1%新洁尔灭等浸泡消毒。

二、影响消毒作用的主要因素

（一）消毒液浓度

任何消毒剂的抗病原体活性都取决于其与微生物接触的有效浓度。一般情况下，消毒剂的浓度越高，杀灭病原体的作用越强，但达到一定浓度后，消毒效应不再增强。因此，要取得较好的病原杀灭效果，应对所使用的消毒剂选择合适的浓度。酚类消毒剂，使用时低于有效浓度时不仅无效，有时还能有利于病原体的生长繁殖。乙醇消毒时浓度高于75%，会使病菌细胞膜迅速凝固而起保护作用，达不到消毒目的。

（二）消毒的作用时间

消毒剂与病原微生物接触的时间越长，消毒效果越好，接触时间太短，就可能达不到消毒效果。消毒对象所沉积的病原体越多，彻底完全杀灭病原体所需时间就越长。各种消毒剂消毒所需时间差异很大，如氧化剂类作用较快，所需消毒时间也很短；环氧乙烷作用较慢，消毒时间就需很长。因此，使用消毒剂时应充分了解消毒剂的特性和作用原理机制，达到其所需的作用时间，才能充分保证消毒效果。

（三）消毒的温度

温度与消毒剂杀灭病原体的效果呈正比关系，温度越高，杀灭病原体的能力越强。一般规律是温度每增加10℃，消毒的效力可增强1～2倍。文献资料所介绍的消毒剂的抗菌活性检定的浓度用量，通常是在气温15～20℃条件下所得出的数据，与常规实际温度较相似。但在寒冷的冬天，圈舍温度常低于15℃，消毒剂的浓度和用量应相对增加，或对消毒剂用温热水稀释使用；在气温较高的盛夏，同一消毒剂的同浓度溶液，效果一般会好于冬季。所以，在气温较低的季节和时段，应选择受温度影响较小的消毒剂，如碱类和含氯类消毒剂。

（四）消毒的酸碱度

消毒剂的杀菌作用受pH值的影响。例如，戊二醛本身呈中性，当加入碳酸氢钠后才能发挥杀菌作用。新洁尔灭的杀菌作用是 pH 值愈低，所需杀菌浓度愈高。同时 pH 值也影响消毒剂的电离度，一般未电离的分子，较易通过细胞壁，杀菌效果好。

（五）有机物的存在

几乎所有消毒剂与任何蛋白质都有不同程度的亲合力。消毒环境和对象中只要有有机物存在，就肯定会与消毒剂结合成不溶性的化合物，中和和损耗掉一部分消毒剂的有效成分，从而减弱消毒作用。同时，有机物本身还能对病原起保护作用，使消毒剂溶液难以与病原体接触，阻碍消毒作用的发挥。因此，消毒环境中有机物越多，对消毒剂杀灭病原体的效力影响越大。在现用的消毒剂中，受有机物影响最小的消毒剂是酚类和表面活性剂类。

（六）病原体的特性

不同种类的病原体和处于不同状态的病原体，对同一种消毒剂会表现出不同的敏感性。休眠期的芽胞对消毒剂的抵抗力比繁殖型细菌大，所需消毒剂的浓度和作用时间都要增加或需加热处理，才能取得较好效果。所以，能杀灭芽胞是衡量消毒剂消毒能力的一个重要指标。病毒和繁殖型真菌对消毒剂的敏感性与繁殖型细菌大致相似，但病毒对酚类消毒剂的抵抗力很强，对碱类却十分敏感。乳酸杆菌和结核分枝杆菌对酸类抵抗力较大，对一般消毒剂的耐受力也比其他细菌强，而对热力消毒敏感。真菌孢子对紫外线抵抗力很强，但较易被电离辐射所杀灭。肠道病毒对过氧乙酸的耐受力与细菌繁殖体相似，但季胺盐类对之无效。肉毒梭菌毒素易被碱破坏，但对酸耐受力强。其他细菌繁殖体和病毒、螺旋体、支原体、立克次体对一般消毒的耐受力均差，常用消毒方法一般均能取得较好效果。这些差异，是由不同病原体在形态结构和生理生化上的不同特点决定的，因此，我们应考虑要消毒的病原体的特性，选择合适的消毒药品和消毒方法。

（七）颉颃作用

两种理化性质不同的消毒剂混用或短时间内交替使用，会使消毒效力减弱、降低或消失，这种现象称为颉颃作用或配伍禁忌。这种情况在缺乏技术知识的农户养殖和小型简易养殖场中较为常见。

三、消毒误区和注意事项

在实际工作中，养殖农户和养殖场都知道应该消毒，但由于对消毒的作用、各种消毒剂的性能、影响消毒效果的因素、方法等不了解或认识不足。因此，在对消毒的认识和消毒剂的使用上存在许多误区。

（一）未发生疫情可不进行消毒

许多养殖场（农户）将消毒看成是动物发病才需进行的工作，只要饲养动物不发病就认为没事，根本不进行任何预防性消毒。消毒的主要目的是消灭可能存在的病原体，在动物养殖中，没有疫病发生，不等于外界环境不存在传染源，传染源会不断排出病原体。如果没有严格的预防性消毒措施，传入病原体就会通过空气、饲料、饮水等途径侵入易感动物，引起疫病的发生。如果没有及时消毒、净化环境，环境中的病原体日积月累，达到一定程度时，就会引起疫病流行和暴发。

（二）已经消毒就不会发生疫情

有的养殖场（农户）认为我已经消毒了，就一了百了，什么病都可以防，什么疫病都不会发生，把消毒看成“灵丹妙药”，这种认识极不正确。消毒的目的是消除外界环境中的病原，切断疫病传播途径，只是综合防制措施的重要技术手段之一。消毒并不一定就能收到彻底杀灭病原的效果，这与环境条件、选用的消毒剂和消毒质量等因素有关；即使再严密的消毒措施也很难全部切断传播途径。因此，进行严密的消毒并不是防制动物疫病的唯一措施。

（三）盲目消毒

消毒的目的不明确，消毒剂的选择、消毒方法、消毒剂的浓度、消毒次数和间隔时间都随意性很大；消毒全凭畜主或饲养员的兴趣，想起来就搞一下，消毒药有什么就用什么，什么便宜就买什么；甚至一年四季或全场消毒对象都长期使用同一消毒剂等等，这种现象在农户养殖和无防疫制度的简易养殖场、小型养殖场屡见不鲜，均属盲目消毒，绝不可取。

消毒是针对当地常发疫病种类、养殖动物种类、环境条件、气候季节变化、消毒对象、疫病发生发展的阶段等综合因素进行的安排。消毒剂的种类和轮换、使用浓度、使用方法、消毒次数、间隔时间等都应周密计划，不可随心所欲。

（四）消毒剂气味愈浓消毒效果愈好

许多养殖业主，选择消毒剂只凭气味，认为气味愈浓，消毒效果就好，没有气味或气味小的就不用。其实，消毒剂效果的好坏不取决于气味，而是看它的杀菌、杀病毒的能力。有许多好的消毒剂，如双季胺盐类、复合碘类消毒剂是没有气味的，而有些气味浓的消毒剂还存在着消毒盲区，并且气味浓往往腐蚀性大，对动物呼吸道、皮肤和器械用品等有一定的损害作用。

第五节　杀虫和灭鼠

鼠类等啮齿动物，吸血昆虫（蚊、厩螫蝇、虻、蜱、螨、虱、虱蝇、蚤、蠓、蚋、白蛉等），中间宿主（螺类、蜗牛、蚂蚁、金龟子、蟑螂、苍蝇、蚯蚓等）和犬类等都是传播养殖场动物疫病的重要媒介动物。做好杀虫、灭鼠和犬的管护，对养殖动物疫病的预防和控制具有积极意义。

一、杀虫

节肢动物或媒介昆虫吸血不仅传播疫病，而且叮咬或骚扰动物，使动物躁动不安，影响正常的生长发育，需对它们进行杀灭和防止它们出现，保证动物有较好的饲养生活环境。

（一）物理杀虫法

根据具体情况选择使用不同方法，昆虫聚集的阴暗潮湿处，如蚁穴、蟑螂、蜱、螨、蠓、蚋、白蛉等昆虫藏匿的墙底角、缝隙、阴沟、垃圾堆放处等，可用火焰喷烧，也可用沸水和压力蒸气喷射、冲烫，也可采用机械拍打。有条件的门、窗应设纱窗、纱门防止昆虫进入。也可在圈舍内外设置黑光灯等诱捕器捕杀昆虫。

（二）化学杀虫法

是养殖场最常用的杀虫法。用于杀虫的化学药品称为杀虫剂，可分为有机氯类、有机磷类、氨基甲酯类、拟除虫菊酯类和植物杀虫剂等。有机氯杀虫剂如滴滴涕、六六六等因可造成环境污染、生态破坏、易致昆虫产生抗药性，目前已不使用。现在养殖业中较常用的有：

1. 有机磷类 主要作用于昆虫的为接触毒和胃毒，现有的主要制剂有敌百虫、蝇毒磷、倍硫磷、马拉硫磷、杀螟松、辛硫磷、甲嘧硫磷、双硫磷和毒死蜱等，用于环境杀虫的主要有以下几种。

（1）敌百虫：用0.1%～0.5%溶液喷雾或喷洒圈舍，或用1%混入糖液，可杀灭或诱杀虱、蚤蚊、蝇等昆虫。

（2）蝇毒磷：0.05%浓度喷淋或喷雾对动物的蜱、螨、虱、蝇、蚊等均有杀灭作用，并在动物体表可维持1～2周（牛、山羊）或数月（禽）的药效。

（3）倍硫磷：是低毒高效杀虫剂，0.5～1g/m²喷洒或喷雾，可杀死蚊蝇等昆虫。

（4）马拉硫磷：有触杀、胃毒和熏蒸作用，为50%乳剂，室内喷洒量为2g/m²，持续杀虫时间可达3个月，0.1%溶液喷雾可杀灭蚊、蝇、虱、蚤和蝇蛆。

（5）双硫磷：为一种持续时间较长的杀虫剂，效果高于敌百虫，持续作用于多种昆虫。

2. 甲脒类 主要制剂为双甲脒（又名特敌克），是广谱、高效、低毒的杀虫剂，用途较广，对蜱、螨、蚊、蝇、虱等均有效；产生作用较慢，一次用药可维持药效6～8周。

3. 拟除虫菊酯类 具有广谱、高效、速效、残留短、毒性低、用量小，对其他药物有抗药性的昆虫有效等，是应用最广泛、发展前景最好的杀虫剂。其制剂很多，常用的有溴氰菊酯、胺菊酯、丙烯菊酯等制剂。以0.2%～0.5%浓度喷雾，用量0.1～0.3ml/m³，15～20min内蚊、蝇等昆虫可全部丧失活动能力，12h内全部死亡。0.5ml/m²可触杀蟑螂、蚂蚁等。

4. 氨基甲酯类 是近代发展的新型杀虫剂，具有高效、广谱、低毒、用量小、低残留的优点，其主要制剂商品有西维因、残杀威、速灭威等。

5. 植物杀虫剂 除虫菊、烟叶、鱼藤、百部、巴豆、闹羊花、狼毒、桃叶等植物浸提物用于杀虫已成为新的发展方向，为绿色、有机食品生产所需要。

6. 昆虫生长调节剂 可阻碍或干扰昆虫的正常生长发育而使其死亡，不污染环境，对人和动物无害，也是最有希望的第三代杀虫剂。目前已投入使用的有保幼激素和发育抑制剂。

二、灭鼠

鼠类对人和养殖动物健康有极大危害性，是多种人畜共患病、动物疫病和寄生虫病的自然疫源性野生动物。

灭鼠应从两方面进行：一是从养殖场和圈舍建筑，卫生设施配置，预防鼠类的孳生和活动，断绝鼠类赖以生存所需的食物和藏身条件；二是采取各种方法捕杀鼠类。灭鼠方法分为两类，即机械灭鼠和药物毒鼠。

（一）机械灭鼠

即利用各种工具和捕鼠器械以不同方式捕杀鼠类。其方法简单易行，可就地取材，效果好，对人和养殖动物无害，并易于推广使用。常用的有鼠夹、鼠笼、扣押、翻板、砖或石板倾压等方法，实施关、夹、压、扣、套、翻（草堆）、堵（洞）、挖（洞）、灌（洞）等综合捕杀措施。

使用鼠夹、鼠笼、砖和石板倾压等工具捕鼠，应认真选择合适的诱饵、布放的方法和时机。诱饵以鼠类喜食为佳；捕鼠工具应放在鼠类经常活动的地方，如墙角、鼠的走道及鼠洞口附近；鼠夹应放在离墙6～9cm，与鼠道成丁字形，鼠夹后端垫高3～6cm；晚上放，早上收，并断绝其他鼠粮来源渠道。

（二）药物灭鼠

药物灭鼠分毒饵法和熏蒸法。

1. 毒饵法　在诱鼠食物中加入毒鼠药，鼠食后中毒死亡。常用的毒鼠药有：磷化锌、敌鼠（茚满二酮类）、杀鼠灵、安妥、敌鼠钠盐、氟乙酸钠等。

2. 熏蒸法　在查找到鼠洞后，对鼠洞灌注可燃有毒气体，挥发性有毒气体，直接杀死鼠类。常用的毒鼠药品有硫磺、氰化钙、氯化钴、碱化钙、碱化铝、溴化烷等。灌入或投入杀鼠剂后，应用泥土封住洞口。

使用毒鼠剂时，应注意安全，防止人和其他动物误食毒饵而发生中毒。无论任何方法杀死和捕获的鼠类尸体，都应及时深埋或烧毁，不得作为一般废弃物和垃圾处理，随意丢弃在圈舍外或养殖场内。

（张其艳）

复习思考题

1. 消毒有哪些作用？
2. 根据什么来选择消毒药品？
3. 影响消毒效果的因素有哪些？

第七章　养殖废弃物处理

随着养殖业的迅猛发展，养殖废弃物也逐年增加，如果不能合理地进行处理和利用，不仅造成严重污染，危害人类健康，也会严重影响养殖业自身的持续发展。常见的需处理养殖废弃物主要有：动物尸体、粪尿、污水、圈舍垫料和霉变饲料等。

第一节　动物尸体处理

一、动物尸体的定义和来源

动物尸体包括各种已经死亡的养殖动物、动物内脏、报废肉类，即《中华人民共和国动物防疫法》所指的动物尸体范围。

动物尸体来源于疫病、疾病、冻饿、中毒、衰老、屠宰、自然或意外伤害（水灾、地震、车祸）以及动物研究试验等。

二、动物尸体的危害

由于饲养管理不完善、疫病、疾病和突发情况等死亡的动物尸体、流产胎儿、死胎和胎衣等养殖废弃物，对养殖业及人类的生存有着潜在的危害，它们可能会传播疫病、污染环境、威胁食品安全、甚至扰乱经济秩序。合理有效的做好动物尸体及相关废弃物的处理工作，不但可以控制环境污染，也是防止疫病流行与传播的一项重要措施。

三、动物尸体的处理

（一）尸体的运送

运送动物尸体和病害动物产品应采用密闭、不渗水的容器，装前卸后必须消毒。在运送尸体时，应防止病原体扩散，处理和装运尸体的工作人员应穿工作服和胶鞋，戴口罩、护目镜及手套。如系不需进行剖检的尸体，先用消毒药喷洒尸体，并用蘸有消毒液的湿纱布或棉球将尸体的耳、鼻、口、肛门和阴道等天然孔严密填塞，再用不透水的密闭容器或包装袋包裹，然后装入不漏水的搬运工具中运送。小动物和禽类可用塑料袋盛装，以免流出粪便、分泌物和血液等污染周围环境。在尸体倒卧的地方，应用消毒液喷洒消毒。如为土壤地面，应铲去表层土，连同尸体一起运走，并用消毒液喷洒消毒地面，污染严重的应深翻后，浇洒20%石灰乳或10%～20%漂白粉；硬化场地的消毒可使用2%～5%氢氧化钠溶液或10%～20%石灰乳。尸体处理完毕后，运送过尸体的用具、车辆、工作人员用过的工作服、手套及胶鞋等应严格消毒。

（二）处理尸体的方法

尸体的处理方法有掩埋法、焚烧法、发酵法、化制法和高温处理等，它们各具优缺点，在实际工作中应根据法律和法规的要求，现场的具体情况和条件进行选择。

1. 掩埋　掩埋地点应远离学校、公共场所、居民住宅区、村庄、动物饲养和屠宰场所、饮用水源地、河流及交通要道等地区；选择不影响农业生产，避开公共视野，土质干燥的地方。掩埋坑的长度和宽度以能容纳侧卧的尸体即可，坑深不得少于 2m。在掩埋时先向掩埋坑底铺 5cm 厚生石灰，将尸体侧卧放入，并将污染的土层、捆尸体的绳索一起抛入坑内，然后铺 5～10cm 厚的生石灰，再覆盖上厚度不少于 1.5m 的土层，尸体掩埋后，需将掩埋土夯实，与周围地表持平。

若是病害动物尸体和病害动物产品，掩埋前应实施焚烧处理；焚烧后的病害动物尸体和病害动物产品表面，以及掩埋后的地表环境应使用有效消毒剂喷洒消毒。

2. 焚烧法　适用于炭疽等芽胞杆菌类疫病，以及牛海绵状脑病、痒病的染疫动物尸体及产品、组织的处理。将病害动物尸体、动物产品投入焚化炉或用焚尸坑烧毁碳化，这是处理尸体、消灭病原最彻底的方法。因要消耗大量燃料，所以非烈性传染病尸体，一般不用此法。

在养殖场、养殖小区内的隔离区应建设焚尸坑或安装焚尸炉，用于对病死动物尸体、流产胎儿、胎衣等的无害化处理。《畜禽病害肉尸及其产品无害化处理规程》中规定“确认为炭疽、鼻疽、牛瘟、牛肺疫、恶性水肿、气肿疽、狂犬病、羊快疫、羊肠毒血症、肉毒梭菌中毒症、羊猝狙、马流行性淋巴管炎、马传染性贫血病、马鼻腔肺炎、马鼻气管炎、蓝舌病、非洲猪瘟、猪瘟、口蹄疫、猪传染性水疱病、猪密螺旋体痢疾、急性猪丹毒、牛鼻气管炎、黏膜病、钩端螺旋体病（已黄染肉尸）、李氏杆菌病、布鲁氏菌病、鸡新城疫、马立克氏病、鸡瘟（禽流感）、小鹅瘟、鸭瘟、兔病毒性出血症、野兔热、兔产气荚膜梭菌病等传染病和恶性肿瘤或两个器官发现肿瘤的病畜禽整个尸体；从其他患病动物各部分割除下来的病变部分和内脏。”需要采用焚烧的方法进行无害化处理。

焚尸坑有以下几种。

（1）单坑：所挖坑应长 2.5m、宽 1.5m、深 0.7m，将取出的土堆积在坑沿的两侧。坑内用木材架满，坑沿横架数条粗湿木棍，将尸体放在架上，然后在木柴上倒上煤油，从下面点火，直到把尸体烧至炭黑为止，然后再把它掩埋在坑内。焚烧尸体时要注意防火、选择离居民区较远、下风头的地方，并在焚尸坑周围定期消毒。

（2）十字坑：按十字形挖两条沟，沟长 2.6m、宽 0.6m、深 0.5m。焚烧方法同单坑。

（3）双层坑：先挖一深 0.75m，长和宽各 2m 的大沟，再在沟的底部再挖一个深 0.75m、长 2m、宽 1m 的小沟。焚烧方法同单坑。

3. 发酵法　这种方法是将尸体抛入专门的尸体坑内，利用生物热将尸体发酵分解以达到消毒的目的。建坑的地点选择同掩埋法。尸坑为圆井形，深 9～10m，直径 3m，坑底及坑壁用不透水材料制作。坑口要高出地面约 30cm，并加盖，盖上有小的活门（平时落锁），坑内有通气管。尸体堆积于坑内，当堆至距坑口 1.5m 处时，此坑封闭。经数月后尸体完全腐败分解，此时可以挖出作肥料。一般应建两个坑，轮换使用。

4. 化制处理　这是一种较好的尸体处理方法，它不仅对尸体做到了无害化处理，并保留了有价值动物产品，如工业用油脂及肉骨粉，要求在经认可的化制厂化制。

(1) 湿化法：是利用湿化机（压力 > 112kPa，温度 > 100℃）或高压锅处理患病动物尸体和废弃物，利用高压饱和蒸气直接与病尸接触，可使油脂融化和蛋白质凝固，同时借助于高温与高压，将病原体杀灭。该方法适用于焚烧法中所提到到的疫病对象。

(2) 干化法：是将废弃物放入化制机内，受干热与压力的作用而达到化制的目的，同时也杀灭病原体。

适用对象为除焚烧法中提到的传染病以外的其他传染病、中毒性疾病、囊虫病、旋毛虫病及不明原因死亡的动物尸体或内脏。

5. 高温处理

(1) 高压蒸煮法：把肉尸切成重不超过 2kg、厚不超过 8cm 的肉块，放在密闭的高压锅内，在 112kPa 压力下蒸煮 1.5～2h，以达到彻底消毒的目的，并可保留部分产品（如晒干粉碎后可作为饲料）。

(2) 一般煮沸法：将肉尸切成高压蒸煮法所规定大小的肉块，放在普通锅内煮沸 2～2.5h。

适用对象：猪肺疫、猪溶血性链球菌病、猪副伤寒、结核病、副结核病、禽霍乱、传染性法氏囊病、鸡传染性支气管炎、鸡传染性喉气管炎、羊痘、山羊关节炎脑炎、绵羊梅迪—维斯那病、弓形虫病、梨形虫病、锥虫病等疫病的肉尸和内脏，以及这些疫病的同群动物。

第二节　动物粪尿处理和利用

一、动物粪尿的危害

据调查，平均体重 2.27kg 的笼养蛋鸡，每千只鸡每天的排粪量可达 2.1t；体重平均 1.82kg 的肉用仔鸡，每千只鸡每天的排粪量可达 1.6t。一个万头规模化养猪场，常年存栏量约为6 000 头，每天排放粪尿量约29t。在中国，生猪、家禽年产粪便总量达5.8×10^8t，粪水年排放总量高达60×10^8t。如此大量的动物排泄物中含有许多需氧腐败有机物，其污染力相当于城市垃圾的10～100 倍，且可能带有细菌、病毒及寄生虫卵等。如不及时处理和合理利用，将对养殖场周围地区的水体、空气和土壤等造成严重环境污染，危害人类和动物的健康。

动物粪便中含有大量的病原体，排到外界后，会成为危险的传染源，造成人、畜疫病的蔓延，甚至导致疫情发生，给人畜带来灾难性危害。此外，堆积的大量粪便如没有适当的存放措施，会导致蚊蝇等昆虫的大量繁殖，招引大量的鼠和鸟类等，干扰人们的正常生活和动物的正常生产，并传播疫病。

二、动物粪尿的处理

动物粪尿的无害化处理，是利用科学方法杀灭和去除粪尿中的病原体，同时能保存粪尿作为有机肥料的肥效，使处理后的动物粪尿能达到无害化卫生标准的要求。

（一）粪尿收集和转运

要最大限度地减少动物粪便造成的环境危害，就应及时将动物圈舍中的粪便收集排到圈舍外的贮粪池中，尽量缩短粪便在圈舍中的贮存时间。圈舍结构和排粪系统不同，收集粪便的方式也不同。粪便按照含水量，可分为固体、半固体或液体粪便。

1. 固体粪便　指含水率低于80%的粪便，粪便中含垫料时多为固体粪便。可采取刮粪法。清除集中送往处理场。

2. 半固体粪便　指含水率为80%～90%的粪便。这种粪便由于太黏稠无法用泵抽送，又由于过于稀薄难以装载操作，因此从圈舍中运出的难度较大。可以改善饲喂配料，增加垫草，修改渗漏式饮水器等方法降低粪便含水量。

3. 液体粪便　指含水率高于90%的粪便。当圈舍中没有垫草，而尿液和一些饲养用水混入时粪便时成为液体粪便。通过排污管道排出，汇集至处理场。

（二）粪尿无害化处理

养殖场最主要的废弃物是粪便。由于粪便含有大量有机物和有害气体，还含有各种病原体。因此，对粪便必须进行严格消毒处理。常用的消毒方法有生物热消毒法、化学消毒法和物理消毒法等。

1. 物理方法

（1）烘干法：首先将粪尿用不同方法进行固液分离，分离后的固体成分通过烘干机，快速进行干燥，干燥后的粪便贮存备用，或添加其他成分制成有机复合肥，液体可掺入其他化肥制成液体肥料出售，或直接用泵送到菜地、果园用作肥料。较大规模的养殖场，采用烘干法较理想。

（2）紫外线法：在干旱地区，若动物没有养殖在水泥地面的圈舍内，其粪便经自然风干和晒干后，可用作农田的肥料。或者将固液分离后的粪便放在水泥地面上，经太阳照射晒干备用。此法简单，但冬季效果差。

（3）掩埋法：将粪便与漂白粉或新鲜的生石灰混合，然后深埋在地下2m左右处。此方法简单易行，但缺点是粪便和污物中的病原微生物可能渗入地下水，污染水源，并且损失肥料。

（4）焚烧法：焚烧法是消灭一切病原微生物最有效的方法，多用于消毒危险传染病动物的粪便（如炭疽）。此种方法要用很多燃料，所以一般很少应用。

2. 生物热消毒法　生物热消毒法是一种最常用的粪便消毒法，是利用微生物发酵（主要有细菌、放线菌及霉菌等）将复杂有机物分解为易被植物吸收的简单化合物，成为高效有机肥料；同时，微生物在降解有机质的过程中可产生50～70℃的高温，能杀死病原体、寄生虫卵、卵囊和草籽等。通常有发酵池法和堆粪法两种。

（三）粪尿利用

1. 还田利用　一个万头规模化养猪场，按每天排放粪尿量约29t估算，每年的粪便，相当于675t硫酸氨、过磷酸钙450t、硫酸钾293t。千头牛场每年的粪便相当于600多t硫酸氨、450t过磷酸钙和200多t硫酸钾。大量粪便如处理得好就是优质的肥料，反之就是污染源。动物粪尿是一种很好的有机肥，施入土壤后既可形成稳定的腐殖质来改善土壤的理化性状，增加土壤中有机质含量，增加肥力；又可节省处理费用。凡是周围有农田的动物养殖场，都可将粪便就近还田，以较低的投入达到较高的生态、社会和经济效益。

（1）土地还原法：把动物粪尿作为肥料直接施入农田的方法。将收集的动物粪尿或妥善贮存后的动物粪便用人工或撒肥车拖运到田间，均匀地撒布于田地内，用犁耙耕翻使粪便与土壤充分混合，经过数日后，在土壤中自行熟化。此法简单、节约成本，但是新鲜粪便作为有机肥直接施用，有恶臭，氨的大量挥发会造成肥效降低，病原微生物还会对环境卫生构成威胁。

（2）粪便堆肥发酵后还田：粪便经过堆肥发酵后再利用，是一种较好的办法。通过发酵使粪便及垫草中各种有机物矿质化、腐质化和无害化而变成腐熟肥料，生成大量可被植物吸收利用的有效氮、磷、钾化合物及腐殖质。

此方法简单、安全、成本低，占地面积小，又可杀死病原体，是目前应用比较广泛，技术比较成熟的粪便处理利用方法，为大多数规模养殖场、养殖小区采用。

2. 生产沼气 沼气生产是利用厌氧细菌对动物粪便进行厌氧发酵，产生以甲烷为主的混合气体的过程。沼气生产，使粪尿资源得到了充分合理的开发和利用，减少了粪尿造成的环境污染；同时，沼气取代其他矿物燃料，减少了二氧化碳等有害气体的排放量，并可消除臭味，消灭粪便中的有害病原体和部分寄生虫卵，达到改善环境卫生的目的。沼液、沼渣还是优质的农家肥料，还可养鱼、养蚯蚓和种养蘑菇。这是畜牧场解决环境污染的一种良性循环机制，也是生态农业发展的一种趋势。

经测算，含水率20%的鸡粪热值相当于标准煤的40%，10万只鸡的年产粪便转化为沼气热值约等于232t标准煤。一只产蛋母鸡每日所产鸡粪经过适当的发酵过程，可产生6.48～12.9L的沼气。每头体重为68kg的猪，每天的排泄物能产生0.05～0.1m^3沼气。因此，动物粪便是发酵产生沼气的良好基质。沼气是一种无色、有臭、有毒的混合气体，它的主要成分是甲烷（CH_4），甲烷是一种良好的气体燃料，其发热值约为37.8kJ/L，可供做饭、取暖、照明等。甲烷完全燃烧时仅生成二氧化碳和水，是一种清洁能源。

（1）沼气的产生：将粪尿排放到沼气池内，在密闭状态下，粪便中的有机物经好氧菌作用分解为单糖，氧气用完后，在厌氧菌（主要是甲烷菌）作用下，再将单糖分解成沼气。

沼气池一般由进料池、发酵池、贮气室、出料池、使用池和导气管六部分组成。沼气池的种类很多，有池—气并容式的沼气池、池—气分离式沼气池、有固定式沼气池及浮动储气罐式沼气池，最常用的是池—气并容固定式的沼气池。生产沼气应具备下列条件：①良好的厌氧环境，因此发酵池必须严格密封。通常沼气池都修建成圆形或近似圆形，主要是圆形池节约材料、受力均匀且易解决密封问题；②适量的有机物和水分含量，动物粪便等有机物与污水之比为1∶(1.5～3) 较为适宜，理想的发酵用粪尿所含固形物应为8%～12%。而漏缝地板下收集的粪尿含固形物为3%～6%，冲洗性粪便含固形物约为0.5%，因此动物粪尿通常还需浓缩脱水才能用于沼气生产；③适当的温度：沼气发酵按发酵温度可分为：高温发酵（45～55℃）；中温发酵（35～40℃）；常温发酵（15～25℃）；④适宜合理的碳、氮比例，一般应为（25～30）∶1，为了有效地利用含氮元素较高的鸡粪与猪粪进行沼气生产，通常需要在配料中加入一定比例的杂草、植物秸秆或牛粪等含碳元素较高的物料，以保持适宜碳氮比；⑤合适的pH值，在pH值为6.5～8.5时发酵效果较好，有机物厌氧发酵过程中将不断产生有机酸，若发酵液酸度过高，可加入适量的石灰等碱性物质以调节pH值。

（2）沼气发酵残渣的综合利用：粪便经沼气发酵产生沼气后，其沼渣和沼液又是很好的有机肥和饲料。①用作饲料：沼气发酵残渣中约95%的寄生虫卵被杀死，钩端螺旋体、大肠杆菌全部或大部分被杀死，同时残渣中还保留了大部分养分。粪便中的碳素大部分变为沼气，而氮素损失较少，使氨基酸营养更丰富。因此，沼气发酵残渣可做饲料，如用作池塘水产养殖饲料。沼气发酵残渣除了直接作鱼的饲料外，由于沼渣和沼液可促进水中浮游生物的繁殖，因此也是池塘河蚌育珠、滤食性鱼类等培育饵料生物的良好肥料。此外，发酵残渣还可做为蚯蚓的饲料。②用作肥料：发酵残渣是高效肥，无臭味，不招苍蝇，施于农田肥效良好；沼渣中含有植物生长素类物质，可作为果树和花的肥料；也可用做食用菌培养料，增产效果亦佳。

虽然沼渣、沼液脱水后可以替代一部分鱼、猪、牛的饲料，但一次性用量不能过多，否则会引起水体富营养化而引起水中生物的死亡；同时要注意重金属等有毒有害物质在动物产品和水产品中的残留问题，避免影响动物产品和水产品的安全性。

沼气生产可以处理大量的粪便、污水，且最适用于阴雨天较多、气温较低，粪便晒干较困难的地方。

3. 用作饲料　动物粪便中含有大量未消化的蛋白质、维生素 B、矿物质、粗脂肪和糖类物质等。而且动物粪便中氨基酸品种比较齐全，且含量丰富。比如鸡粪中就含有 17 种氨基酸，粗蛋白质含量也高，发酵后总蛋白量显著高于其他动物粪便。因此，鸡粪干燥或发酵后常作为添加饲料喂猪和牛；也可将鸡粪加入青贮原料中一同青贮后喂牛。除此之外，还可将非反刍动物的粪便与常规饲料原料按一定的比例进行膨化制成膨化饲料，来养殖鱼类。

（四）推广养殖新技术，减少粪尿排放和污染

近几年来，国内外为适应养殖业的快速发展和人类食品卫生的需要，动物养殖模式和养殖技术被不断创新，突出了养殖业科学发展、可持续发展、和谐发展的特点。国内主要有生物发酵床零排放养猪技术，生态循环养殖模式，养殖废弃物减量排放的营养调控技术等；国外建立了健康畜产品生产全过程的质量控制体系和标准，形成了“优良健康品种 + 绿色安全饲料 + 安全高效疫苗 + 兽药残留控制技术 + 养殖场清洁生产技术 + 工厂化生产工艺”的动物全程无害化生产体系和规范化技术体系，基本上实现了动物养殖健康清洁的生产技术模式。就目前条件看，应重点推广生物发酵床养猪技术。

生物发酵床零排放养猪技术，是根据微生态理论，利用生物发酵技术，在猪舍内铺设厚度超过 70cm 的锯末、谷壳、粉碎秸秆等有机垫料，添加微生物活菌制剂构成发酵床，降解猪粪；结合微生态制剂拌料喂猪，营造猪消化道与生长环境的良性微生态平衡。

该技术以发酵床为载体，将所排出的猪粪尿在圈舍内吸附并经微生物迅速发酵降解，达到免冲洗猪舍、零排放、无臭味，从源头上实现环保和无公害养殖。发酵床所创造的舒适、符合现代福利养殖和生猪习性的猪舍环境条件，对提高猪的免疫力，大幅度减少疫病，提高养猪经济效益，实现清洁生产和生态循环养殖提供了基础。这一养猪新技术具有操作简单，技术简便，易于推广，使用期长达 3 年，成本低效果好的优点。须按照生物发酵床零排放养猪技术规程操作，才有实效；同时，仍需做好免疫、驱虫、消毒、隔离封锁、保健和饲养管理等工作。

总之，对动物粪尿的处理和利用，应遵循减量化、无害化和资源化的原则，最好能运用生物工程技术对动物粪便进行综合处理和利用，合理地将养殖业与种植业、肥料工业有机结合起来，使环境得到有效保护，形成物质资源的良性循环利用。

第三节　其他废弃物处理

一、污水的处理

养殖污水主要来源于尿液、饮水器、自然雨水和清洗废水等。这些污水往往和粪便混

合，含有大量有机物、病原微生物和寄生虫卵，且极有利于病原微生物的增殖和虫卵孵化成感染性幼虫，成为养殖场动物疫病的重要传播媒介和载体。如不经处理，任意排放，将严重影响公共卫生和安全，甚至造成疫病传播，危害人、畜健康。养殖场污水处理应遵照资源化、减量化、无害化的原则，应用科学的处理方法达到综合利用和循环利用的目的。

（一）动物养殖场污水治理的原则

1. 减量化 在养殖生产过程中，通过使用饮水器溢出水专用路线，采用水量少的清粪工艺，使干粪与尿污水分流等措施，从而最大限度的减少污水量及污水中污染物的浓度，降低污水处理难度及成本。

2. 资源化 污水经处理后当作肥料灌溉农田、果树、蔬菜、草地及养鱼等。或经沼气发酵并对沼渣、沼液进行综合利用。污水资源化是提高养、种植经济效益，降低成本和解决养殖场污染环境的有效途径之一。

3. 无害化 排放的污水应不会造成污染。外排放部分要达到《畜禽养殖业污染物排放标准》（GB18596—2001）。

（二）处理方法

1. 物理处理法 也称机械处理法，一般为养殖污水的预处理。主要原理是通过物理手段，去除养殖污水中可沉淀或上浮的固体物。常用的处理手段包括过滤、沉淀和离心等，达到固液分离的目的。

2. 生物处理法 是利用微生物分解有机物的能力，使废水中不稳定的复杂有机物降解为稳定、简单、无害的低分子水溶性无机物、气体或合成微生物体，达到处理污水、保护环境的目的，是养殖场最常用的方法。根据微生物作用的不同，生物处理法可分为好氧生物处理法、生物厌氧法和厌氧—需氧法，养殖场可根据实际情况选用或综合应用。但以采用厌氧—需氧联合处理工艺效果最好，既克服了需氧处理耗能大，又克服了厌氧处理达不到要求的缺陷，具有投资少、运行费用低、净化效果好、能源循环综合利用效益高的优点。特别适合于产生高浓度有机废水的养殖场做污水处理。

3. 人工湿地 模仿自然生态湿地，经人为设计建造，在处理床上有序种植各种水生植物或湿生植物，用于处理污水的一种工艺。比如利用有机废水种植芦苇、茭白、菖蒲、莲藕、水葫芦和细绿萍等水生饲料，经7～8d可使污水得到吸收净化。但人工湿地必须有足够的面积和容积。初步净化的水可作为灌溉水，使污水得到进一步的净化。净化后的水也可回用作生产用水，如达到国家的排放标准，就可排入江河或部分排回鱼蟹池中循环利用。

二、霉变饲料处理

在饲料生产和贮存过程中，由于多种原因，饲料会发生霉变。动物饲喂霉变饲料，会影响动物的生长发育，甚至中毒死亡。霉菌毒素会引发霉菌性病，使动物的免疫力、抵抗力严重下降，导致其他疾病的发生，给养殖户造成重大经济损失，应高度重视。因此，严重霉变的饲料或饲料原料，不得继续使用，应予废弃作为肥料使用。对轻度霉变的饲料要合理地处理和利用，常用以下几种方法进行处理。

（一）物理法

1. 挑除法 将发霉的颗粒和粘连结块的从饲料中挑出，可使饲料原料中的毒素大大降低。这种方法只能将霉变明显的部分除去。该法适合于体积较大的块状料、颗粒料及秸秆等饲料。

2. 暴晒法　将霉变饲料置于阳光下暴晒一段时间，达到去除霉菌孢子及其毒素的效果，是普遍采用的方法。霉变饲料经暴晒后，饲料中的水分被蒸发出来，霉菌就难以再生存；紫外线又可穿透霉菌细胞壁及霉菌孢子，破坏其蛋白质的合成体系，从而有效破坏某些霉菌毒素。但强烈的太阳光线会对饲料中的营养物质起破坏作用，降低营养价值。

3. 漂洗法　籽实类饲料出现霉变，可先将发霉的饲料倒入缸中，加3～4倍水搅拌，除去漂浮的霉变籽粒；也可将霉变籽粒粉碎，加3～4倍水搅匀，浸泡30min左右后，倾去或滤去上层液体，如此反复2～3次，可将浮于水面上的有毒成分或菌体代谢物滤去，这种方法也可有效去除毒素。该法去毒效果好，但费力费水，不适合大量霉变饲料的除毒，而且经过处理后的饲料不及时晾晒，容易被二次污染。因此，要现用现处理。

4. 加热法　加热或在加热时加压，尤其是在湿热条件下，可破坏大多数霉菌毒素。饼粕类原料在150℃温度下焙烤30min，或用微波加热8～9min，可将48%～61%的黄曲霉毒素B_1和32%～40%的黄曲霉毒素破坏。用水蒸煮霉变饲料，也能有效地去除毒素。

（二）化学法

氨、氢氧化钠、碳酸氢钠、氢氧化钙等碱性溶液和过氧化氢、高锰酸钾、次氯酸钠、氯气等氧化剂可使霉菌毒素分解失活，因此可用这些溶液对发霉饲料进行脱毒处理。用该方法去除饲料霉菌毒素具有较好的效果，但某些化学物质异味较大，影响动物采食的适口性；而且还可能造成某些可溶性营养物质的损失。

（三）发酵法

利用乳酸杆菌进行发酵，在酶的作用下，使黄曲霉素毒性降低。用这种方法处理饲料，不仅可降低饲料中霉菌毒素的毒性，还可增加饲料营养价值，改善适口性。

（四）吸附法

活性碳、酵母细胞壁产物、沸石和淘土、硅藻土、膨润土等都具有较强的吸附作用，可以吸附饲料中的霉菌毒素，减少动物消化道对霉菌毒素的吸收，从而达到去毒目的。比如黏土和沸石其主要成分为硅铝酸盐，既能促进动物的生长发育，又具有很强的吸附作用，在饲料中添加0.5%黏土或沸石，可以吸附饲料中的霉菌毒素。但矿物质吸附剂本身含有微量、稀土元素，长期应用时会在动物体内蓄积而产生毒害作用。

（魏冬霞）

复习思考题

1. 动物尸体的处理方法有哪些？
2. 如何对动物的粪尿进行处理和利用？
3. 如何处理养殖生产中产生的污水？
4. 对霉变的饲料可采用哪些方法脱毒？

第八章　动物疫情处理

《中华人民共和国动物防疫法》和国务院2005年颁布的《重大动物疫情应急条例》，对重大动物疫情进行了界定。重大动物疫情包括《动物防疫法》规定的一类疫病和暴发性流行的二三类动物疫病。当这类疫病发生或出现暴发流行时，国家各级政府和动物防疫主管行政部门，会对这类重大疫病采取相应的严厉的行政手段和技术措施扑灭或控制疫情。在发生这种情况时，作为动物养殖农户和动物养殖场应该怎样配合疫情发生地政府、动物防疫主管行政部门和业务技术部门，做好疫情的应急防范和疫情的控制扑灭工作，就是一个十分紧迫的问题。另一方面，即使不是发生重大疫情，当周边地区发生可能危及自养动物安全的动物疫情，或是自养动物发生疫情时，又应该怎样应对，也同样是养殖户和养殖场面临的现实问题。

第一节　地处受威胁区或疫区的综合防控技术

在动物重大疫情发生时，当地政府需按照实际情况划分疫点、疫区和受威胁区，并发布封锁令。地处受威胁区或疫区，是指养殖户或养殖场的自养动物未发生封锁所指的特定疫病，但养殖所在地已被划入疫区或受威胁区，必须接受政府规定的疫区或受威胁区采取的疫病防控措施。一般分两种情况：一是发生的疫情与自养动物不属同一类易感动物，如发生的是禽流感，而所养动物是猪或牛、羊，就不需采取紧急防疫措施，但仍要受到动物交易、出入疫区和受威胁区的一些限制；二是发生的疫情与自养动物属同种疫病的易感动物，如发生口蹄疫，而自养动物也是易感的猪或牛羊，那就要采取一系列的紧急防控措施和技术手段，严防疫病的传入，保护自养动物的安全，直至疫情扑灭，解除封锁。

当第二种情况发生时，怎样扑灭和控制疫情，如何进行大面上的封锁隔离和关闭动物交易市场，扑杀销毁发病动物和疫点周围一定范围内的易感动物，禁止当地易感动物流动和交易上市，组织全面的消毒和紧急免疫，进行疫情普查和流行病学调查等工作，都是政府行为和强制行政措施，未发病的养殖户和养殖场都有按要求配合执行的责任与义务。但最重要和最关键的是要主动采取相应措施，保护自养动物不再受感染，不成为新的疫点，不被采取强制性的封锁扑杀措施，避免造成更大的损失，甚至是毁灭性损失。为此目的，尚未发病的养殖户和养殖场应切实做好以下工作。

一、强化对外隔离封锁

强化对外的隔离封锁，根本目的是切断一切可能造成疫病传入的途径。要给全场员工、家属讲清所发重大疫病的严重性和危害性，说明政府对处理疫病的强制措施，和为保证养殖场采取严格措施的重要性，事关大家的就业和生活，以引起大家的重视，提高执行紧急措施的自觉性。主要措施如下。

（一）禁止一切人员来往

本场的员工和家属在疫区未宣布解除封锁之前，一律不得走出养殖场区域，停止社交活动、亲朋好友来往和业务人员往来。为维持养殖场的正常饲养生产和员工生活，购置必需的饲料，食品、生活用品、预防用消毒剂和药品等，应配置专门的采购人员和车辆，采购必须在非疫区进行。这些人员和车辆应在距离场大门外50～100m进行第一次严格消毒，在场大门外进行第二次全面消毒，并移交所购物品。采购人员和车辆不得进入场内，采购物品的外包装应经消毒后15～20min才能由管理区人员搬入场内。采购人员和车辆不得经过疫点和疫点周围地区，必须绕道避开疫点封锁区；无法绕道的，不得在疫区的任何地点停留，并接受当地政府设立的临时检疫站消毒站的检查消毒。

养殖场员工的家属子女，在外工作和上学的，原则上不得来往，不得回场居住，可投亲靠友。必须回场的人员，养殖场应设临时更衣间，消毒后在大门处更换除内衣外的全部外衣和鞋袜，经紫外线照射10min后进场入生活区，所换衣物松散悬挂经紫外线2～3h照射消毒，再次更换后离场；在此情况下，生产区的饲养人员和技术人员不得离开生产区，养殖区实行严格封闭饲养。

对当地动物疫病防制指挥部的现场检查监督人员，因其在疫点疫区内走动频繁，接触发病动物和疑似发病动物、潜伏期动物的机率极大，是危险的疫源携带传播者，应在场外热情接待，如实报告情况和已经采取的防堵控制措施，接受合理指导。并按有关法规规定，有理有节地谢绝来自疫点和疫区的行政管理部门官员和技术人员入场。

如检查监督人员因职责关系，坚持进场至生产区进行现场检查，场主和兽医人员应对他们讲清利害关系和明确风险责任；必须要求他们穿着全隔离防护服，经严格消毒，并对他们携带的检查用品和采样器材的外包装进行消毒后，由生产区人员陪同进行现场检查；如需抽血等采样，应由本场员工或技术人员进行；检查无异常，应请他们出具现场监督检查健康无疫情的书证材料。在检查过程中应对他们走过的道路、圈舍进行跟进式严格消毒。他们所乘坐的车辆禁止进入场区大门并进行全面喷雾消毒。为了保护养殖场的安全，场主和兽医人员的这类要求，国家监督检查人员是能够接受和理解的，因为他们也必须首先遵守相关的法律法规。

（二）建立临时隔离防护带（区）

在养殖场外围建立临时的隔离防护带（区），有防止疫病传入的缓冲作用。

（1）有围墙和外防疫沟的养殖场：应及时修补坍塌的围墙、堵塞和修补墙脚洞穴、排水口栅栏；铲除防疫沟内和沟壁、沟沿外一定宽度（1～1.5m）的杂草，重新更换灌注沟水至深1m以上，充分发挥其隔离防护、防鼠和防止其他动物和人员进入的作用。无围墙或有铁丝网隔界的，应派出人员沿隔网或防疫沟内沿巡视，劝阻无关人员，禁止动物和附近农户的养殖动物进入距养殖场100～150m范围内；禁止在此范围内倾倒垃圾、动物粪便和掩埋动物尸体等。

（2）禁止外来无关车辆进入养殖场专用道路：已经进入的应及时劝返。如有装运封锁区和疫区禁止动物和动物产品的可疑车辆，应及时报告防疫指挥部和当地政府相关部门处理。

(3) 如养殖场靠近农村或养殖专用道：必须经过村寨的，而这些地方又尚未发生疫情，有能力和条件的养殖场应按当地政府的规定和要求，抽调专人协助搞好这些地方的动物防疫和紧急免疫工作，搞好群防群制和疫病联防，使这些村寨成为养殖场的保护屏障和免疫隔离带。

（三）停止放牧活动

草食动物养殖场和放养养禽场，应在未解除疫情封锁前，停止在场外共用牧场和公共水域的放牧，一律实行圈养和关养。

（四）加强灭鼠杀虫

鼠类、苍蝇、蚊虫和其他吸血昆虫是许多重大动物疫病的媒介传播动物，它们的活动范围和距离难以控制，是强化对外隔离封锁措施的重要环节。应防止鼠类进入场内，特别是进入动物圈舍。应迅速采取措施消除圈内场内鼠源，在圈舍门窗增设防鼠隔板，堵塞鼠类进入圈舍和饲料仓库、配料间的漏洞，并在全场采取杀捕措施。因此，圈舍的防蝇防蚊铁纱窗、纱门应修补安装；在蚊虫活动频繁的早晚，苍蝇活动频繁的白天，应定时喷洒杀虫剂，或安装灭蝇灯、诱捕灯等，并对外周环境中的蚊蝇孳生地进行根除或用强力杀虫剂处理。将这些媒介传播动物的危害降到最低程度。

这些对外的隔离封锁措施应在第一时间迅速同步采取，要有明确的分工和责任制，严格实施，落实到人。任何环节和细节的疏漏，都会造成疫病的传入，养殖场和养殖户绝不可掉以轻心，麻痹大意。

二、掌握疫情动态和流行趋势信息

养殖场主和兽医技术人员，一定要加强与当地政府主管部门、业务技术部门的联系，或通过电话，当地电视、广播，防疫简报，本场在外的采购或联络人员等，及时全面地了解疫情动态、流行趋势、防制扑灭工作进展、政府采取的综合防制措施的力度和相关政策规定等。综合这些信息、结合本场的实际情况，分析判定本场动物的危机状况和程度，进一步健全和严格综合防堵措施，及时确定和实施对策。以积极主动的正确态度应对危机，服从政府的防疫部署和采取的措施，并切合养殖场实际条件的实施和完善这些措施。决不要听信谣传和小道消息，为自身利益不顾大局，从事偷运、转运易感养殖动物，或私自收购其他养殖场或散养农户低价抛售的易感动物等违法行为。

三、加强动物的临床检查

首先是结合所发疫病，对全场养殖人员和相关人员讲清需防范疫病的病性、病原和症状、观察检查的重点和方法，因为日常的经常性的随时可进行的观察要靠他们进行。检查的方法步骤，判断动物的健康和病态等已在第四章第二节做了较详细的讲解。

发现可疑发病动物，应迅速报告兽医技术人员，作进一步认真详细的系统检查，必要时可采集病料送检。如临床上已表现出特征症状，应立即上报进行确诊，并将防疫工作的重心从防堵传入转移为控制扑灭疫情。

如系政府采取强制行政措施控制和扑灭的重大疫病，按规定养殖场应对主管行政部门或当地乡（镇）政府实行有无疫情发生的日报告制度。

四、实施紧急免疫预防

所发生的动物疫病，如有有效的免疫疫苗，应按照动物防疫部门的要求，统一进行免疫隔离带和免疫包围圈的建立，养殖场和养殖户都应无条件的执行，主动自主进行该疫苗的紧急免疫注射。要密切注意注射疫苗动物的反应，潜伏期的动物会因疫苗的激发作用而发病，或出现严重反应。

紧急免疫注射，往往会打乱养殖场原拟定的免疫程序，影响到其他一些疫病的定期按时免疫，造成这些疫病免疫时间后延，甚至留下个别疫病免疫保护空白期，存在一定的风险。因此，养殖场要及时调整整个免疫计划，在不干扰紧急免疫疫病免疫效果的前提下，尽快安排被延误疫病的补充免疫，防止这些疫病乘隙而入。

五、药物预防

目前，在动物疫病中，还有许多疫病没有疫苗可供主动免疫使用，只能用药物预防作为补充和应急。但药物预防根据所发生的疫病种类，有很大的差异，养殖场应注意区别对待。

（一）病毒性动物疫病

《动物防疫法》规定的一类疫病，均为病毒病，暴发流行的二三类疫病，也多数为病毒病。而病毒病目前尚无特效药物可供治疗和预防。在此情况下，应以提高动物的抵抗力和免疫力为主进行。

1. 慎用或不用抗生素等药品　抗生素或磺胺类、喹诺酮类、呋喃类抗菌药物没有抗病毒作用，选择这些药物作为病毒性疫病的预防用药，不仅错误，往往有害无益，还增加防制成本，造成浪费。如果养殖动物本身存在一些细菌性疫病，为提高动物群体对所发重大疫病的抵抗能力，使用抗生素是可行的，但应在内部隔离这些有病动物的基础上进行，而不是对全部养殖动物普遍使用抗生素或抗菌类药物；如系无治疗价值的病弱动物，应坚决淘汰，因这些病弱动物抵抗力极低，最易受到重大疫病病原体的攻击。

2. 提高动物抵抗力和免疫力　在防堵疫病传入的过程中，应及时调整饲料配方，提高饲料的营养配比和价值，保障动物有较高的营养水平和较好的体质，增强抗病能力和免疫功能。并添加“保健”类药物添加剂，如在饲料和饮水中添加电解质（钠、钾、钙等）、维生素、酶制剂、微量元素、抗氧化剂、微生态制剂等，增强动物的抗病力、免疫力和疫病应激能力。

3. 合理使用病毒抑制类药物　根据所发生需防堵疫病的病毒类型和生物学特性，可选用金刚烷胺、病毒灵、病毒唑等有抑制病毒作用的药物作为预防用药。应根据外界重大疫情的流行动态和趋势，选择用药的时机。不能一听到外面发生重大疫情，也不管疫点的远近，自身动物受威胁的程度和自身采取的综合防堵措施的条件，就马上使用这些药品，甚至在整个扑灭疫情期间全过程使用这些药品。

在猪的病毒性疫病防制上，大连三仪动物药品有限公司通过基因工程、蛋白工程、细胞工程等现代生物技术，研发的猪用干扰素（IFN）、猪用白细胞介素-4（IL-4）、猪用转移因子（TF）、排疫肽（IgG，猪用浓缩免疫球蛋白）、免疫核糖核酸（I-RNA）等新型生物制品，均有良好的预防治疗作用。另外，澳洲易泰公司研发的微生物溶菌酶（Lysozyme）产品，被称“天然抗生素”，具有明显的抗病毒、抗菌效果。这些新型生物制品，不仅对常见猪疫病有较好的治疗预防效果，并且对提高猪体的非特异性免疫力有十分明显的效果，而且无药残、无毒副作用，应用前景十分广泛。

兽用中药和制剂在预防、治疗动物病毒病上日益受到重视，已成为一些地方和养殖场防治动物疫病重点使用的药物和饲用药物添加剂。兽用中药药效的整体性、全面性和调理性等天然属性，对防治疫病，提高动物的免疫力和抗病力上有明显作用。临床上常用的有黄芪多糖、板蓝根、金银花、鱼腥草、大青叶等单方或复方制剂。

（二）细菌性疫病

在现在的环境条件下，《动物防疫法》的二三类细菌性疫病中，很少出现大面积暴发流行而采取重大疫病强制扑灭措施的情况，但局部性、地方流行性和呈散发流行较为多见。细菌性疫病根据病原的生物学特性，可供使用的抗菌类药物很多，选择的余地也很大。应根据需防堵疫病的病原种类，选择敏感药物按预防用量和疗程使用即可。一般情况下预防效果都较可靠。

（三）寄生虫病

《动物防疫法》的二三类寄生虫引起的疫病中，如流行条件具备，常会引起范围广泛的暴发流行、周期性和季节性流行。其中，以寄生原虫病较为突出。如兔、鸡球虫病，牛羊梨形虫病、牛马锥虫病、弓形虫病等，还有肝片吸虫病、羊疥螨病等也会呈局部或地方性暴发流行状态。但这些寄生虫病一般都不会采取强制性行政措施进行扑灭。因为这些寄生虫病都有疗效确实的抗虫药进行治疗和预防，个体和群体性投药的方法也比较成熟。控制和扑灭的难度远低于传染病。

六、强化消毒措施

地处疫区或受威胁区的养殖场，在防堵疫病传入中，强化消毒是一个十分重要的环节。对疫病的传入主途径可以经严格的对外隔离封锁，对进场人员、物品控制和消毒解决。但对经空气，尘埃携带的病原和飞鸟粪便等污染养殖场，传入疫病则防不胜防；动物饮用水如系地表水，如河水、坝塘、水库、湖水等，也是易被病原污染的又一重要疫病传入途径。这些可能的疫病传入途径，只能通过严格的环境、空气、饮水和圈舍的带动物消毒解决。消毒的方法和药物选择与平时的预防性消毒一样，但应将消毒次数增加到每日1～2次；要针对外界所发重大疫病的病原和病原生物学特性选择2～3种消毒剂轮换使用。如动物饮用水和生产用水系地表水，则应使用贮水塔（池）的持续消毒法：采用氯制剂，最好是二氧化氯（效好价高）或二氯异氰脲酸钠，将其按1d饮用水量所需消毒剂的20～30倍量，装入厚塑料袋或塑料桶内，搅拌成糊状，并在袋（桶）上打若干个0.3～0.5mm的小孔，将上口密封的袋（桶）悬挂于入水口处，使消毒剂在水流作用下缓慢释放，进行饮用水的持续消毒，袋内消毒剂应在10～15d内用完。要有专人定时观察消毒剂的释放情况，太快需减少小孔数，太慢需增加小孔数。

第二节　发生疫情的处理

养殖农户和养殖场的动物，一旦综合防制技术措施不到位，在某个环节出现较大漏洞或失误，或因意外情况，动物疫病的传入、流行或群体性暴发随时都可能发生。发病的养殖户或养殖场本身就成为疫点，畜主就应采取一系列与防止疫病传入性质不同的被动控制扑灭措施，从防止疫病传入走向防止疫病传出。

一、发生重大动物疫病的处理

养殖户或养殖场如发生突发性的动物大批发病，病程发展快、蔓延迅速或出现大量死亡，临床症状又与日常散发疫病有明显不同；或是兽医人员已从临床症状表现上初步判定为疑似重大动物疫病；或是从未见过的动物疫病等紧急情况时，均可视为疑似重大疫病发生。畜主应立即采取符合“早、快、严、小”原则的紧急措施：即疫情要早发现、早报告，确诊疫病要快，采取措施要严，在小范围内扑灭疫情。

（一）疫情报告

发病动物的畜主及委托人或知情人，应立即向所在地乡（镇）和县动物疫病预防控制中心、农业主管部门或政府如实报告养殖动物所发生疫病的相关情况；如有可能应报告怀疑的疫病名称。详细说明所在地的具体位置，以便当地动物疫病预防控制中心和有关部门人员能迅速达到发病现场。畜主或报告人应认真记录报告的时间，接受报告的单位名称和接受报告的具体人的姓名、职务、工作部门等备查。

畜主和委托人或知情人不得为维护自身利益或以其他借口瞒报、谎报、延迟报告疫情，甚至阻挠、妨碍他人报告疫情。

（二）立即采取严格的隔离封锁措施

发病动物的畜主和养殖场主、兽医人员应根据养殖户的具体情况，在发现已病动物和上报疫情的同时，应迅速采取相应的隔离封锁措施：

1. 发病农村养殖户 已发病农户成为疫点，所在自然村成为疫区。发病农户应立即向村办事处、村委会和村民小组报告并通过他们向同村的其他农户、养殖户通告疫情。农村基层组织或村兽医、防疫员，应迅速采取临时防疫措施，组织动员全村所有动物，包括犬、猫一律尽快实行关闭饲养或栓养，停止一切形式的放牧活动；停止一切清圈除粪、饲料购置、配种、动物交换和上市交易活动；停止农户之间、亲朋好友之间的来往、聚会、宴请、外出走村串寨等社交活动；有条件的，应动员养殖农户立即进行全面消毒，并对出村的人员、动物进行劝返等措施，防止疫情的扩散蔓延。催促乡（镇）兽医、县动物疫病预防控制中心派员尽快赶赴现场进一步确诊所发疫病；并根据诊断结果，采取进一步的疫情扑灭紧急措施，或者解除临时防疫措施。

但发病的养殖户，无论发生的是什么动物疫病，都应继续采取对其他养殖户负责和顾全大局的态度，对自养发病动物进行隔离治疗；不得出售发病动物和病死动物；病死动物应在村民小组或村兽医指定的地点深埋处理；对发病动物粪便进行堆肥发酵处理；加强对动物圈舍和场地的消毒；在发病动物未完全康复前，不要走村串户，也应谢绝其他农户和亲朋好友的上门社交，并在圈舍门口和院门设置有效的消毒垫和消毒槽。

2. 发病的小型养殖场和养殖专业户 这类小型养殖场一般条件简陋，不能进行分区和分类养殖，一旦发生疫病，整个养殖区都将是疫点。畜主和场主应对养殖动物实施严格的就地隔离封锁，停止养殖动物的流动；禁止本养殖场饲养人员离开养殖岗位；停止养殖场的一切与动物相关的购销活动，严禁对发病动物和本场其他动物的商品化处理或上市交易；对全场进行严格的、全面彻底的消毒，严格控制和禁止动物的粪便，垃圾未经严格消毒处理严禁运至场外；禁止场外一切人员和车辆进入。总之，进行对内的隔离封锁，严防所发疫病的传出、扩散和蔓延。畜主有权督促当地国家动物疫病预防控制中心、兽医主管部门迅速到达现场，对动物疫病作出诊断。

畜主、养殖场主和负责养饲动物销售的管理人员，直接饲养发病动物的饲养人员，应认真保留和回忆记录动物发病前 7～15d 内动物销售出场情况记录和销往的地点、数量、用途、购买人的姓名、住址等相关情况，并如实向当地动物疫病预防控制中心和防制指挥部提供准确信息，已有利于他们及时采取防控措施，划定疫区和受威胁区范围，进行大面上防制工作的部署和展开。

3. 发生疫病的大中型规模化养殖场 这类上规模的集约化养殖场，一般都实行同场的分区饲养，一线两点或三点饲养，或进行基地 + 分场饲养，内部的封闭隔离饲养条件较好，管理制度较完善，疫病综合防制技术措施也较落实。因此，发生重大动物疫病的机率也较小，一旦发生疫情，自主诊断和防控能力也较强。但即使如此，也应及时向当地动物疫病预防控制中心和兽医防疫主管部门报告疫情，作出准确诊断；并及时采取坚决措施，隔离封锁，防止疫情扩散传出，迅速控制扑灭疫情。

（三）疫病的诊断

为保证动物疫病的及时确诊，畜主应在现场完整保留发病动物和病死动物，不得对这些动物擅自处理。重大动物疫病的确诊和采取强制性控制、扑灭措施的权限在当地县和县以上地方人民政府，县以上动物疫病主管行政部门和业务技术部门在接到疫情报告后，应立即派人到发病现场，进行流行病学和疫源调查，临床检查，病理剖检等诊断过程，作出是否是重大动物疫病或疑似重大动物疫病的临床诊断；并采集相关病理材料和送检材料进行实验室检验，作出确诊，这些都是动物疫病主管行政部门和业务技术部门必须履行的职责行为。畜主和养殖场主、兽医人员、饲养人员应无条件如实提供有关情况和资料，配合疫病调查和诊断工作。

为维护畜主和养殖场的自身合法权益，当地县以上人民政府和主管业务行政部门如作出重大疫病的诊断并须采取封锁扑杀等疫病强制扑灭措施时，畜主和养殖场有权向政府和主管部门及监督执行单位索要具有法律效力的动物疫病诊断证明书、封锁扑杀的政府令、有关扑杀的政策措施等书证材料。

（四）强制措施的执行

发生的动物疫病一旦确诊定为重大疫病，当地政府都会发布封锁令或扑灭疫情的紧急通知：对疫点、疫区、受威胁区的划定，对各区相应的封锁隔离措施；对需强制扑杀的动物种类，范围、方法、时限和政策；对消毒、紧急免疫、药物预防；动物和动物产品的市场交易，运输等各个环节的措施和技术要求等作出规定。养殖户和养殖场应按所地处的区域认真执行相关规定，直至解除封锁为止。

二、群发性动物疫病的处理

在大、中型规模化养殖场，由于疫病流行各个环节防控工作的疏漏等多种原因，也会造成一些常见疫病、多发疫病在养殖场内的群体性发病。这种群发性疫病多见于养猪场、养鸡场和舍饲养羊场等，大动物较少见。特别是近几年来常见的多病原混合感染、多病毒混合感染、细菌病毒混合感染疫病常呈现群体性发病，如“猪高热病”、“猪蓝耳病”等就是典型的群体性疫病，还有混合感染的鸡病也日趋增多，也呈现群发性疫病的流行特点。

养殖场发生可能会造成严重损失的群发性疫病时，应采取紧急防控措施：

（一）分区防制

应按养殖场的布局，在场内划分疫点、疫区和受威胁区。发病动物所在圈划为疫点；整幢圈舍和由同一饲养小组人员管理的其他圈舍，以及在7d内由发病圈舍调入过动物的圈舍都应划为疫区；其余7d内未与发病圈舍发生过直接关系的养殖圈舍、养殖区、分场划为受威胁区，并按疫点、疫区和受威胁区采取相应的严格控制扑灭措施或防范措施。

（二）全面封场

禁止外来人员和车辆入场，暂时停止场内外动物及产品交易；严格控制或禁止全场人员，特别是饲养人员和养殖动物的流动；严禁饲养人员串舍走动，挪用其他圈舍的饲养工具、器材或饲料等物品；停止放牧或使用公共运动场；解决好封场期间饲养人员不能离开所管理圈舍和生产区的相关生活问题。

1. 发病圈舍（疫点）　发病动物应严格隔离，专人饲养，切断疫源。动物如系病毒性疫病或烈性传染病，发病动物较少或同圈动物数量不多时，应“舍小保大”，迅速隔离，扑杀发病和同圈动物；如系细菌性、寄生原虫性和较易控制的普通常见病毒病，应在严格隔离条件下，迅速尽早采取对发病动物的治疗。

2. 未发病圈舍（疫区或受威胁区）　对未发病的动物圈舍，也应严格封锁隔离，实行封闭饲养，切断传播途径，严格消毒措施，防止疫病的继续扩散和蔓延。

（三）明确诊断、查清疫源

在采取和落实紧急防控措施后，应立即着手进行疫源调查和所发疫病的进一步确诊工作，为实施紧急免疫、药物治疗和预防创造条件。

1. 进行必要的统计和调查　主要进行本场和有关联养殖场、附近农村相关情况的调查了解和分析，这类调查既有利于疫病诊断，也有利于查清疫源或疫病的传入途径。主要有以下内容：

统计发病动物的数量、年龄、性别、品种和用途，计算发病率、病死率、死亡率。综合分析可疑疫病的范围，列出可能的疫病名称。

查阅本场相关资料和生产记录，分析动物饲养管理、种用动物的引入渠道及其他动物及其产品的购入、运输、贮存，动物及动物产品的检验情况，病死动物的记录和无害化处理情况等，判定是否存在问题，以分析疫病传入的可能途径和方式；详细分析本场动物免疫接种和抗体检测情况，日常使用预防药物的种类、剂量、生产厂家、用药时间、用药途径，从而分析疫病发生与免疫接种及药物防治之间的相关性和可能存在的问题，有利于确定疫病的种类和可能范围，并为防治方案的制定和实施提供依据。

调查和了解有关联和有业务往来关系的养殖场，附近农村近期是否有类似疫病发生；如有相关疫病发生，应详细了解发病的基本情况，特别是发病、死亡动物的处理情况，对本场动物发生疫病的相关性作出判断和分析。

详细了解饲养人员和相关人员10～20d内的外出活动情况。特别是有无外出到其他养殖场、屠宰场、动物交易市场、农村养殖户、肉食品市场等接触相关动物，参加婚丧宴请帮厨，帮助家庭购买鲜活动物及肉食品，购买新鲜肉食品进场等情况。详细查看近期进入养殖场的人员、车辆登记记录，饲料、添加剂、青绿饲料的购入记录和产地情况。这些都有造成疫病传入的可能性。对判定是外源性或内源性疫病有重要意义。

另外，要认真注意气象因素，如长期高温、长期阴雨潮湿、气候骤变、突发灾害性天气，雷暴；或饲料条件突变、饲养环境突然恶化等因素也会导致条件性内源性疫病或应激性疾病的动物群体发病。

总之，在发生动物疫病后，进行必要的调查工作，综合分析相关情况，最主要的目的是及时发现疫病综合防制工作中可能存在的薄弱环节和问题，有的放矢地迅速确诊疫病，迅速扑灭疫情、减少损失，并进一步完善饲养管理和疫病防制技术措施及防疫制度。

2. 临床诊断　动物疫病的感染发生发展有四个阶段，任何疫病都会表现出一定的临床症状，有些症状对于疫病诊断具有特征性，要注意掌握特征性症状，因为这些特征性症状对于快速诊断动物疫病有重要意义。临床诊断就是直接检查和记录动物的异常表现。检查的内容主要是动物体征情况。检查方法包括视诊、听诊、嗅诊和触诊。传染病具有典型的临床表现，而且患同一种传染病的动物临床表现基本相同，由此可作出初步诊断。对不能确诊的疫病，应分析临床检查记录，提出诊断的可能范围。要尽量创造条件，想方设法使诊断更接近真实。

3. 病理剖检诊断　许多动物疫病都会表现出特有的病理变化，这是传染病的重要特征之一，也是诊断传染病的重要手段。通过识别患病动物的病理变化，一方面可以验证流行病学调查及临床诊断的结果；另一方面，通过观察到的特征性病理变化，可以直接作出明确诊断，直接采取相应措施加以防治。当然，病理剖检诊断也有不足之处，许多疫病会存在相似的病理变化，某一类病理变化会在许多疫病中表现出来，而且通过肉眼观察，有时认识不清，极难判断。应将病理剖检诊断作为缩小疫病诊断范围的手段，并为后续实验诊断提供必要检验材料的程序来对待。

病理剖检诊断，应注意尽量多剖检症状明显的发病或病死动物，一般为3～5头（只）。因为在一个病死动物个体中，由于病程不同，不一定能够看到某个疫病的全部病理变化，特别是特征性病理变化。通过多剖检发病或死亡动物，综合分析剖检变化，往往能够得出接近真实的疫病诊断结论。病理剖检诊断是十分便利、廉价、快速、准确、经济的诊断方法，在实验室条件有限的情况下，应尽量采用。

4. 实验室诊断　包括对发病动物血液、粪便、病理剖检的各组织涂片等的显微镜检查；细菌分离培养和生化鉴定等自有实验室可进行的检验，都应配合进行。尽可能的利用自有条件，综合进行诊断，尽快确定疫病性质、病名或疑似病名，以利于有针对性的展开预防和治疗工作。

必要时，可按程序报告疫情和按相关技术标准（第四章第三节），采集病料样本送检或报检，得出准确的诊断结论。但是，养殖场绝不能因已送检或报检，为等待诊断结果（一般需3～5d），而延误已发生疫病的控制扑灭和紧急防治技术措施的实施，否则将完全违背“早、快、严、小”扑灭疫情的原则。

（四）严格消毒

消毒是控制动物疫病的重要措施，也是杀灭病原，切断传播途径，迅速扑灭动物疫病的重要措施。有关消毒的概念、消毒的方法和机理、消毒剂的类别和使用、消毒设备等在相关章节中已有论述。这里重点强调的是发生动物疫情时的消毒注意事项。

1. 疫点内消毒 养殖场一般都是圈舍饲养。任何疫病通常都不会在同一时间使同舍不同圈的动物一齐发病，也不可能将整栋圈舍的动物一齐送至隔离舍进行全清圈消毒。因此，对发病圈动物隔离清圈后，其他圈仍有假定健康动物留存。在此情况下，对发病动物圈的消毒程序应是先消毒、后清扫、再消毒。避免先清扫时，发病圈被病原严重污染的粪便、墙壁、地面、围栏附着物、灰尘等飞扬，扩散病原，直接感染其他留圈假定健康动物。因此，应先用强力消毒液将圈内垃圾、灰尘、附着物淋湿后清除，既避免扬尘扩散病原，又能避免清运垃圾过程中污染环境；清除垃圾后再次进行发病圈的彻底消毒，同时完成其他圈舍的带动物消毒。这是必须注意的消毒程序细节。

发病动物舍应坚持每天2～3次的带动物立体消毒；主要是对舍内空气和动物体表消毒。圈舍地面、墙壁、护拦，排粪沟、粪便污物及各处所设消毒坑等仍需使用强力消毒剂。

2. 消毒剂的选择 要使用对病原体最有效的消毒剂进行消毒。根据所发疫病的病原生物学特性，应选择2类以上的消毒剂，针对不同的消毒对象轮换使用。不要出现不同商品名称而属同一类消毒剂长期使用的问题。

3. 抓住消毒重点 发病动物圈舍和可能被发病动物排泄物、分泌物、病原体污染的一切场所，用具和物品是消毒的重点。并应根据病原的种类和传播途径的区别，抓住重点，如肠道传染病消毒的重点是动物粪便及被污染的场所、物品；呼吸道疫病则主要是空气、口鼻分泌物易污染的墙壁、护拦等。

（五）严格条件性紧急免疫

大、中型养殖场的免疫程序一般都较规范，已免疫疫病也极少发生群体性发病，因此，应慎重采取紧急免疫措施。如需采取紧急免疫，也应认真分析情况，有的放矢进行，特别要在准确诊断基础上进行。

1. 未免疫过的疫病 如发生的疫病是有疫苗而未进行免疫的疫病，可进行紧急免疫。当前，许多养殖场免疫重点放在重大疫病和病毒性疫病的免疫上，为避免出现免疫干扰，或使动物经常性处于免疫应激状态，而放弃一些不常见病毒病或细菌病的免疫，使一些疫病处于免疫空白状态。如养猪场抓死了猪瘟、蓝耳病、伪狂犬病、口蹄疫的免疫，而放弃了细小病毒、猪喘气病、猪丹毒等病的免疫。如发生的疫病系未免疫疫病，并有有效的弱毒疫苗可供使用的，应进行全场动物的紧急免疫；因灭活苗产生免疫保护力的时间较长，不适宜作紧急免疫，必要时可选用作为能繁动物、育成动物、后备繁殖动物的紧急免疫。

2. 已接近免疫保护期的疫病 许多疫苗的保护期由于多种原因的干扰和影响，实际的免疫保护期并不能达到该疫苗标识的免疫保护期、免疫抗体滴度水平和保护率。如所发疫病是已进行过免疫的，应查证最后一次免疫的准确时间，查证最近一次免疫抗体监测记录和间隔时间。一般情况下，弱毒疫苗免疫已超过3个月，弱毒菌苗超过5～6个月，灭活疫苗超过3个月；或抗体监测已超过1个月；或最后一次抗体监测时抗体水平已下降、抗体水平不整齐、有效抗体达不到70%以上等。具备其中任何一个条件，均可实施紧急免疫。

3. 抓主导疫病或原发病 近几年来，猪疫病和禽类疫病呈现多病原混合感染、二重感染、三重感染或继发感染的情况日益突出，临床表现复杂，病情严重，控制难度极大，加上免疫抑制性疫病的干扰，使这类疫病的紧急免疫实施十分困难或难以决策。因为在生产实践中，不可能对混合感染的所有可能病原同时或短时间内一齐实施紧急免疫，否则会造成严重后果。

对于这种情况，应通过临床、病理剖检的详细检查，根据症状的演变和主要病理变化的程度，结合本场的免疫状况，对主导疫病或原发疫病作出基本判断；或送检病料，对本场繁殖动物群的野毒感染、隐性感染的疫病进行监测，综合分析确定本场的原发疫病或主导疫病，实施强化紧急免疫。

4. 要有风险准备 为了迅速控制和扑灭疫病的流行，对场内疫区和受威胁区尚未发病的动物进行的紧急免疫接种是必要的。实践证明，在控制单纯性猪瘟、鸡新城疫、鸭瘟等烈性传染病时，紧急接种效果较好。原则上，紧急接种是对无病动物进行的，但在发病场内只存在假定健康动物，确定无病动物很困难，原因是传染病的潜伏期有长有短，在这些所谓的无病动物中很可能混杂一些潜伏期的动物，因此，在紧急接种后一段时间内动物群中发病数有可能突然增加，而且集中，甚至暴发流行，但这种情况是暂时的，最终动物发病会减少甚至终止。对此，应有足够的思想准备和应对措施。应对措施主要是针对该疫病的反应抢救药品和死亡动物的处理问题。

5. 注意紧急免疫的进度安排和实施流程 紧急免疫时应组成免疫小组，从距离发病圈舍最远，风险较低的圈舍动物开始，依次实施至发病动物舍的未发病圈舍动物；如单位养殖数量较大，人力可行，也可同步进行，由本圈舍的饲养员负责完成免疫；免疫时，应注意先从少数动物免疫注射观察，30～40min 无异常后方可进行；特别是进行发病动物圈舍的未发病动物免疫时，尤应注意，必要时可对应免疫动物进行逐头检查、测体温确无发病症候表现，再进行免疫。

6. 免疫剂量及方法 紧急免疫以采用弱毒活疫苗为最佳选择，因其在 3～5d 可产生免疫力；免疫剂量应适当加大至正常剂量的 1～1.5 倍量；免疫方法应采用注射法进行，1 头（只）动物必须更换 1 个针头，以确保免疫剂量和效果，避免人为交叉感染。

（六）发病动物的治疗和药物预防

对发病动物的药物治疗或对假定健康动物的药物治疗性预防，应根据所发疫病种类、病原体的类别、病性、症状等综合考虑，没有什么较固定的模式，可分为病因治疗和对症治疗两大类。

1. 未确诊疫病 就养殖场的条件，有许多疫病很难确诊，病原也较难判定，对这类疫病只能是对症治疗。根据发病动物表现的主要症状，拟定治疗方案实施治疗，并根据症状的演变情况及时调整治疗方法和治疗药品。如发病动物较多时，可分组进行不同药物组合的试验性治疗，以尽快确定有效的治疗方案，也可帮助进行疫病的诊断。

2. 病毒类疫病 以使用有抑制病毒作用的清热解毒、通便清肠、预防和克服酸中毒的中药制剂为主，不宜大量使用抗生素类药品；对重症无治疗价值的发病动物应及时淘汰，对有治疗价值的动物可配合使用兽用干扰素、白细胞介素、转移因子、免疫球蛋白、免疫核糖核酸等新型生物制剂抑制病毒的生长繁殖，可大幅度降低动物的死亡率和发病率。对有细菌性继发和混合感染的发病动物，可使用抗生素进行控制，但使用时间和剂量应严格控制，避免肝、肾功能受损。

3. 细菌病和寄生虫病 可直接进行病因治疗，对单纯性的细菌性和寄生原虫性疫病均有良好疗效。

4. 按疗程用药　药物治疗和预防都必须在保证剂量的前提下，按药物所示的日用药次数和用药天数使用，不要轻易更换药品，更不能频繁更换药品。否则，根本无法判定疗效，治疗后死亡或治愈都说不清为什么，是什么药品在发挥主要作用？为此，每头发病动物的治疗都应有完整的记录，以利总结经验，有利于防治工作的开展。

（七）病死动物及其污染物的处理

病死动物及其污染物含有大量的病原体，是特别危险的疫源，为此，严格及时的处理病死动物及其污染物不仅是控制疫病的重要环节，同时也具有重大的公共卫生意义。处理的主要方法如下。

1. 化制动物尸体　病死动物尸体可以在特设的化制坑作化制处理。重大动物疫情死亡的动物尸体除用于诊断外，应进行其他处理。

2. 掩埋　此法简单易行，但在北方的冬季由于土层冻结也很难挖出较大的坑来掩埋很多的动物尸体。掩埋尸体及污染物应选择干燥、平坦、距离住宅、道路、水源、牧场及河流较远的偏僻地点，深度至少在2m以上。

3. 焚烧　是最彻底的处理方法，适用于重大疫情而死亡的动物尸体及污染物的处理。但焚烧时禁止在地面焚烧，有条件的可以使用焚尸炉。

（张其艳、车有权）

复习思考题

1. 扑灭疫情“早快严小”的具体含义是什么？
2. 防止疫情传入包括哪些措施？
3. 养殖场发生疫情时，应采取哪些措施？

实　训

实训一　免疫计划的制定

【实训目标】

① 熟悉免疫计划和免疫程序的内容。

② 掌握制定免疫计划和免疫程序的方法。

【实训材料】

某地、某动物养殖场或养殖专业户的疫情资料；某动物养殖场或养殖专业户的养殖资料，包括动物的种类、数量和用途（种用、肉用、蛋用、药用、观赏用等）、饲养方式（散养、圈养、自繁自养、全进全出等）、防疫措施及饲养管理条件；猪、牛、羊、禽、犬等各类动物常用生物制品的资料（产品使用说明书）；某养殖场免疫计划或免疫程序实例。

【内容及方法】

（一）练习制定免疫计划和免疫程序

1. 养殖场所在地疫情调查与分析　组织学生面向当地兽医站、大型养殖场、养殖专业户、动物屠宰场、兽医诊疗所、基层兽医、检疫人员，通过书面问卷调查、现场走访、电话访问、网上咨询或查阅诊疗记录、疾病报告登记、实验室诊断记录、检疫记录或其他现成记录和统计资料，了解当地及周边地区常见多发的动物疫病以及即将威胁到本地的疫病种类和危害程度。选择本场需要免疫预防的主要动物疫病，查找资料，熟悉需要免疫预防疫病的流行特点和流行规律，如侵害动物种类、日龄、性别、流行季节、流行周期等。

2. 熟悉养殖场的动物群体及其环境条件的背景资料　包括所养动物的种类、品种（品系和家系）、数量和用途（种用、肉用、蛋用、药用、观赏用等）、饲养方式（散养、放牧、圈养、自繁自养、全进全出等）、防疫措施（消毒、免疫、检测、分区饲养等）及饲养管理（饲料、饮水、畜舍等）条件；环境条件如地形、地貌、水文、地质、气候、土壤、植被和野生动物等资料。

3. 熟悉各种常用疫苗的特点　熟悉猪、马、牛、羊、犬、鸡、鸭、兔等动物常用疫苗的特点。包括疫苗的生产厂家、规格、品系、来源、用法、用量、免疫时机、免疫次数、防病种类、适用动物和使用注意事项等。

4. 熟悉免疫计划的组成要素及基本结构　免疫计划一般由制定目的、动物种类、防疫对象、拟用疫苗、免疫程序、参与人员、组织实施、工作保障等要素组成。其中免疫程序的要素包括疫苗名称、接种对象、日（月、年）龄、接种部位、接种途径、接种剂次、接种剂量、备注说明等。

本内容由实验指导教师举例向学生介绍。

5. 制定养殖场免疫计划 学生可在猪场、牛场、羊场、鸡场、兔场、犬场、兔场中任选一个，结合上述调查的本场疫情，养殖动物的日龄、性别、用途，疫苗的特点，在指导老师的帮助下，练习制定养殖场免疫计划，注意具备免疫计划的组成要素及基本结构。

（二）免疫程序示例

1. 鸡免疫程序

（1）肉鸡免疫程序

1 日龄：马立克疫苗 24h 内，每只鸡皮下注射 1 羽份。

4 日龄：新城疫－传支（H120）二联苗每只鸡滴鼻 1～2 滴。

7 日龄：传染性法氏囊炎疫苗每只鸡滴鼻 1～2 滴。

8 日龄：新城疫Ⅳ系苗每只鸡 1.5 倍量饮水或滴鼻点眼 1～2 滴。

15 日龄：H5 型禽流感灭活疫苗每只鸡颈部皮下或胸部肌肉注射 0.3ml。

28 日龄：新城疫Ⅳ系苗倍量饮水免疫。

35～40 日龄：H5 型禽流感灭活疫苗每只鸡颈部皮下或胸部肌肉注射 0.5ml。

（2）蛋鸡免疫程序

1 日龄：马立克疫苗 24h 内，每只鸡皮下注射 1 羽份。

4 日龄：新城疫－传支（H120）二联苗每只鸡滴鼻 1～2 滴。

7 日龄：传染性发氏囊炎疫苗每只鸡滴鼻 1～2 滴。

8 日龄：新城疫Ⅳ系苗每只鸡 1.5 倍量饮水或滴鼻点眼 1～2 滴。

15 日龄：H5 型禽流感灭活疫苗每只鸡颈部皮下或胸部肌肉注射 0.3ml。

17 日龄：用中毒株法氏囊炎疫苗倍量饮水免疫。

20～25 日龄：禽霍乱油乳苗每羽肌肉注射 0.5ml。

28 日龄：新城疫Ⅳ系苗倍量饮水免疫。

35 日龄：H5 型禽流感灭活疫苗每羽颈部皮下或胸部肌肉注射 0.5ml。

40～45 日龄：新城疫－传支（H52）二联苗每羽滴鼻 1～2 滴。

60 日龄：鸡传染性喉气管炎活疫苗（没有发生的鸡场不用），滴鼻或滴眼每羽 1～2 滴。

70～80 日龄：新城疫－传支（H52）二联苗每只鸡滴鼻 1～2 滴。

100 日龄：H5 型禽流感灭活疫苗每羽颈部皮下或胸部肌肉注射 0.5ml。

120 日龄：新城疫Ⅰ系苗每羽皮下或胸肌注射 1ml，点眼为 0.05～0.1ml，也可刺种和饮水免疫。

130 日龄：减蛋综合征油乳剂灭活苗每羽肌肉注射 0.5ml。

2. 猪免疫程序

（1）哺乳猪的免疫

① 猪 O 型口蹄疫苗，20 日龄接种，每头 1ml。

② 猪瘟活疫苗，哺乳前免疫，每头 1 头份，1h 后吃奶；20 日龄二次免疫，每头 4 头份。

③ 猪丹毒疫苗，断奶前接种，每头 1 头份。

④ 猪肺疫苗，断奶前接种，每头 5ml。

⑤ 仔猪副伤寒疫苗，断奶前接种，每头 1 头份。

⑥ 猪伪狂犬疫苗，28d 接种，每头 2ml。

(2) 后备猪的免疫

后备猪在配种前 1 个月，经产母猪在断奶后肌肉注射以下疫苗：

① 猪 O 型口蹄疫苗，配种前 4 周接种，每头 3ml。

② 猪瘟疫苗，每头 4 头份。

③ 猪丹毒疫苗，每头 1 头份。

④ 猪肺疫疫苗，每头 5ml。

⑤ 猪细小病毒疫苗，每头 1 头份。

⑥ 猪伪狂犬病疫苗，每头 1 头份。

(3) 育成猪的免疫

育成猪在育成期内肌肉注射以下疫苗：

① 猪 O 型口蹄疫苗，每头 2ml。

② 猪瘟活疫苗，65～70d，每头 4 头份。

③ 猪丹毒疫苗，每头 1 头份。

④ 猪肺疫疫苗，每头 5ml。

⑤ 仔猪副伤寒疫苗，每头 1 头份。

⑥ 猪链球菌疫苗，每头 1 头份。

(4) 临产母猪的免疫

临产母猪在产前 15～40d 肌肉注射以下疫苗：

① 猪 O 型口蹄疫疫苗，分娩前 4 周接种，每头 3ml。

② 猪链球菌疫苗，产前 30d、15d 每头各 1 头份。

③ 猪伪狂犬病疫苗，产前 40d 每头 2ml。

3. 羊免疫程序

① O 型-亚Ⅰ型口蹄疫二价灭活疫苗：每只肌肉注射 1ml，每年免疫两次。

② 羊三联四防疫苗：每年 2～3 月份和 8～9 月份各肌肉或皮下注射 1ml。

③ 山羊痘活疫苗：不论大小一律皮内注射 0.5ml。

④ 破伤风类毒素：产前 1 个月皮下接种 0.5ml。

⑤ 羊口疮弱毒细胞冻干苗：大小羊一律口腔黏膜内注射 0.2ml。

⑥ 羊传染性脓包皮炎活疫苗：口唇黏膜内注射 0.2ml。

⑦ Ⅱ号炭疽芽胞苗：皮下注射山羊 0.2ml，绵羊 1ml。

⑧ 肉毒梭菌中毒症 C 型灭活疫苗：每只皮下注射 4ml。

4. 牛免疫程序

① O 型-亚Ⅰ型二价口蹄疫灭活疫苗：肌肉注射每头 2ml，每年免疫两次。

② Ⅱ号炭疽芽胞苗：皮下注射每头 1ml，或无毒炭疽芽胞苗，皮下注射每头 0.5ml。

③ 肉毒梭菌中毒症 C 型灭活疫苗：皮下注射每头 10ml。

【实训报告】

指导老师设置虚拟养殖场景，提供虚拟疫情资料、养殖资料，由学生查阅有关资料，制定一份养殖场免疫计划。

实训二 生物制品的使用

【实训目标】

① 熟悉动物常用生物制品的保存、运送和用前检查方法。

② 掌握生物制品的使用方法。

③ 熟悉免疫接种的组织与接种注意事项。

【实训材料】

1. 器材 5%碘酊、70%酒精、新洁尔灭或来苏尔等消毒剂；金属注射器（5ml、10ml、20ml等规格）、玻璃注射器（1ml、2ml、5ml等规格）、兽用连续注射器、针头（兽用12～14号、人用6～9号）、煮沸消毒锅、镊子、剪刀、剪毛剪、体温计、气雾免疫发生器、乳头滴管、桶、脸盆、毛巾、肥皂、纱布、脱脂棉、带盖搪瓷盘、出诊箱、工作服和帽、胶靴、免疫登记册或免疫卡片、疫苗稀释用瓶、动物保定用具。

2. 生物制品 猪、牛、羊、禽、犬、兔等动物常用弱毒疫苗及灭活疫苗，相应的稀释液；免疫血清、卵黄抗体。

3. 待免动物 猪、牛、羊、禽、犬、兔等动物。

【内容及方法】本实训可在禽场、猪场、牛场、羊场、兔场、犬场进行，应视条件选择动物和免疫方法进行操作。

1. 预防接种前的准备

① 根据动物免疫接种计划，确定接种日期及生物制品种类，准备足够的生物制品、器材、药品、免疫登记表（卡片）。安排并组织培训动物接种和保定人员，进行免疫接种知识教育，包括接种规范操作，接种后的饲养管理及观察，动物保定的注意事项等。

② 仔细对所使用的生物制品进行用前检查，有下列情况之一者一律不得使用：没有瓶签或瓶签模糊不清；没有经过合格检查；过期失效；生物制品的质量与说明书不符，如出现变色、潮解、板结、发霉、沉淀、有异物、有异味等；瓶盖不紧，瓶体破裂；未按规定方法保存。

③ 对预定预防接种的动物进行全面了解和临诊观察，必要时进行体温检查。凡体质过于瘦弱的动物，妊娠后期的动物，未断奶的幼畜，体温升高者或疑似患病动物均不应该接种疫苗，可注射免疫血清，禽可注射高免卵黄抗体。对这类未接种的动物应过后及时补种。

2. 疫苗的稀释

生产厂家对各种生物制剂是否需要稀释，以及使用的稀释液、稀释倍数和稀释方法都有明确规定，必须严格地按照使用说明书操作。稀释疫苗用的器械必须是无菌的，以防疫苗受到污染。

（1）注射用疫苗的稀释：用70%酒精棉球擦拭消毒疫苗和稀释液的瓶盖，然后用带有针头的灭菌注射器吸取少量稀释液注入疫苗瓶中，充分震荡溶解后，吸取注入盛放疫苗液的空瓶中，反复冲洗疫苗瓶2～3次，使疫苗充分转入疫苗液瓶中，补足所需稀释液，摇匀备用。

（2）饮水用疫苗的稀释：饮水（或喷雾）免疫时，疫苗最好用蒸馏水或无离子水稀释，也可用洁净的深井水或泉水稀释，不能用自来水，因为自来水中的消毒剂会把疫苗中活的微生物杀死，使疫苗失效。稀释前先用酒精棉球消毒疫苗的瓶盖，然后用灭菌注射器吸取少量的稀释液注入疫苗瓶中，充分振荡溶解后，抽取溶解的疫苗放入干净的容器中，再用稀释液把疫苗瓶冲洗几次，使全部疫苗转入容器中。然后按一定剂量补足所需稀释液。

3. 免疫接种的方法 根据不同生物制剂的使用要求采用相应的接种方法。

（1）皮下注射法：牛、马等大动物采用颈侧部位；猪在耳根后；羊在股内侧、肘后及耳根处；家禽在颈部或大腿内侧；兔在耳后或股内侧。根据药液浓度及动物大小，一般用16～20号针头。注射时，左手拇指与食指捏取皮肤成皱褶，右手持注射针管，在皱褶底部稍倾斜快速刺入皮肤与肌肉间，缓缓推药。注射完毕，将针拔出，立即以药棉揉擦，使药液散开。

（2）皮内注射法：接种部位马在颈侧；牛、羊除在颈侧外还可在尾根皮肤皱襞及肩胛中央；猪在耳根后；鸡在肉髯部。注射部位剪毛消毒，左手拇指与食指捏取皮肤成皱褶，右手持注射器使针头几乎与皮肤面平行刺入真皮内，缓慢注入疫苗，如感到药液注入困难，同时有一小泡，证明注射正确，然后用酒精棉球消毒针孔及其周围。

（3）肌肉注射法：牛、马、猪、羊一律采用颈部肌肉或臀部肌肉注射；禽多在胸部肌肉注射。一般用14～20号针头。注射时，左手固定注射部位，右手持注射器，针头垂直刺入肌肉内，然后左手固定注射器，右手将针芯回抽一下，如无回血，将疫苗慢慢注入。若发现有回血，应变更位置。如动物不安或皮厚不易刺入，可将注射针头取下，右手拇指、食指和中指紧持针尾，对准注射部位迅速刺入肌肉，然后针尾与注射器连接可靠后，注入疫苗。

（4）皮肤刺种法：家禽在翅膀内侧无血管处，消毒皮肤后，用刺种针或钢笔尖蘸取疫苗刺入皮下。为可靠起见，最好重复一次。刺种部位过一段时间如出现红肿、结痂反应，说明操作正确，如无反应，说明操作失败，应予补种。

（5）经口免疫法：将可供口服的疫苗混入饮水中，动物通过饮水而获得免疫，称为饮水免疫。将可供口服的疫苗用冷水稀释后拌入饲料，动物通过摄食而获得免疫，称为喂食免疫。经口免疫时，应按动物头数和每头动物平均饮水量或摄食量，准确计算需用的疫苗剂量，以保证每一个体都能获取一定量的疫苗。免疫前应停止供水或供食一段时间，增加动物的饮欲或食欲，一般夏季停水4h，冬季停水6h。混合疫苗用水应纯净，不能含有消毒药，器皿清洁无污染。混合疫苗用水和饲料的温度不宜超过室温。已经混合好的饮水和饲料，进入动物体内的时间越短效果越好，不能停放。免疫时应多设一些供料、供水点，保证有2/3的动物能同时饮水或吃食，避免动物因争抢饮食而导致摄入疫苗量过多或过少。本法具有省时省力的特点，适用于大群免疫。

（6）滴鼻、点眼法：用细滴管吸取疫苗（0.03～0.04ml）滴于鼻孔或眼内1～2滴（小鸡1滴，大鸡2滴）。滴鼻（眼）时，使鸡头平放，一侧鼻孔在上，一侧鼻孔在下，用手指堵住在下的一侧鼻孔，将疫苗滴入在上的鼻孔后，要稍停片刻，待疫苗吸入后再松开，防止鸡因摇头将疫苗洒落。

（7）气雾免疫法：将稀释的疫苗用雾化发生器喷射出去，使疫苗形成5～10μm的雾化粒子，均匀地浮游在空气之中，通过呼吸道吸入肺内，以达到免疫的目的。适用于大群免疫。

① 室内气雾免疫法：此法需有一定的房舍设备。免疫时，疫苗用量主要根据房舍大小而定，可按下式计算：

$$疫苗用量=\frac{D\times A}{T\times V}$$

上式中，D 为计划免疫剂量；A 为免疫室容积；T 为免疫时间（分钟）；V 为呼吸常数，即动物每分钟吸入的空气量（L），如羊的 $V=3\sim6$（羊每分钟吸入空气量 3 100～6 000ml，故以 3～6 作为羊气雾免疫的常数）。

疫苗用量计算好以后，即可将动物赶入室内，关闭门窗。操作者将喷头由门窗缝伸入室内，使喷头保持与动物头部同高，向室内四面均匀喷射。喷射完毕后，让动物在舍内停留 20～30min。操作人员要注意防护，戴上大而厚的口罩。

② 野外气雾免疫法：疫苗数量主要以动物的种类和数量而定。实际应用疫苗量应比计算用量略高一些。免疫时，如每群动物的数量较少，可多群合并，将动物赶入四周有围墙或栅栏的圈内。操作人员手持喷头，站在动物群中，喷头与动物头部同高，朝动物头部喷射。操作人员要随时走动，使每一动物都有吸入机会。如遇微风，还必须注意风向，操作人员应站在上风，以免雾化粒子被风吹走。喷射完毕，让动物在圈内停留数分钟即可放出。进行野外免疫时，操作人员更应注意个人防护。

4. 生物制品的保存和运送

（1）生物制品的保存：各种生物制剂应保存于低温、阴暗及干燥的场所。细菌性疫苗、类毒素、免疫血清、免疫卵黄抗体等应保存在 2～15℃，防止冻结，油乳剂灭活疫苗应室温保存；病毒性疫苗应放在 0℃以下冻结保存。在不同的温度条件下保存，不得超过所规定的期限。

（2）生物制品的运送：要求包装完善，防止碰坏瓶子和散播活的病原微生物。运送途中避免日光直射和高温，并尽快送到保存地点或预防接种场所。弱毒苗应在低温条件下运送，大量运送应用冷藏车，少量运送可装在放有冰块的广口瓶内，以免疫苗性能降低或丧失。

5. 生物制品使用注意事项

① 工作人员应加强个人防护，需穿工作服、胶靴，戴工作帽，必要时戴口罩。工作前后应洗手消毒，工作中要认真细致、规范操作，抓取或保定动物不粗暴，不在工作时间吸烟或吃东西。

② 接种时应严格执行消毒剂无菌操作。注射器、针头、镊子应高压或煮沸消毒。注射时最好每注射一头动物更换一个针头。在针头不足时可每吸液一次更换一个针头，但每注射一头后，应用酒精棉球将针头拭净消毒后再用。注射部位皮肤用 5% 的碘酊消毒，皮内注射及皮肤刺种用 70% 酒精消毒，被毛较长的应剪毛后再消毒。

③ 吸取疫苗时，先除去封口上的火漆或石蜡，用酒精棉球消毒瓶塞。瓶塞上固定一个消毒的针头专供吸取药液，吸液后不拔出，用酒精棉球包好，以便再次吸取。给动物注射用过的针头不能吸液，以免污染疫苗。

④ 疫苗使用前必须充分振荡，使其混合均匀后才能使用。免疫血清则不应振荡，沉

淀不应吸取，并随吸随注射。需经稀释后才能使用的疫苗，应按说明书的要求进行稀释。已经打开瓶塞或稀释过的疫苗，必须当天用完，未用完的处理后弃去。

⑤ 针筒排气溢出的药液，应吸集于酒精棉球上，并将其收集于专用的瓶内。用过的酒精棉球、碘酊棉球和未用完的药液都放入专用瓶内，集中销毁。接种工作完成后，所有用具清洗消毒处理。

⑥ 动物接种前后一周内，不要在饲料及饮水中添加抗生素或消毒药物，以免杀死疫苗中活的微生物。动物接种后，应注意观察7～10d，加强护理，如有不良反应，可根据情况及时处理，不良反应要记载到免疫登记册或免疫卡上。

【实训报告】

① 自选疫苗和动物，练习疫苗稀释及免疫接种技术。

② 根据实训情况，写一份免疫接种的实训报告。

实训三　检疫样品的采集

【实训目标】

① 掌握检疫样品的采集方法。

② 掌握检疫样品的处理方法。

【实训材料】

1. 器材

（1）血清、全血采集器材：5ml、10ml一次性注射器、15ml离心管、1.5mlEP管、装有玻璃珠的灭菌瓶、记号笔、防护服、无粉乳胶手套、防护口罩、签字笔、铅笔、空白标签纸、胶布、75%酒精棉球、碘酒棉球、冰袋、冷藏容器、消毒药品、组织采样单等。

（2）组织样品采集器材：灭菌的解剖器械（剪刀、镊子、手术刀、大刀、斧头等）、灭菌试管、平皿或自封袋、载玻片、棉签、营养肉汤、酒精灯、灭菌注射器、15ml的离心管、1.5mlEP管、记号笔、签字笔、防护服、无粉乳胶手套、防护口罩、铅笔、空白标签纸、胶布、75%酒精棉球、碘酒棉球、冰袋、冷藏容器、消毒药品、组织采样单等。

2. 试剂　肝素抗凝剂（0.1%肝素、阿氏液、枸橼酸钠）30%、50%甘油盐水缓冲液、加抗生素的PBS（病毒保存液）、50%甘油磷酸盐缓冲液。

【内容及方法】

（一）种质材料、胚胎的采集

种质材料主要指动物精液和胚胎。动物精液或胚胎可以携带某些病原体，引起动物疫病的传播。胚胎可以携带的主要的动物疫病病原体包括：牛传染性鼻气管炎病毒，牛病毒性腹泻病毒，水疱性口炎病毒，布鲁氏菌，非洲猪瘟病毒，口蹄疫病毒，猪瘟病毒，猪细小病毒，猪伪狂犬病病毒，猪水疱病病毒，支原体等。

胚胎样品应采自符合动物检疫协定或我国有关兽医卫生要求的合格供胚公畜。保证胚胎没有病原微生物主要以检验供胚动物或受胚动物，胚胎采集或冲洗液，胚胎透明带是否完整为决策依据，原则上不以胚胎做为检测样品。

1. 胚胎透明带检查　把胚胎放大50倍以上检查透明带表面，并证实透明带完整无损，无黏附杂物。胚胎按国际胚胎移植协会（IETS）规定方法冲洗，并且在冲洗前，后透明带完整无损。透明带破损的胚胎应弃去，凡从同一供体动物采集的胚胎应放在同一安瓶内。

2. 采集液、冲洗液

（1）采集液：将采集液置于消毒容器中，静置1h后弃去上清液，将底部含有碎片的液体（约100ml）倒入消毒瓶内。如果用滤器过滤采集胚胎，将滤器上的碎片洗下倒入100ml的滤液里。

（2）洗液：收集胚胎的最后4次冲洗液（第7、8、9、10次冲洗液）。上述样品应置4℃保存，并在24h内进行检验，否则应置－70℃冷冻待检。放在无菌安瓶或细管内的胚胎，应贮存在消毒的液氮容器内。

（二）活禽样品的采集

咽喉拭子的采集：将棉签插入喉头口及上颚裂处来回刮3～5次取咽喉分泌液，泄殖腔拭子的采集：将棉签插入泄殖腔转2～3圈并沾取少量粪便，再将咽喉拭子、泄殖腔拭子一并放入盛有0.8～1.0ml加有抗生素PBS的EP管中，加盖，编号。

（三）病死（屠宰）动物样品的采集

1. 解剖前检查 急性死亡的牛、羊、猪、马等动物，解剖之前应作临床检查，疑似炭疽病的应采血、镜检，排除炭疽病时方可解剖。动物死亡后应在6h内进行剖检。

2. 肝、脾、肾、淋巴结、肺和牛、马心脏样品的采集 在肝、脾、肾、淋巴结、肺和牛、马心脏有病变的部位各采取2～3cm^3的小方块，分别置于灭菌的试管或平皿中。其他动物采集整个心脏，置于自封袋中。细菌分离样品的采集可用烧红的刀片烫烙脏器表面，在烧烙部位刺一孔，用灭菌后的铂金耳伸入孔内，取少量组织或液体，作涂片镜检或划线接种于适宜的培养基上。

3. 脑、脊髓样品的采集 取脑、脊髓2～3cm^3浸入50%甘油盐水中或将整个头部（猪、牛、马除外）割下，用浸过0.1%升汞消毒液的纱布包裹，置于不漏水的容器中。

4. 肠、肠内容物及粪便样品的采集 肠样品的采集：选择病变最严重的部分，将其中的内容物弃去，用灭菌的生理盐水轻轻冲洗后，置于试管中。肠内容物样品的采集：烧烙肠壁表面，用吸管扎穿肠壁，从肠腔内吸取肠内容物，放入盛有30%甘油盐水中或者直接将带有粪便的肠管两端结扎，从两端剪断（约6cm）即可。粪便样品的采集：用棉签插到直肠黏膜表面采集粪便或用清洁玻棒挑取新鲜粪便少许（约1g），然后将拭子放入盛有30%甘油盐水中。

5. 液体病料样品的采集 采集胆汁、脓、黏液、关节液、胸水、腹水、心包液、水泡液等样品时，用药物或烫烙法消毒采样部位，用灭菌吸管（毛细吸管、注射器）经消毒部位插入，吸取内部液体，然后将病料注入灭菌试管中，加盖。也可用接种环经消毒部位插入，提取病料直接接种在培养基上。用灭菌棉拭子蘸取脓汁于灭菌试管中。

6. 胎儿样品的采集 取流产后的整个胎儿，装入自封袋或不透水塑料薄膜中。

7. 皮肤样品的采集 用清水清洗病变皮肤后，取病变皮肤3～5g放入灭菌小瓶中，加适量50%甘油磷酸盐缓冲液（pH值7.4），加盖密封。

8. 乳汁的采集 乳头及术者的手用新洁尔灭消毒，将最初挤出的乳汁弃去，采10～20ml左右乳汁于灭菌容器中。

（四）组织样品采集后的无害化处理

将所采集的病原分离样品置于4℃左右保温容器中在24h内送到实验室。若24h内不能送到，可将采集的样品放入样品保存剂中4℃或冻存（做细菌分离的样品不宜冻存），样品不宜反复冻融。活动物、病死动物组织样品采集完后，应做好样品外包装和环境消毒以及病死动物及其产品的无害化处理。

（五）样品编号、采样单、送检单填写

每头动物的不同组织样品应单独包装。包装好后，在样品袋或平皿外贴上标签，标签上注明样品名、样品编号、采样日期等。采集好不同部位的样品后，同一动物的样品集中包装。同时填写动物组织（拭子）采样单、流行病学调查表、动物检测样品送检单和动物疫病预防控制中心接诊单。动物组织（拭子）采样单、疫点流行病学调查表、动物检测样品送检单、样品上的编号要一一对应。动物组织（拭子）采样单一式三份，一份由被采样单位保存、一份由送检单位保存、一份由检测单位保存。动物检测样品送检单一式两份，一份由送检单位保存，一份由检测单位保存。动物疫病预防控制中心接诊单一式两份，一份由送检单位保存，一份由检测单位保存。

（六）注意事项

采集检验样品是动物检疫工作的重要内容。采样的时机是否适宜，样品是否具有代表性，样品处理、保存、运送是否合适及时，与检验结果的准确性、可靠性关系极大。采集检验样品时，需要符合以下规定。

1. 适时采样 根据检疫要求及检验项目的不同，选择适当的采样时机十分重要。采集样品是有时间要求的，应严格按规定时间采样；有临诊症状需要作病原分离的，样品必须在病初的发热期或症状典型时采样，病死的动物，应立即采样。

2. 合理采样 检疫规定要求，须严格按照规定采集各种足够数量的样品，不同疫病的，需检样品各异，应按可能的疫病侧重采样。对未能确定为何种疫病的，应全面采样。

3. 典型采样 选取未经药物治疗、症状最典型或病变最明显的样品，如有并发症，还应兼顾采样。

4. 无菌取样 采集检验样品除供病理组织学检验外，供病原学及血清学等检验的样品，必须无菌操作采样，采样用具、容器均须灭菌处理。尸体剖检需采集样品的，先采样后检查，以免人为污染样品。

5. 适量采样 采集样品的数量要满足检疫检验的需要并留有余地，以备必要的复检使用。

6. 样品处理 采集的样品应一种样品一个容器，立即密封，根据样品的性状及检疫检验要求不同，做暂时的冷藏、冷冻或其他处理。[冻结方法：可将样品放入－30℃冰箱内冻结，然后再装入有大小冰块或干冰的冷藏瓶（箱）内运送，亦可将装入样品的容器放入隔热保温瓶内，再放入冰块，然后按100g冰块加入食盐约35g，立即将隔热瓶瓶口塞紧。瓶内温度可达－21℃左右] 供细菌学检验或血清学检验的样品，冷藏送实验室即可。装样品的容器应贴上标签，标签要防止因冻结而脱落，标签标明采集时间、地点、号码和样品名称，并附上发病、死亡等相关资料，尽快送实验室。

7. 安全采样 采样过程中，须做好采样人员的安全防护，并防止病原污染，尤其必须防止外来疫病的扩散，避免事故发生。

8. 样品包装 装载样品的容器可选择玻璃的或塑料的，可以是瓶式、试管式或袋式。容器必须完整无损，密封不漏出液体。装供病原学检验样品的容器，用前彻底清洁干净，必要时经清洁液浸泡，冲洗干净后以干热或高压灭菌并烘干。如选用塑料容器，能耐高压的经高压灭菌，不能耐高压的经环氧乙烷熏蒸消毒或紫外线距离 20cm 直射 2h 灭菌后使用。根据检验样品性状及检验目的选择不同的容器，一个容器装量不可过多，尤其液态样品不可超过容量的80%，以防冻结时容器破裂。装入样品后必须加盖，然后用胶布或封箱胶带固封，如是液态样品，在胶布或封箱胶带外还须用熔化的石蜡加封，以防液体外泄。如果选用塑料袋，则应用两层袋，分别用线结扎袋口，防止液体漏出或入水污染样品。

9. 送检迅速 样品经包装密封后，必须尽快关往实验室，延误送检时间，常会严重影响检疫结果。因此在送检样品过程中，要根据样品的保存要求及检验目的，妥善安排运送计划。供细菌检验、寄生虫检验及血清学检验的冷藏样品，必须在 24h 内送到实验室；供病毒检验的冷藏处理样品，须在数小时内送达实验室，经冻结的样品须在 24h 内送到，24h 内不能送到实验室的，需要在运送过程中保持样品温度处于 -20℃ 以下。送检样品过程中，为防止样品容器破损，样品装入冷藏瓶（箱）后应妥善包装，防止碰撞，保持尽可能的平稳运输。以飞机运送时，样品应放在增压仓内，以防压力改变，样品受损。

【实训报告】 写出采集病料的步骤及操作体会。

实训四 血液样品的采集

【实训目标】

① 掌握血液采集和抗凝的方法。

② 学会采血针和注射器的使用方法。

③ 掌握血清的制作和收集方法。

【实训材料】

1. 器材 酒精棉球和碘酊棉球、采血针、一次性注射器、载玻片、无菌试管（为防止破损，最好使用塑料试管。不可使用棉花试管塞，应当使用橡胶塞）、手术剪子、剪毛剪子、酒精灯、采样单、记录夹、复写纸及圆珠笔、记号笔、不干胶标签。

2. 试剂 枸橼酸钠、乙二胺四乙酸二钠（EDTA-Na2）等。

3. 动物准备 应事先通知被采样单位或农户在当天采样前不要饲喂动物。

【内容及方法】

（一）采血部位

一般根据检测项目的方法和对标本的要求不同，临床检验采用的血液标本分为全血、血清和血浆。全血主要用于血细胞成分的检查，血清和血浆则用于大部分临床化学检查和免疫学检查。

各种动物的采血部位：颈静脉（马、牛、羊）；耳静脉（猪、羊、犬、猫、实验动物）；前腔静脉（猪）；翅内静脉（家禽）；隐静脉（犬、猫、羊）；脚掌（鸭、鹅）；前臂头静脉（犬、猫、猪）；冠或肉髯（鸡）；心脏（兔、家禽、豚鼠、断尾、猪、实验动物）。

（二）采血要求

先用碘酊棉球，后用酒精棉球进行消毒。每头动物一般采血15～20ml，或收集血清5～10ml。

（三）步骤

1. 静脉采血 供检验用的血液样品，一般采集静脉血，大动物可采集多量的血液，而小动物和实验动物的采血量少，只能根据检验的目的、动物种类和病情酌定采血量。马、牛、羊、犬、猫一般多在颈静脉；成年猪在耳静脉；6个月以内的猪在前腔静脉；禽在翅静脉采血。

（1）鸡冠采血法：用于需要少量血液的采血，用采血针或针头刺破鸡冠吸取血液，然后消毒伤口。

（2）翼下静脉采血法：先将鸡侧卧保定，露出腋窝部，拔去该部羽毛，可见翼下静脉，压迫翼下静脉的近心端，使血管怒张，消毒后，实验者手持有针头的注射器，使针头向远心端刺入静脉，见回血后抽出血液，一只成年鸡可采血10～20ml血，且注意抽血时一定要缓慢，采完后要压迫止血，采血的顺序一定要从翼尖端逐渐向翼根处，否则开始就从翼根处采血，易造成淤血，没法继续采血。

（3）前腔静脉采血法：猪仰卧，拉直两前肢使与体中线垂直或使两前肢向后与体中线平行。手持针管，针头斜向后内方与地面呈60°角，向右侧或左侧胸前窝刺入，进针2～3cm即可抽出血液。

2. 末梢或小静脉采血 马、牛可在耳尖部采血，采血时局部剪毛，酒精消毒，用18号针头刺入1cm左右，血液即可流出。猪、羊、兔等可穿刺耳边缘小静脉。

3. 心脏采血

（1）禽的采血：右侧卧保定，左侧胸部向上，取一个10ml注射器，接上长约5cm的针头，从胸骨脊前端至背部下凹处连接线的中点，垂直或稍向前内方刺入2～3cm即可。

（2）兔或豚鼠等的采血：在胸部左侧触及心脏跳动处垂直刺入，边刺边抽注射器内塞。

4. 血清的制备 某些实验项目需要待检动物的血清，可将采集的血液置于灭菌试管中（不加抗凝剂），在室温下或4℃冰箱（冬季要防止冻结）中摆成斜面，待血液充分凝固后竖起，血清析出后，以无菌吸管吸出血清置于灭菌小瓶中送检。也可将采集的血液静置一定时间后，用离心机离心析出血清备用。血浆应在抗凝血采集后离心分离。

【实训报告】

写出对各种动物进行采血的步骤及操作体会。

【相关知识】

采集全血或血浆样品时，在采血前应在采血管中加入抗凝剂，制备抗凝管。如用注射器采血，应在采血前先用抗凝剂湿润注射器。

常用的抗凝剂有以下几种。

1. 草酸盐 与血液中钙离子结合形成不溶性草酸钙而起抗凝作用，1ml血液用2mg草酸盐即可抗凝。常用的草酸盐为草酸钾、草酸钠等，配成10%溶液，根据抗凝血量加入试管或玻瓶中，置45～55℃（不超过80℃）烘箱内烤干备用。此抗凝剂不适宜钾、钠和钙含量的测定，并且能使红细胞缩小6%，故也不适宜红细胞压积容量的测定。临床上一般用草酸盐合剂，配方为草酸钾0.8g、草酸铵1.2g，加蒸馏水100ml溶解，取此液0.5ml加入试管或玻瓶中，可抗凝5ml血液。此抗凝剂能保持红细胞的体积不变（草酸铵使红细胞膨胀，草酸钾使红细胞皱缩），适用于血液细胞学检查，但不适用于非蛋白氮、血氨等含氮物质和钾、钙的测定。

2. 枸橼酸钠 与血液中钙离子形成非离子化的可溶性钙化合物而起抗凝作用，溶解度和抗凝度较弱，5mg可抗凝1ml血液。使用时配成3.8%溶液，0.5ml可抗凝5ml全血。主要用于红细胞沉降速率的测定和输血，一般不作为生化检验的抗凝剂。

3. 乙二胺四乙酸二钠（$EDTA\text{-}Na_2$） 与钙离子形成EDTA-Ca螯合物而起抗凝作用，1ml血液需1～2mg，常配成10%溶液，取此液2滴加入试管或玻瓶中，置50～60℃干燥箱中烘干备用，可抗凝5ml血液。该抗凝剂对血细胞形态影响很小，常用于血液学检验。

4. 肝素 主要是抑制凝血酶原转化为凝血酶，使纤维蛋白原不能转化为纤维蛋白。0.1～0.2mg或20IU（1mg相当于126IU）可抗凝1ml血液，常配成1%溶液，加入试管或玻瓶后在37℃左右烘干备用，适用于大多数实验诊断的检查。缺点是白细胞的染色性较差。

实训五 病料的采集和送检

【实训目标】

① 掌握病料采集、包装的方法。

② 掌握病料保存、送检的方法。

【实训材料】

1. 器具 棉花、纱布、干净的玻瓶、桶、塑料袋、平皿、结扎线、载玻片、手术刀、镊子、量尺、方盘、切板、试管、量筒、量杯、线手套、胶手套、工作帽、胶靴、围裙、防护眼镜、解剖刀、肠剪、骨剪、针头等。

2. 药品 固定液如10%福尔马林溶液、70%酒精、0.1%新洁尔灭溶液、百毒杀、3%碘酊、2%硼酸水、pH值7.4等渗磷酸盐缓冲液（PBS）、95%酒精等。

【内容及方法】

（一）病理组织学材料的采集

1. 采集的部位 用作病理组织学检验的病料应选取病变最典型最明显的部位，并应连同部分健康组织一并采取，同时应该含有该器官的主要部分。例如，肾要有皮质部、髓质和肾盂，脾和淋巴结要有淋巴小结部分，黏膜器官应含有从浆膜到黏膜各部，肠应有淋巴滤泡，心脏应有房室及瓣膜各部；大的病变组织不同部位可分段采取多块；若同一组织有不同的病变，应同时各取一块。切取的组织病料立即浸泡在95%酒精或10%福尔马林缓冲固定液内固定。固定液容积应是组织块体积的10倍以上，病料密封后加贴标签即可送往实验室。若实验室不能在短期内检验，或不能在2d内送出，经24h固定后，最好更换一次固定液，以保持固定效果。

做狂犬病的尼格里氏体检查的脑组织，取量应较大，一部分供在载玻片上作触片，一部分供固定，用Zenker氏固定液固定。做其他包涵体检查的组织用氯化高汞甲醛固定液固定。

胃肠、胆囊等在固定时易发生弯曲扭转的，可将组织块浆膜面向下平放在硬质泡沫板上或硬纸片上，两端结扎放入固定液中，肺组织块常漂浮于固定液面上，可盖上玻片，用脱脂棉或纱布包好后放入标签，再放入固定液的容器中。

2. 固定方法 固定组织病料时，为了简便，一般一头（只）动物的组织可在同一容器内固定。如有数头动物的组织病料，可用纱布分别包好并附上用铅笔书写的标签后投入一个较大的容器内固定送检。

组织块固定时，应将尸检病例号用铅笔写在小纸片上，蘸70%酒精固定后投入瓶内，也可将所用固定液、病料种类、器官名称、块数编号、采取时间写在瓶签上。

3. 保存、包装和运送

① 一般情况下，病理组织学病料用10%福尔马林固定液保存于标本瓶内密封。

② 病理组织学送检病料固定好后，将组织块用脱脂纱布包裹好，放入塑料袋，再结扎备用。

③ 目前多派专人送检，送检应将整理过的尸体剖检记录及临床流行病学材料一并送检，并填写送检单，以说明送检目的要求、组织块名称、数量等。此外送检单位应保存一套病料，以备必要时复查用。

4. 注意事项

① 采取的病理材料应保证新鲜，最好是动物的心脏还在跳动时取材，立即投入固定液内，组织块固定前勿沾水。脏器的上皮组织易变质，应争取在死后半小时内处理完毕。

② 组织块力求小而薄，大小应为长宽1～3cm，厚度0.5cm左右，有时可采取稍大的病料块，待固定几小时后，再切小切薄；脱水包埋组织块厚度不超过3mm。

③ 切取组织块用的刀、剪要锋利，切割时不可来回挫动。夹取组织时，切勿猛压，以免挤压损伤组织。取材时，组织块可稍大一点，以便在固定后，将组织块的不平整部分修去。在固定前不能用水冲淡组织。

④ 熟悉器官组织的构造并据此决定其切面的走向；纵切或横切根据观察目的而定。

⑤ 组织块上如有血液、污物、黏液、食物、粪便等，先用生理盐水冲洗，然后放入固定液。组织周围不需要的部分，如脂肪等应切除，以免影响以后的观察和检查。

（二）微生物学材料的采集

1. 脏器病料的采取

（1）实质器官：心、肝、脾、肺、肾等实质器官脏器，应选择病变明显的部位采取2～5cm^3小方块即可，若幼小动物，可采取完整的器官，分别置于灭菌容器内。为防止污染，每一个脏器用一套灭菌的剪、刀、镊，各脏器必须作触片或压片数张。

（2）淋巴结：采取病变脏器邻近的淋巴结，并尽可能多取几个。若采取胃肠附近的淋巴结，应防止胃肠内容物污染。凡被污染的病料，应废弃重采。

（3）肠管：用线扎紧病变明显处（5～10cm）的两端，自扎线外侧剪断，把该段肠管置于灭菌容器中，冷藏送检。

（4）皮肤：一般情况下采取大约10cm×10cm的皮肤一块，放于保存液中。能在皮肤上引起疱疹或丘疹、结节、脓疱性皮炎、皮肤坏死等病变的疫病，均可采取有病变的皮肤进行检验。采取扑杀或死后的动物皮肤病料，用灭菌的器械取病变部位及与之交界的小部分健康皮肤；活动物的病变皮肤如水疱结节、痂皮等可直接剪取。

（5）脑脊髓液及管骨：脑可纵切取其一半，必要时采取部分骨髓或脊髓液。若尸体腐败，可取长骨或肋骨，从骨髓中检查细菌。某些情况下可取整个头。脑及脊髓病料浸入

50%甘油生理盐水中，整个头或骨用浸过0.1%升汞溶液的纱布或油布包裹，冷藏送检。

（6）胎儿：胎儿、小动物可将整个尸体包入塑料薄膜中，或采取胎儿胃和内容物及其他病变脏器送检。

2. 液体病料的采取

（1）粪便病料：用清洁灭菌玻璃棒挑取新鲜粪便或以灭菌的棉拭子从直肠深处或泄殖腔黏膜上蘸取粪便，并立即投入灭菌的试管内密封，或在试管内加入少量pH值7.4的保护液再密封。须采取较多量的粪便时，可将动物肛门周围消毒后，用器械或用带上胶手套的手伸入直肠内取粪便。所收集的粪便装入灭菌容器内，经密封并贴上标签，立即冷藏或冷冻送实验室。

（2）生殖道病料：主要是动物死胎、流产排出的胎儿、胎盘、阴道分泌物、阴道冲洗液、阴茎包皮冲洗液等。流产的胎儿及胎盘可按采取组织病料的方法，无菌采取有病变的组织，也可按检验目的采取血液或其他组织；阴道、阴茎包皮分泌物可用棉拭子从深部取样，亦可将阴茎包皮外周、阴户周围消毒后，以灭菌缓冲液或汉克氏液冲洗阴道、阴茎包皮，收集冲洗液。

（3）胃肠内容物病料：取中小动物胃内容物时，可将食道及十二指肠结扎，断端烧烙的整个胃送检。大家畜胃内容物，以无菌刀切开胃后，用灭菌匙取。肠内容物可选取适宜肠段7cm左右，两端结扎，以灭菌剪刀从结扎线外端剪断，置玻璃容器或塑料袋中。

（4）血液：通常从右心室采取心血。先用烧红的铁片或刀片烙烫心肌表面，然后用灭菌吸管或采血器抽取血液，盛于灭菌的试管或青霉素瓶中。

（5）胆汁：可用灭菌采血器吸取胆汁数毫升，如幼小动物，可取整个胆囊。

（6）分泌液和渗出液：眼、鼻腔、口腔的分泌液或渗出液，开放的化脓灶，可用灭菌的棉花拭子蘸取，放入试管。也可将拭子上的分泌物洗在灭菌汤等保存液内。

未破溃的脓肿可用采血器刺入脓肿，吸出脓汁注入灭菌容器内；水疱溶液，皮下水肿液，尸体剖检的胸水、腹水、心包液、关节囊液等可用灭菌采血器或注射器或灭菌吸管抽取或吸取，置于灭菌容器内。

3. 保存、包装和运送

（1）病毒检验病料：应装入灭菌的容器内，经密封并贴上标签，立即冷藏或冷冻保存。如较长时间才能送检，应在－70℃条件下保存，也可加入保存液，如灭菌的50%甘油磷酸盐缓冲液，液体病料可保存在pH值7.2～7.4的灭菌肉汤或磷酸盐缓冲盐水中。

（2）细菌检验病料：供细菌检验的脏器病料，应分别放入灭菌的容器内或灭菌的塑料袋内，贴上标签，立即冷藏送实验室。作细菌检验的粪僚时，可投入无菌缓冲盐水或肉汤试管内；较多量的粪便则可装入灭菌的容器内，贴上标签后冷藏保存，如较长时间才能送检，应加入保存液，如pH值7.2～7.4的灭菌肉汤、灭菌的液体石蜡、30%甘油缓冲盐水溶液等。抽取的分泌物或渗出液，要分别放入已灭菌的玻璃瓶内密封，贴上标签，冷藏。棉拭子病料可放入灭菌试管内密封，贴上标签，冷藏；也可将拭子浸入保存液（一般每只拭子每支试子需保存液5ml）中，密封低温保存。

（3）每个组织病料应分别包装：在病料袋或平皿外面贴上标签，病料名、病料编号、采样日期等。再将各个病料放到塑料包装袋中。

（4）拭子病料、小塑料离心管要放在特定的塑料盒内：分泌液、血清病料装于西林瓶时，要用铝盒盛放，盒内加填塞物避免小瓶晃动。

（5）木箱、包装袋外、塑料盒及铝盒要贴封条：封条上要有采样人签章，并注明贴封日期。标注放置方向，切勿倒置。

（6）运送病料要求派专人用最快速度运送：运送时保证病料包装免碰撞、高温、阳光照射等。病料若能在24h内送到实验室，可只用带冰袋的保温容器冷藏运输。供病毒检验病料，在冷藏状态下在4h内送到实验室，如果超过4h，要做冷冻处理，应先将病料置于－30℃冻结，然后再在加冰袋运输，经冻结的病料必须在24h内送到。24h内不能送到实验要在运送过程中保持病料温度处于－20℃以下。

【相关知识】

（一）采集病料

采取死后的动物皮肤病料，用灭菌的器械取病变部位及与之交界的小部分健康皮肤；可放入有盖容器内供直接镜检。检查活动物的寄生虫病如疥螨、痒螨等时，可在患病皮肤与健康皮肤交界处，用凸刃小刀，使刀刃与皮肤表面垂直，刮取皮屑，直到皮肤轻度出血，接取皮屑供检验。粪便病料应选择新排出的或直接从直肠内采得的粪便，要保持虫体或虫体节片及虫卵的固有形态。

（二）保存、包装和运送

1. 粪便　一般寄生虫检验的粪便用量较多，采得的粪便用量较多，采得的粪便以冷藏不冻结状态送实验室。如较长时间才能送检，应加入保存液，可放入加热到50～60℃的50%～10%的福尔马林溶液中冷却后密封保存。

2. 涂片　用甲醇固定，片片相叠，涂片之间用火柴杆垫起，最外面的血膜向里，用细线捆扎送检。

3. 虫体　依种类而定。

吸虫：用生理盐水洗净后，放在常水中杀死，而后放在70%酒精中固定。

绦虫：节片的固定方法同上，也可放于绦虫固定液中，12h后再移到70%酒精中保存。绦虫蚴及其病理标本可用10%福尔马林溶液固定。

线虫和棘头虫：大型虫体洗净后，放在4%热福尔马林溶液中保存。小型线虫放在巴氏液或甘油酒精中保存。固定时虫体要用毛笔洗净，固定液应先加热，以使虫体彻底舒展。

蜘蛛昆虫：昆虫用针插法干燥保存，昆虫的幼虫、虱、毛虱、羽虱、蠕形螨、蚤、虱蝇、舌形虫、蝉等放在加热的70%酒精中保存，蜡类用贝氏液封固。

经固定染色的原虫玻片：直接保存于标本盒内。

病变组织和寄生虫所在组织：于10%福尔马林液中密封保存。

【实训报告】

写出采集病理材料的操作体会。

实训六　动物养殖场的消毒

【实训目标】

熟悉常用消毒器械的使用和保养，掌握动物养殖场常用消毒剂的配制和消毒的方法。

【实训材料】

1. 消毒器械 喷雾器、量筒、天平或台平、盆、桶、缸、清扫洗刷工具、长筒胶靴、工作服、帽、口罩、橡皮手套和毛巾等。

2. 消毒药品 新鲜生石灰、粗制氢氧化钠、漂白粉、来苏尔、福尔马林、高锰酸钾等。

【内容及方法】

1. 常用消毒器械的使用和保养

(1) 喷雾器：喷雾器在使用前，应仔细检查，尤其是喷头有无堵塞。消毒液应在桶内充分溶解后过滤，避免不溶性颗粒堵塞喷头。消毒完后立即将剩余的消毒液倒出，用清水洗干净。喷雾器的打气筒及零部件应注意维修保养。

(2) 火焰喷灯：是用汽油或煤油做燃料的一种工业用喷灯，喷出的火焰具有很高的温度。常用于消毒被病原体污染的金属制品，如兔笼、鸡笼等。消毒时不要喷烧过久，以免烧坏，并按一定次序以免遗漏。

2. 常用消毒剂的配制

(1) 5%来苏尔溶液：取来苏尔5份，加入95份，混匀即可。

(2) 20%石灰乳溶液：按1kg生石灰加5kg水。先用与生石灰等量的水缓慢加入生石灰内，待石灰变为粉末后再加入其余的水，搅匀即可。

(3) 20%漂白粉溶液：漂白粉又称氯化石灰，主要成分是次氯酸钙，其有效氯含量为25%～30%。但有效氯易丧失，应将漂白粉保存于干燥容器中。按1 000ml水加入200g(含有效氯25%)配制，先在漂白粉中加入少量水，充分搅拌成糊状，然后加入其余的水，搅匀即可。

(4) 4%氢氧化钠溶液：称取40g氢氧化钠，加入60～70℃的水1 000ml，搅匀即可。

(5) 10%福尔马林溶液：福尔马林为40%甲醛溶液。按10ml福尔马林加90ml水比例配制。如需其他浓度，同样按比例加入福尔马林和水。

3. 畜舍、用具、地面、粪便和污水的消毒

(1) 畜舍、用具的消毒：在消毒之前，先彻底清扫畜舍，清扫前先用清水或消毒液喷洒，以免灰尘及病原微生物飞扬。清扫时要把饲槽洗刷干净，将垫草、饲料和粪便清理干净。然后用化学消毒剂进行彻底喷洒或熏蒸消毒。

喷洒消毒　消毒液的用量一般为1 000～1 200ml/m^2，常用的消毒药为10%～20%石灰乳、10%漂白粉、2%～4%氢氧化钠。消毒时先由离门远处开始，对天棚、墙壁、食槽和地面按顺序均匀喷洒，然后打开门窗通风。并用清水冲洗用具除去药味。

熏蒸消毒　按畜舍体积计算药品用量。一般每立方米空间用福尔马林25ml、水12.5ml、高锰酸钾(或用生石灰代替)。消毒前将动物赶出，畜舍内用具及物品摆开，门窗密闭，室温不低于15℃。先将福尔马林与水倒入陶瓷容器中，后加入高锰酸钾搅匀。福尔马林因氧化发热而蒸发产生甲醛气体，经12～24h打开门窗充分通风换气数日，药味消失后才能将动物迁入，以免发生中毒。

(2) 地面土壤的消毒：被病畜(禽)的分泌物和排泄物污染的地面土壤，常含有病原微生物，应进行严格消毒，以防止传染病的蔓延。土壤表面可用5%～10%漂白粉溶液或10%氢氧化钠溶液消毒。停放过芽胞菌所致传染病如炭疽、气肿疽等病畜尸体的场所，首先用10%～20%漂白粉喷洒地面，然后将表层土壤掘起30cm左右，并撒上漂白粉与土混合，运出深埋。

（3）粪便的消毒：传染病病畜粪便的消毒有多种方法，如焚烧、化学消毒、掩埋和生物热消毒法等。

焚烧法：是消灭病原微生物最有效的方法，方法是在地上挖一个壕，深75cm、宽75～100cm，长以粪便多少而定，在距壕底40～50cm处加一层铁梁，在铁梁下面放置燃料，上放置粪便。此法能有效消灭一切病原菌，多用于炭疽病病畜粪便的处理。

生物热消毒法：用粪便自身发酵产热来杀灭无芽胞菌、病毒及寄生虫卵等以达到消毒的目的，通常有两种方法，一种是发酵池法，另一种是堆积法。

发酵池法：此法适用于饲养大量的农牧场，多用于稀薄粪便（如牛、猪粪便）的发酵处理。在距农牧场200～250m以外无居民、河流、水井的地方挖筑两个或两个以上的发酵池（池的数量与大小取决于每天运出的粪便数量）。池的边缘与池底用砖砌后再抹水泥，使之不透水。待倒入池内的粪便快满时，在粪便表面铺一层干草，上面盖一层泥土封严，经1～3个月即可掏出作肥料。

堆积法：适用于干固粪便（如马、羊、鸡粪便）的发酵处理。在距畜舍100～200m外设堆粪场，挖20cm浅沟，宽1.5～2m，长视粪多少定。先放一层厚25cm健康马粪或短蒿杆，上堆粪便、垫草1～1.5m。粪干掺稀粪或水，粪稀加垫草或杂草，使湿度利于发酵。外盖10cm厚的健康粪或杂草，最外层抹10cm厚泥，堆1～3个月达到发酵消毒。此法发酵温度达60～70℃，可杀灭粪便中的非芽胞细菌、病毒及寄生虫卵和幼虫。

化学消毒法：用含2%～5%有效氯漂白粉溶液或20%石灰乳与粪便混合消毒。

掩埋法：粪便与消毒剂混合后，深埋2m左右。

（4）污水的消毒：被病原体污染的水，可用沉淀法、过滤法、化学药品处理法等进行消毒。常用化学药品处理法，方法是先将污水处理池的出水管关闭，将污水引入水池后，加入化学药品如漂白粉或生石灰进行消毒。消毒药的用量一般1 000ml加入2～5g漂白粉。消毒后，将闸门打开使污水流入下水道。

4. 消毒效果的检查 消毒对象的细菌学检查，从消毒过的地面、墙壁及饲槽上取样，在上述地方划10cm×10cm大小正方形数块，用灭菌湿棉签擦拭1～2min，将棉签置于中和剂（30ml）中并沾上中和剂然后压出，如此数次后，再放入中和剂内5～10min，最后将棉签拧干，移入装有灭菌水的罐内，送实验室。

送到实验室的样品在当天仔细拧干棉签并搅拌液体。将洗涤样品接种在远藤氏培养基上，用灭菌试管吸取0.3ml倾注于琼脂平板表面，并用灭菌“刮”将材料涂布于平板表面，然后仍用次“刮”涂布第二个平板。将接种的平板置于37℃培养24h后检查初步结果，48h后检查最后结果。当发现可疑菌落时，用常规方法鉴别。如没有肠道菌存在，证明进行的消毒效果良好。常用消毒剂的中和剂见表实－1。

表实－1 常用消毒剂的中和剂

消毒剂及其浓度	中和剂及其浓度
含氯（碘）消毒剂［有效（碘）0.1%～0.5%］	硫代硫酸钠（0.1%～1.0%）
过氧乙酸（0.1%～0.5%）	硫代硫酸钠（0.1%～0.5%）
过氧化氢（0.1%～3.0%）	硫代硫酸钠（0.5%～1.0%）

（续表）

消毒剂及其浓度	中和剂及其浓度
福尔马林（甲醛1%）	（1）双甲酮（1%）与吗啉（0.6%）混合液 （2）亚硫酸钠（0.1%～0.5%） （3）氢氧化铵（25%）
季盐类消毒剂（0.1%～0.5%）	吐温80（0.5%～3.0%）
酚类消毒剂（3.0%～5.0%）	吐温80（3.0%～5.0%）
汞类消毒剂（0.002%～0.5%）	巯基醋酸钠（0.2%～2.0%）
碱类消毒剂	等当量酸
酸类消毒剂	等当量碱

【注意事项】

① 进行消毒工作应有必要的防护，如配制新鲜石灰乳防止烧伤和石灰粉飞入眼中；漂白粉消毒时防止结膜炎、呼吸道炎；防止皮肤损伤。

② 防止工作人员感染及病原菌扩散。

③ 生石灰遇水产生高温，应在搪瓷桶、盆中配制为宜。

④ 对有腐蚀性的消毒药品，如氢氧化钠在配制时，应戴橡皮手套操作，严禁用手直接接触，以免灼伤。配制好应储存于塑料或搪瓷桶内备用，严禁放置于金属容器中，以免损坏容器。

⑤ 大多数消毒液不易久存，应现用现配。

⑥ 对人畜共患病的病原微生物进行消毒时，应做好个人防护，防止工作人员感染。

⑦ 消毒完毕后，做好消毒器械及用品的维护与保养。

实训七 药物预防

【实训目标】

使学生熟悉药物预防的准备和组织工作，掌握药物预防的方法及注意事项。

【实训材料】

1. 药物 常用的预防用药。

2. 器材 各种给药用具、称重或估重、搅拌用具等。

3. 动物 实验室或实验场动物。

4. 其他 预防用药记录等。

【内容及方法】

教师讲解预防用药选择原则、用药方法和技术、注意事项等。首先教师示范常用的各种给药方法，然后学生分组进行操作，并观察动物的不同反应，做好各项记录。

1. 预防用药的选择 原则是作用范围广，最好是广谱抗菌、抗寄生虫药，对多种病原体有效。安全性好，即对动物低毒。耐药性低，即较长时间使用，不易产生耐药现象。性质稳定，即不易分解失效，便于长时间保存使用。价格低廉，经济实用。

2. 给药方法 预防用药一般采用群体给药法，药物多是添加在饲料中或溶解到水中，让动物服用，有时也采用气雾给药的方法群体给药。

（1）拌料给药：在进行混合料给药时按照混合料给药剂量，准确计算所用药物剂量，若按动物每公斤体重给药，应严格按照个体体重，计算出动物群体体重，再按照要求把药物拌进料内。为了保证药物混合均匀，通常采用分级混合法，即把全部用量的药物加到少量饲料中，充分混合后，再加到一定量饲料中，再充分混匀，然后再拌入到计算所需的全部饲料中。大批量饲料拌药更需多次逐步分级扩充，以达到充分混匀的目的。

（2）饮水给药：饮水给药主要适用于容易溶解在水中的药物，对于一些不易于溶解的药物可以采用适当地加热、加助溶剂或及时搅拌的方法，促进药物溶解，以达到饮水给药的目的。

用药前，让畜（禽）群停止饮水一段时间。一般寒冷季节停饮3～4h，气温较高季节停饮1～2h，然后换上加有药物的饮水，让动物在一定时间内充分喝到药水。严格掌握动物一次饮水量，再计算全群饮水量，用一定系数加权后，确定全群给水量，然后按照药物浓度，准确计算用药剂量，把所需药物加到饮水中以保证药饮效果。

（3）气雾给药：使用能使药物气雾化的器械，将药物分散成一定直径的微粒，弥散到空间中，让动物通过呼吸作用吸入体内或作用于动物皮肤及羽毛黏液。使用气雾药前应按照动物舍空间情况，使用气雾设备要求，准确计算用药剂量，以免过大或过小，造成不应有的损失。运用气雾给药时，药物吸收快，作用迅速，节省人力，尤其适用于现代化大型养殖场。

（4）体外用药：体外用药主要指对圈舍、周围环境、饲养用具及设备等的消毒，以及为杀死动物的体表寄生虫、微生物所进行的体表用药。它包括喷洒、喷撒、喷雾、熏蒸和药浴等不同方法。

【注意事项】

① 本实习进行前，教师必须做好实习准备和安排，学生事先预习。实习过程要注意安全。

② 用药前应注意药物的选择，拟定剂量、剂型和给药方法，同时对药品的制造单位、批号等加以登记。

③ 一定要预先严格测算动物数量、体重，精确计算动物群体药量。

④ 给药期间应加强饲养管理。

⑤ 药物与饲料混合时，必须搅拌均匀，尤其是一些安全范围较小的药物及用量较少的药物，一定要均匀混合。

⑥ 因饮水量大小与动物的品种，动物舍内的温度、湿度、饲料性质，饲养方法等因素密切相关，所以动物群体，不同时期，饮水量不尽相同。

⑦ 气雾给药时，可应用无刺激性，容易溶解于水的药物，不应使用有刺激性药物，以免引起动物呼吸道发炎。

【实训报告】 撰写药物预防总结报告。

实训八　驱　虫

【实训目标】

使学生熟悉驱虫的准备和组织工作，掌握驱虫技术、驱虫中的注意事项和驱虫效果的评定方法。

【实训材料】

1. 药物 常用各种驱虫药。

2. 器材 各种给药用具、称重或估重用具、粪学检查用具等。

3. 动物 现场患病动物。

4. 其他 驱虫用记录表格。

【内容及方法】

教师讲解驱虫药选择原则、驱虫技术、注意事项、驱虫效果评定方法等。首先教师示范常用的各种给药方法，然后学生分组进行驱虫操作，并随时观察动物的不同反应，做好各项记录，按时评定驱虫效果。

1. 驱虫药的选择 原则是选择广谱、高效、低毒、方便和廉价的药物。广谱是指驱除寄生虫的种类多；高效是指对寄生虫的成虫和幼虫都有高度驱除效果；低毒是指治疗量不具有急性中毒、慢性中毒、致畸形和致突变作用；方便是指给药方法简便，适于大群驱虫给药的技术（如饲喂、饮水等）；廉价是指与其他同类药物相比价格低廉。但最主要是依据当地存在的主要寄生虫病选择高效驱虫药。

2. 驱虫药的配制 根据所选药物的要求进行配制。但多数驱虫药不溶于水，需配成混悬液给药，其方法是先把淀粉、面粉或细玉米面加入少量水中，搅匀后再加入药粉，继续搅匀，最后加足量水即成混悬液。使用时边用边搅拌，以防上清下稠，影响驱虫的效果与安全。还可将药物混在食物中采食，注意一定完全搅拌均匀。

3. 给药方法 根据所选药物的要求，选定相应的投药方法，具体投药技术与临诊常用给药法相同。但应注意犬、猫等动物嗅觉灵敏，对异味特别敏感，既便混在食物中也常拒绝采食，此时可将药物裹在喜欢的食物或肉团中喂服，并可适当饥饿一定时间再投服。

4. 驱虫的注意事项

① 驱虫前应注意选择驱虫药，拟定剂量、剂型、给药方法和疗程，同时对药品的制造单位、批号等加以记载。

② 在进行大群动物驱虫之前，应选出有代表性的少部分动物做试验，观察药物效果及安全性。

③ 一定要预先测量动物体重，精确计算药量。

④ 将驱虫动物的来源、健康状况、年龄、性别等逐头编号登记。

⑤ 给药前后 1～2d 应观察动物（特别是驱虫后 3～5h），注意给药后的变化，发现中毒立即急救。

⑥ 给药期间应加强饲养管理。

⑦ 投药后 3～5d，使动物圈留，将粪便集中用生物热发酵处理。

5. 驱虫效果评定 驱虫后要进行驱虫效果评定，必要时进行第 2 次驱虫。驱虫效果主要通过以下内容的对比来评定：

（1）发病与死亡：对比驱虫前后动物的发病率与死亡率。

（2）营养状况：对比驱虫前后动物各种营养状况的比例。

（3）临诊表现：观察驱虫后临诊症状的减轻与消失。

（4）生产能力：对比驱虫前后的生产性能。

（5）驱虫指标评定：一般可通过虫卵减少率和虫卵转阴率确定，必要时通过剖检计算出粗计驱虫率和精计驱虫率。

$$\text{虫卵减少率} = \frac{\text{驱虫前}\,EPG - \text{驱虫后}\,EPG}{\text{驱虫前}\,EPG} \times 100\%$$

$$\text{虫卵转阴率} = \frac{\text{虫卵转阴动物数}}{\text{驱虫动物数}} \times 100\%$$

$$\text{粗计驱虫率} = \frac{\text{驱虫前平均虫体数} - \text{驱虫后平均虫体数}}{\text{驱虫前平均虫体数}} \times 100\%$$

$$\text{精计驱虫率} = \frac{\text{排出虫体数}}{\text{排出虫体数} + \text{残留虫体数}} \times 100\%$$

$$\text{驱净率} = \frac{\text{驱净虫体的动物数}}{\text{驱虫动物数}} \times 100\%$$

【实训报告】

撰写动物驱虫总结报告。

实训九 病死动物的处理

【实训目标】

结合工作实际，熟悉和掌握传染病尸体的运送及处理方法。

【实训材料】

运尸车、铁锹、绳子、棉花、纱布、工作服、口罩、风镜、胶靴、手套、消毒剂、燃料等。

【内容及方法】

（一）尸体的运送

运送尸体前，所有参加人员应穿工作服，戴口罩、风镜及手套。运送尸体应用特别的运尸车运送（车的内壁衬钉铁皮，以防漏水）。装车前应将尸体各天然孔用蘸有消毒药液的棉花或湿纱布填塞，小动物和禽类可装入不渗水的塑料袋中，以防止分泌物、排泄物、血液和粪便等污染环境。在放置过尸体的地方应用消毒液喷洒消毒，如为土壤，应铲去表层土，连同尸体一起运走。运送过尸体的用具、车辆应严格消毒，用过的手套、衣物、胶靴等应进行消毒。

（二）尸体的处理方法

应按 GB16548—2006《病害动物和病害动物产品生物安全处理规程》的规定，针对不同疫病采取不同的处理方法。

1. 高温煮沸法 将肉尸分成重 2kg、厚 8cm 的肉块，放在大铁锅内，有条件的可用蒸汽锅，煮沸 2～2.5h，煮到猪的深层肌肉切开为灰白色，牛的深层肌肉为灰色，肉质无血色即可。

2. 掩埋法 选择远离住宅、养殖场、水源、草原及道路、土质易干而多孔的僻静地方，挖 1.5～2m 的深坑。坑底铺上 2～5cm 厚的石灰，将尸体侧卧放入，同时将污染的土层绳索一起放入坑内，然后再铺 2～5cm 厚的石灰，填土掩埋。

3. 焚烧法 将患病动物的尸体放入焚化炉中烧毁。如无焚尸炉，可挖焚尸坑。长2.5m、宽1.5m、深0.7m的坑，将取出的土堵在坑沿的两侧。坑内架满木柴，坑沿横架数条粗湿木棍，将尸体放在架上，然后在木柴上倒上煤油，并压上砖瓦或铁皮，从下面点火，直到把尸体烧成黑炭为止，并将其掩埋在坑内。

4. 化制法 可对尸体作到无害化处理，并保留了有价值的畜产品，如工业用油脂及骨肉粉。要求在有一定设备的化制厂。化制尸体，对烈性传染病，如鼻疽、炭疽、气肿疽、羊快疫等病畜尸体可用高压灭菌。

5. 发酵法 将尸体投入专门的尸体坑内，利用生物热的方法将尸体发酵分解以达到消毒的目的。这种尸体坑称为贝卡里氏坑，应建在远离住宅、牧场、草原、水源及道路的僻静的地方。尸坑为圆井形，深9～10m，直径3m，坑壁及坑底用不透水的材料做成。坑口高出地面约30cm，坑口有盖，盖上有小的活门，坑内有透气管。坑内尸体可堆到距坑口1.5m处。经3～5个月后，尸体完全腐败分解，可挖出作肥料。

如果土质干硬，地下水位有低，可不用任何材料，直接按上述尺寸挖一深坑即可，但要在坑口1m处用砖头向上砌一层坑缘，上盖木盖，坑口应高出地面30cm，以防雨水流入。

【实训报告】

作病死动物尸体处理报告单一份。

附　录

中华人民共和国动物防疫法

（1997 年 7 月 3 日第八届全国人民代表大会常务委员会第二十六次会议通过　2007 年 8 月 30 日第十届全国人民代表大会常务委员会第二十九次会议修订）

目录

第一章　总　则

第一条　为了加强对动物防疫活动的管理，预防、控制和扑灭动物疫病，促进养殖业发展，保护人体健康，维护公共卫生安全，制定本法。

第二条　本法适用于在中华人民共和国领域内的动物防疫及其监督管理活动。

进出境动物、动物产品的检疫，适用《中华人民共和国进出境动植物检疫法》。

第三条　本法所称动物，是指家畜家禽和人工饲养、合法捕获的其他动物。

本法所称动物产品，是指动物的肉、生皮、原毛、绒、脏器、脂、血液、精液、卵、胚胎、骨、蹄、头、角、筋以及可能传播动物疫病的奶、蛋等。

本法所称动物疫病，是指动物传染病、寄生虫病。

本法所称动物防疫，是指动物疫病的预防、控制、扑灭和动物、动物产品的检疫。

第四条　根据动物疫病对养殖业生产和人体健康的危害程度，本法规定管理的动物疫病分为下列三类：

（一）一类疫病，是指对人与动物危害严重，需要采取紧急、严厉的强制预防、控制、扑灭等措施的；

（二）二类疫病，是指可能造成重大经济损失，需要采取严格控制、扑灭等措施，防止扩散的；

（三）三类疫病，是指常见多发、可能造成重大经济损失，需要控制和净化的。

前款一、二、三类动物疫病具体病种名录由国务院兽医主管部门制定并公布。

第五条　国家对动物疫病实行预防为主的方针。

第六条　县级以上人民政府应当加强对动物防疫工作的统一领导，加强基层动物防疫队伍建设，建立健全动物防疫体系，制定并组织实施动物疫病防治规划。

乡级人民政府、城市街道办事处应当组织群众协助做好本管辖区域内的动物疫病预防与控制工作。

第七条　国务院兽医主管部门主管全国的动物防疫工作。

县级以上地方人民政府兽医主管部门主管本行政区域内的动物防疫工作。

县级以上人民政府其他部门在各自的职责范围内做好动物防疫工作。

军队和武装警察部队动物卫生监督职能部门分别负责军队和武装警察部队现役动物及饲养自用动物的防疫工作。

第八条　县级以上地方人民政府设立的动物卫生监督机构依照本法规定，负责动物、动物产品的检疫工作和其他有关动物防疫的监督管理执法工作。

第九条　县级以上人民政府按照国务院的规定，根据统筹规划、合理布局、综合设置的原则建立动物疫病预防控制机构，承担动物疫病的监测、检测、诊断、流行病学调查、疫情报告以及其他预防、控制等技术工作。

第十条　国家支持和鼓励开展动物疫病的科学研究以及国际合作与交流，推广先进适用的科学研究成果，普及动物防疫科学知识，提高动物疫病防治的科学技术水平。

第十一条　对在动物防疫工作、动物防疫科学研究中作出成绩和贡献的单位和个人，各级人民政府及有关部门给予奖励。

第二章　动物疫病的预防

第十二条　国务院兽医主管部门对动物疫病状况进行风险评估，根据评估结果制定相应的动物疫病预防、控制措施。

国务院兽医主管部门根据国内外动物疫情和保护养殖业生产及人体健康的需要，及时制定并公布动物疫病预防、控制技术规范。

第十三条　国家对严重危害养殖业生产和人体健康的动物疫病实施强制免疫。国务院兽医主管部门确定强制免疫的动物疫病病种和区域，并会同国务院有关部门制定国家动物疫病强制免疫计划。

省、自治区、直辖市人民政府兽医主管部门根据国家动物疫病强制免疫计划，制订本行政区域的强制免疫计划；并可以根据本行政区域内动物疫病流行情况增加实施强制免疫的动物疫病病种和区域，报本级人民政府批准后执行，并报国务院兽医主管部门备案。

第十四条　县级以上地方人民政府兽医主管部门组织实施动物疫病强制免疫计划。乡级人民政府、城市街道办事处应当组织本管辖区域内饲养动物的单位和个人做好强制免疫工作。

饲养动物的单位和个人应当依法履行动物疫病强制免疫义务，按照兽医主管部门的要求做好强制免疫工作。

经强制免疫的动物，应当按照国务院兽医主管部门的规定建立免疫档案，加施畜禽标识，实施可追溯管理。

第十五条 县级以上人民政府应当建立健全动物疫情监测网络，加强动物疫情监测。

国务院兽医主管部门应当制定国家动物疫病监测计划。省、自治区、直辖市人民政府兽医主管部门应当根据国家动物疫病监测计划，制定本行政区域的动物疫病监测计划。

动物疫病预防控制机构应当按照国务院兽医主管部门的规定，对动物疫病的发生、流行等情况进行监测；从事动物饲养、屠宰、经营、隔离、运输以及动物产品生产、经营、加工、贮藏等活动的单位和个人不得拒绝或者阻碍。

第十六条 国务院兽医主管部门和省、自治区、直辖市人民政府兽医主管部门应当根据对动物疫病发生、流行趋势的预测，及时发出动物疫情预警。地方各级人民政府接到动物疫情预警后，应当采取相应的预防、控制措施。

第十七条 从事动物饲养、屠宰、经营、隔离、运输以及动物产品生产、经营、加工、贮藏等活动的单位和个人，应当依照本法和国务院兽医主管部门的规定，做好免疫、消毒等动物疫病预防工作。

第十八条 种用、乳用动物和宠物应当符合国务院兽医主管部门规定的健康标准。

种用、乳用动物应当接受动物疫病预防控制机构的定期检测；检测不合格的，应当按照国务院兽医主管部门的规定予以处理。

第十九条 动物饲养场（养殖小区）和隔离场所，动物屠宰加工场所，以及动物和动物产品无害化处理场所，应当符合下列动物防疫条件：

（一）场所的位置与居民生活区、生活饮用水源地、学校、医院等公共场所的距离符合国务院兽医主管部门规定的标准；

（二）生产区封闭隔离，工程设计和工艺流程符合动物防疫要求；

（三）有相应的污水、污物、病死动物、染疫动物产品的无害化处理设施设备和清洗消毒设施设备；

（四）有为其服务的动物防疫技术人员；

（五）有完善的动物防疫制度；

（六）具备国务院兽医主管部门规定的其他动物防疫条件。

第二十条 兴办动物饲养场（养殖小区）和隔离场所，动物屠宰加工场所，以及动物和动物产品无害化处理场所，应当向县级以上地方人民政府兽医主管部门提出申请，并附具相关材料。受理申请的兽医主管部门应当依照本法和《中华人民共和国行政许可法》的规定进行审查。经审查合格的，发给动物防疫条件合格证；不合格的，应当通知申请人并说明理由。需要办理工商登记的，申请人凭动物防疫条件合格证向工商行政管理部门申请办理登记注册手续。

动物防疫条件合格证应当载明申请人的名称、场（厂）址等事项。

经营动物、动物产品的集贸市场应当具备国务院兽医主管部门规定的动物防疫条件，并接受动物卫生监督机构的监督检查。

第二十一条 动物、动物产品的运载工具、垫料、包装物、容器等应当符合国务院兽医主管部门规定的动物防疫要求。

染疫动物及其排泄物、染疫动物产品，病死或者死因不明的动物尸体，运载工具中的动物排泄物以及垫料、包装物、容器等污染物，应当按照国务院兽医主管部门的规定处理，不得随意处置。

第二十二条 采集、保存、运输动物病料或者病原微生物以及从事病原微生物研究、教学、检测、诊断等活动，应当遵守国家有关病原微生物实验室管理的规定。

第二十三条 患有人畜共患传染病的人员不得直接从事动物诊疗以及易感染动物的饲养、屠宰、经营、隔离、运输等活动。

人畜共患传染病名录由国务院兽医主管部门会同国务院卫生主管部门制定并公布。

第二十四条 国家对动物疫病实行区域化管理，逐步建立无规定动物疫病区。无规定动物疫病区应当符合国务院兽医主管部门规定的标准，经国务院兽医主管部门验收合格予以公布。

本法所称无规定动物疫病区，是指具有天然屏障或者采取人工措施，在一定期限内没有发生规定的一种或者几种动物疫病，并经验收合格的区域。

第二十五条 禁止屠宰、经营、运输下列动物和生产、经营、加工、贮藏、运输下列动物产品：

（一）封锁疫区内与所发生动物疫病有关的；

（二）疫区内易感染的；

（三）依法应当检疫而未经检疫或者检疫不合格的；

（四）染疫或者疑似染疫的；

（五）病死或者死因不明的；

（六）其他不符合国务院兽医主管部门有关动物防疫规定的。

第三章 动物疫情的报告、通报和公布

第二十六条 从事动物疫情监测、检验检疫、疫病研究与诊疗以及动物饲养、屠宰、经营、隔离、运输等活动的单位和个人，发现动物染疫或者疑似染疫的，应当立即向当地兽医主管部门、动物卫生监督机构或者动物疫病预防控制机构报告，并采取隔离等控制措施，防止动物疫情扩散。其他单位和个人发现动物染疫或者疑似染疫的，应当及时报告。

接到动物疫情报告的单位，应当及时采取必要的控制处理措施，并按照国家规定的程序上报。

第二十七条 动物疫情由县级以上人民政府兽医主管部门认定；其中重大动物疫情由省、自治区、直辖市人民政府兽医主管部门认定，必要时报国务院兽医主管部门认定。

第二十八条 国务院兽医主管部门应当及时向国务院有关部门和军队有关部门以及省、自治区、直辖市人民政府兽医主管部门通报重大动物疫情的发生和处理情况；发生人畜共患传染病的，县级以上人民政府兽医主管部门与同级卫生主管部门应当及时相互通报。

国务院兽医主管部门应当依照我国缔结或者参加的条约、协定，及时向有关国际组织或者贸易方通报重大动物疫情的发生和处理情况。

第二十九条 国务院兽医主管部门负责向社会及时公布全国动物疫情，也可以根据需要授权省、自治区、直辖市人民政府兽医主管部门公布本行政区域内的动物疫情。其他单位和个人不得发布动物疫情。

第三十条 任何单位和个人不得瞒报、谎报、迟报、漏报动物疫情，不得授意他人瞒报、谎报、迟报动物疫情，不得阻碍他人报告动物疫情。

第四章 动物疫病的控制和扑灭

第三十一条 发生一类动物疫病时，应当采取下列控制和扑灭措施：

（一）当地县级以上地方人民政府兽医主管部门应当立即派人到现场，划定疫点、疫区、受威胁区，调查疫源，及时报请本级人民政府对疫区实行封锁。疫区范围涉及两个以上行政区域的，由有关行政区域共同的上一级人民政府对疫区实行封锁，或者由各有关行政区域的上一级人民政府共同对疫区实行封锁。必要时，上级人民政府可以责成下级人民政府对疫区实行封锁。

（二）县级以上地方人民政府应当立即组织有关部门和单位采取封锁、隔离、扑杀、销毁、消毒、无害化处理、紧急免疫接种等强制性措施，迅速扑灭疫病。

（三）在封锁期间，禁止染疫、疑似染疫和易感染的动物、动物产品流出疫区，禁止非疫区的易感染动物进入疫区，并根据扑灭动物疫病的需要对出入疫区的人员、运输工具及有关物品采取消毒和其他限制性措施。

第三十二条 发生二类动物疫病时，应当采取下列控制和扑灭措施：

（一）当地县级以上地方人民政府兽医主管部门应当划定疫点、疫区、受威胁区。

（二）县级以上地方人民政府根据需要组织有关部门和单位采取隔离、扑杀、销毁、消毒、无害化处理、紧急免疫接种、限制易感染的动物和动物产品及有关物品出入等控制、扑灭措施。

第三十三条 疫点、疫区、受威胁区的撤销和疫区封锁的解除，按照国务院兽医主管部门规定的标准和程序评估后，由原决定机关决定并宣布。

第三十四条 发生三类动物疫病时，当地县级、乡级人民政府应当按照国务院兽医主管部门的规定组织防治和净化。

第三十五条 二、三类动物疫病呈暴发性流行时，按照一类动物疫病处理。

第三十六条 为控制、扑灭动物疫病，动物卫生监督机构应当派人在当地依法设立的现有检查站执行监督检查任务；必要时，经省、自治区、直辖市人民政府批准，可以设立临时性的动物卫生监督检查站，执行监督检查任务。

第三十七条 发生人畜共患传染病时，卫生主管部门应当组织对疫区易感染的人群进行监测，并采取相应的预防、控制措施。

第三十八条 疫区内有关单位和个人，应当遵守县级以上人民政府及其兽医主管部门依法作出的有关控制、扑灭动物疫病的规定。

任何单位和个人不得藏匿、转移、盗掘已被依法隔离、封存、处理的动物和动物产品。

第三十九条 发生动物疫情时，航空、铁路、公路、水路等运输部门应当优先组织运送控制、扑灭疫病的人员和有关物资。

第四十条 一、二、三类动物疫病突然发生，迅速传播，给养殖业生产安全造成严重威胁、危害，以及可能对公众身体健康与生命安全造成危害，构成重大动物疫情的，依照法律和国务院的规定采取应急处理措施。

第五章 动物和动物产品的检疫

第四十一条 动物卫生监督机构依照本法和国务院兽医主管部门的规定对动物、动物产品实施检疫。

动物卫生监督机构的官方兽医具体实施动物、动物产品检疫。官方兽医应当具备规定的资格条件，取得国务院兽医主管部门颁发的资格证书，具体办法由国务院兽医主管部门会同国务院人事行政部门制定。

本法所称官方兽医，是指具备规定的资格条件并经兽医主管部门任命的，负责出具检疫等证明的国家兽医工作人员。

第四十二条 屠宰、出售或者运输动物以及出售或者运输动物产品前，货主应当按照国务院兽医主管部门的规定向当地动物卫生监督机构申报检疫。

动物卫生监督机构接到检疫申报后，应当及时指派官方兽医对动物、动物产品实施现场检疫；检疫合格的，出具检疫证明、加施检疫标志。实施现场检疫的官方兽医应当在检疫证明、检疫标志上签字或者盖章，并对检疫结论负责。

第四十三条 屠宰、经营、运输以及参加展览、演出和比赛的动物，应当附有检疫证明；经营和运输的动物产品，应当附有检疫证明、检疫标志。

对前款规定的动物、动物产品，动物卫生监督机构可以查验检疫证明、检疫标志，进行监督抽查，但不得重复检疫收费。

第四十四条 经铁路、公路、水路、航空运输动物和动物产品的，托运人托运时应当提供检疫证明；没有检疫证明的，承运人不得承运。

运载工具在装载前和卸载后应当及时清洗、消毒。

第四十五条 输入到无规定动物疫病区的动物、动物产品，货主应当按照国务院兽医主管部门的规定向无规定动物疫病区所在地动物卫生监督机构申报检疫，经检疫合格的，方可进入；检疫所需费用纳入无规定动物疫病区所在地地方人民政府财政预算。

第四十六条 跨省、自治区、直辖市引进乳用动物、种用动物及其精液、胚胎、种蛋的，应当向输入地省、自治区、直辖市动物卫生监督机构申请办理审批手续，并依照本法第四十二条的规定取得检疫证明。

跨省、自治区、直辖市引进的乳用动物、种用动物到达输入地后，货主应当按照国务院兽医主管部门的规定对引进的乳用动物、种用动物进行隔离观察。

第四十七条 人工捕获的可能传播动物疫病的野生动物，应当报经捕获地动物卫生监督机构检疫，经检疫合格的，方可饲养、经营和运输。

第四十八条 经检疫不合格的动物、动物产品，货主应当在动物卫生监督机构监督下按照国务院兽医主管部门的规定处理，处理费用由货主承担。

第四十九条 依法进行检疫需要收取费用的，其项目和标准由国务院财政部门、物价主管部门规定。

第六章　动物诊疗

第五十条　从事动物诊疗活动的机构，应当具备下列条件：

（一）有与动物诊疗活动相适应并符合动物防疫条件的场所；

（二）有与动物诊疗活动相适应的执业兽医；

（三）有与动物诊疗活动相适应的兽医器械和设备；

（四）有完善的管理制度。

第五十一条　设立从事动物诊疗活动的机构，应当向县级以上地方人民政府兽医主管部门申请动物诊疗许可证。受理申请的兽医主管部门应当依照本法和《中华人民共和国行政许可法》的规定进行审查。经审查合格的，发给动物诊疗许可证；不合格的，应当通知申请人并说明理由。申请人凭动物诊疗许可证向工商行政管理部门申请办理登记注册手续，取得营业执照后，方可从事动物诊疗活动。

第五十二条　动物诊疗许可证应当载明诊疗机构名称、诊疗活动范围、从业地点和法定代表人（负责人）等事项。

动物诊疗许可证载明事项变更的，应当申请变更或者换发动物诊疗许可证，并依法办理工商变更登记手续。

第五十三条　动物诊疗机构应当按照国务院兽医主管部门的规定，做好诊疗活动中的卫生安全防护、消毒、隔离和诊疗废弃物处置等工作。

第五十四条　国家实行执业兽医资格考试制度。具有兽医相关专业大学专科以上学历的，可以申请参加执业兽医资格考试；考试合格的，由国务院兽医主管部门颁发执业兽医资格证书；从事动物诊疗的，还应当向当地县级人民政府兽医主管部门申请注册。执业兽医资格考试和注册办法由国务院兽医主管部门商国务院人事行政部门制定。

本法所称执业兽医，是指从事动物诊疗和动物保健等经营活动的兽医。

第五十五条　经注册的执业兽医，方可从事动物诊疗、开具兽药处方等活动。但是，本法第五十七条对乡村兽医服务人员另有规定的，从其规定。

执业兽医、乡村兽医服务人员应当按照当地人民政府或者兽医主管部门的要求，参加预防、控制和扑灭动物疫病的活动。

第五十六条　从事动物诊疗活动，应当遵守有关动物诊疗的操作技术规范，使用符合国家规定的兽药和兽医器械。

第五十七条　乡村兽医服务人员可以在乡村从事动物诊疗服务活动，具体管理办法由国务院兽医主管部门制定。

第七章　监督管理

第五十八条　动物卫生监督机构依照本法规定，对动物饲养、屠宰、经营、隔离、运输以及动物产品生产、经营、加工、贮藏、运输等活动中的动物防疫实施监督管理。

第五十九条　动物卫生监督机构执行监督检查任务，可以采取下列措施，有关单位和个人不得拒绝或者阻碍：

（一）对动物、动物产品按照规定采样、留验、抽检；

（二）对染疫或者疑似染疫的动物、动物产品及相关物品进行隔离、查封、扣押和处理；

（三）对依法应当检疫而未经检疫的动物实施补检；

（四）对依法应当检疫而未经检疫的动物产品，具备补检条件的实施补检，不具备补检条件的予以没收销毁；

（五）查验检疫证明、检疫标志和畜禽标识；

（六）进入有关场所调查取证，查阅、复制与动物防疫有关的资料。

动物卫生监督机构根据动物疫病预防、控制需要，经当地县级以上地方人民政府批准，可以在车站、港口、机场等相关场所派驻官方兽医。

第六十条　官方兽医执行动物防疫监督检查任务，应当出示行政执法证件，佩带统一标志。

动物卫生监督机构及其工作人员不得从事与动物防疫有关的经营性活动，进行监督检查不得收取任何费用。

第六十一条　禁止转让、伪造或者变造检疫证明、检疫标志或者畜禽标识。

检疫证明、检疫标志的管理办法，由国务院兽医主管部门制定。

第八章　保障措施

第六十二条　县级以上人民政府应当将动物防疫纳入本级国民经济和社会发展规划及年度计划。

第六十三条　县级人民政府和乡级人民政府应当采取有效措施，加强村级防疫员队伍建设。

县级人民政府兽医主管部门可以根据动物防疫工作需要，向乡、镇或者特定区域派驻兽医机构。

第六十四条　县级以上人民政府按照本级政府职责，将动物疫病预防、控制、扑灭、检疫和监督管理所需经费纳入本级财政预算。

第六十五条　县级以上人民政府应当储备动物疫情应急处理工作所需的防疫物资。

第六十六条　对在动物疫病预防和控制、扑灭过程中强制扑杀的动物、销毁的动物产品和相关物品，县级以上人民政府应当给予补偿。具体补偿标准和办法由国务院财政部门会同有关部门制定。

因依法实施强制免疫造成动物应激死亡的，给予补偿。具体补偿标准和办法由国务院财政部门会同有关部门制定。

第六十七条　对从事动物疫病预防、检疫、监督检查、现场处理疫情以及在工作中接触动物疫病病原体的人员，有关单位应当按照国家规定采取有效的卫生防护措施和医疗保健措施。

第九章　法律责任

第六十八条　地方各级人民政府及其工作人员未依照本法规定履行职责的，对直接负责的主管人员和其他直接责任人员依法给予处分。

第六十九条　县级以上人民政府兽医主管部门及其工作人员违反本法规定，有下列行为之一的，由本级人民政府责令改正，通报批评；对直接负责的主管人员和其他直接责任人员依法给予处分：

（一）未及时采取预防、控制、扑灭等措施的；

（二）对不符合条件的颁发动物防疫条件合格证、动物诊疗许可证，或者对符合条件的拒不颁发动物防疫条件合格证、动物诊疗许可证的；

（三）其他未依照本法规定履行职责的行为。

第七十条　动物卫生监督机构及其工作人员违反本法规定，有下列行为之一的，由本级人民政府或者兽医主管部门责令改正，通报批评；对直接负责的主管人员和其他直接责任人员依法给予处分：

（一）对未经现场检疫或者检疫不合格的动物、动物产品出具检疫证明、加施检疫标志，或者对检疫合格的动物、动物产品拒不出具检疫证明、加施检疫标志的；

（二）对附有检疫证明、检疫标志的动物、动物产品重复检疫的；

（三）从事与动物防疫有关的经营性活动，或者在国务院财政部门、物价主管部门规定外加收费用、重复收费的；

（四）其他未依照本法规定履行职责的行为。

第七十一条　动物疫病预防控制机构及其工作人员违反本法规定，有下列行为之一的，由本级人民政府或者兽医主管部门责令改正，通报批评；对直接负责的主管人员和其他直接责任人员依法给予处分：

（一）未履行动物疫病监测、检测职责或者伪造监测、检测结果的；

（二）发生动物疫情时未及时进行诊断、调查的；

（三）其他未依照本法规定履行职责的行为。

第七十二条　地方各级人民政府、有关部门及其工作人员瞒报、谎报、迟报、漏报或者授意他人瞒报、谎报、迟报动物疫情，或者阻碍他人报告动物疫情的，由上级人民政府或者有关部门责令改正，通报批评；对直接负责的主管人员和其他直接责任人员依法给予处分。

第七十三条　违反本法规定，有下列行为之一的，由动物卫生监督机构责令改正，给予警告；拒不改正的，由动物卫生监督机构代作处理，所需处理费用由违法行为人承担，可以处一千元以下罚款：

（一）对饲养的动物不按照动物疫病强制免疫计划进行免疫接种的；

（二）种用、乳用动物未经检测或者经检测不合格而不按照规定处理的；

（三）动物、动物产品的运载工具在装载前和卸载后没有及时清洗、消毒的。

第七十四条　违反本法规定，对经强制免疫的动物未按照国务院兽医主管部门规定建立免疫档案、加施畜禽标识的，依照《中华人民共和国畜牧法》的有关规定处罚。

第七十五条　违反本法规定，不按照国务院兽医主管部门规定处置染疫动物及其排泄物，染疫动物产品，病死或者死因不明的动物尸体，运载工具中的动物排泄物以及垫料、包装物、容器等污染物以及其他经检疫不合格的动物、动物产品的，由动物卫生监督机构责令无害化处理，所需处理费用由违法行为人承担，可以处三千元以下罚款。

第七十六条　违反本法第二十五条规定，屠宰、经营、运输动物或者生产、经营、加工、贮藏、运输动物产品的，由动物卫生监督机构责令改正、采取补救措施，没收违法所得和动物、动物产品，并处同类检疫合格动物、动物产品货值金额一倍以上五倍以下罚款；其中依法应当检疫而未检疫的，依照本法第七十八条的规定处罚。

第七十七条　违反本法规定，有下列行为之一的，由动物卫生监督机构责令改正，处一千元以上一万元以下罚款；情节严重的，处一万元以上十万元以下罚款：

（一）兴办动物饲养场（养殖小区）和隔离场所，动物屠宰加工场所，以及动物和动物产品无害化处理场所，未取得动物防疫条件合格证的；

（二）未办理审批手续，跨省、自治区、直辖市引进乳用动物、种用动物及其精液、胚胎、种蛋的；

（三）未经检疫，向无规定动物疫病区输入动物、动物产品的。

第七十八条　违反本法规定，屠宰、经营、运输的动物未附有检疫证明，经营和运输的动物产品未附有检疫证明、检疫标志的，由动物卫生监督机构责令改正，处同类检疫合格动物、动物产品货值金额百分之十以上百分之五十以下罚款；对货主以外的承运人处运输费用一倍以上三倍以下罚款。

违反本法规定，参加展览、演出和比赛的动物未附有检疫证明的，由动物卫生监督机构责令改正，处一千元以上三千元以下罚款。

第七十九条　违反本法规定，转让、伪造或者变造检疫证明、检疫标志或者畜禽标识的，由动物卫生监督机构没收违法所得，收缴检疫证明、检疫标志或者畜禽标识，并处三千元以上三万元以下罚款。

第八十条　违反本法规定，有下列行为之一的，由动物卫生监督机构责令改正，处一千元以上一万元以下罚款：

（一）不遵守县级以上人民政府及其兽医主管部门依法作出的有关控制、扑灭动物疫病规定的；

（二）藏匿、转移、盗掘已被依法隔离、封存、处理的动物和动物产品的；

（三）发布动物疫情的。

第八十一条　违反本法规定，未取得动物诊疗许可证从事动物诊疗活动的，由动物卫生监督机构责令停止诊疗活动，没收违法所得；违法所得在三万元以上的，并处违法所得一倍以上三倍以下罚款；没有违法所得或者违法所得不足三万元的，并处三千元以上三万元以下罚款。

动物诊疗机构违反本法规定，造成动物疫病扩散的，由动物卫生监督机构责令改正，处一万元以上五万元以下罚款；情节严重的，由发证机关吊销动物诊疗许可证。

第八十二条　违反本法规定，未经兽医执业注册从事动物诊疗活动的，由动物卫生监督机构责令停止动物诊疗活动，没收违法所得，并处一千元以上一万元以下罚款。

执业兽医有下列行为之一的，由动物卫生监督机构给予警告，责令暂停六个月以上一年以下动物诊疗活动；情节严重的，由发证机关吊销注册证书：

（一）违反有关动物诊疗的操作技术规范，造成或者可能造成动物疫病传播、流行的；

（二）使用不符合国家规定的兽药和兽医器械的；

（三）不按照当地人民政府或者兽医主管部门要求参加动物疫病预防、控制和扑灭活动的。

第八十三条 违反本法规定，从事动物疫病研究与诊疗和动物饲养、屠宰、经营、隔离、运输，以及动物产品生产、经营、加工、贮藏等活动的单位和个人，有下列行为之一的，由动物卫生监督机构责令改正；拒不改正的，对违法行为单位处一千元以上一万元以下罚款，对违法行为个人可以处五百元以下罚款：

（一）不履行动物疫情报告义务的；

（二）不如实提供与动物防疫活动有关资料的；

（三）拒绝动物卫生监督机构进行监督检查的；

（四）拒绝动物疫病预防控制机构进行动物疫病监测、检测的。

第八十四条 违反本法规定，构成犯罪的，依法追究刑事责任。

违反本法规定，导致动物疫病传播、流行等，给他人人身、财产造成损害的，依法承担民事责任。

第十章 附 则

第八十五条 本法自2008年1月1日起施行。

重大动物疫情应急条例

第一章 总 则

第一条 为了迅速控制、扑灭重大动物疫情，保障养殖业生产安全，保护公众身体健康与生命安全，维护正常的社会秩序，根据《中华人民共和国动物防疫法》，制定本条例。

第二条 本条例所称重大动物疫情，是指高致病性禽流感等发病率或者死亡率高的动物疫病突然发生，迅速传播，给养殖业生产安全造成严重威胁、危害，以及可能对公众身体健康与生命安全造成危害的情形，包括特别重大动物疫情。

第三条 重大动物疫情应急工作应当坚持加强领导、密切配合，依靠科学、依法防治，群防群控、果断处置的方针，及时发现，快速反应，严格处理，减少损失。

第四条 重大动物疫情应急工作按照属地管理的原则，实行政府统一领导、部门分工负责，逐级建立责任制。

县级以上人民政府兽医主管部门具体负责组织重大动物疫情的监测、调查、控制、扑灭等应急工作。

县级以上人民政府林业主管部门、兽医主管部门按照职责分工，加强对陆生野生动物疫源疫病的监测。

县级以上人民政府其他有关部门在各自的职责范围内，做好重大动物疫情的应急工作。

第五条 出入境检验检疫机关应当及时收集境外重大动物疫情信息，加强进出境动物及其产品的检验检疫工作，防止动物疫病传入和传出。兽医主管部门要及时向出入境检验检疫机关通报国内重大动物疫情。

第六条 国家鼓励、支持开展重大动物疫情监测、预防、应急处理等有关技术的科学研究和国际交流与合作。

第七条 县级以上人民政府应当对参加重大动物疫情应急处理的人员给予适当补助，对作出贡献的人员给予表彰和奖励。

第八条 对不履行或者不按照规定履行重大动物疫情应急处理职责的行为，任何单位和个人有权检举控告。

第二章 应急准备

第九条 国务院兽医主管部门应当制定全国重大动物疫情应急预案，报国务院批准，并按照不同动物疫病病种及其流行特点和危害程度，分别制定实施方案，报国务院备案。

县级以上地方人民政府根据本地区的实际情况，制定本行政区域的重大动物疫情应急预案，报上一级人民政府兽医主管部门备案。县级以上地方人民政府兽医主管部门，应当按照不同动物疫病病种及其流行特点和危害程度，分别制定实施方案。

重大动物疫情应急预案及其实施方案应当根据疫情的发展变化和实施情况，及时修改、完善。

第十条 重大动物疫情应急预案主要包括下列内容：

（一）应急指挥部的职责、组成以及成员单位的分工；

（二）重大动物疫情的监测、信息收集、报告和通报；

（三）动物疫病的确认、重大动物疫情的分级和相应的应急处理工作方案；

（四）重大动物疫情疫源的追踪和流行病学调查分析；

（五）预防、控制、扑灭重大动物疫情所需资金的来源、物资和技术的储备与调度；

（六）重大动物疫情应急处理设施和专业队伍建设。

第十一条 国务院有关部门和县级以上地方人民政府及其有关部门，应当根据重大动物疫情应急预案的要求，确保应急处理所需的疫苗、药品、设施设备和防护用品等物资的储备。

第十二条 县级以上人民政府应当建立和完善重大动物疫情监测网络和预防控制体系，加强动物防疫基础设施和乡镇动物防疫组织建设，并保证其正常运行，提高对重大动物疫情的应急处理能力。

第十三条 县级以上地方人民政府根据重大动物疫情应急需要，可以成立应急预备队，在重大动物疫情应急指挥部的指挥下，具体承担疫情的控制和扑灭任务。

应急预备队由当地兽医行政管理人员、动物防疫工作人员、有关专家、执业兽医等组成；必要时，可以组织动员社会上有一定专业知识的人员参加。公安机关、中国人民武装警察部队应当依法协助其执行任务。

应急预备队应当定期进行技术培训和应急演练。

第十四条 县级以上人民政府及其兽医主管部门应当加强对重大动物疫情应急知识和重大动物疫病科普知识的宣传，增强全社会的重大动物疫情防范意识。

第三章 监测、报告和公布

第十五条 动物防疫监督机构负责重大动物疫情的监测，饲养、经营动物和生产、经营动物产品的单位和个人应当配合，不得拒绝和阻碍。

第十六条 从事动物隔离、疫情监测、疫病研究与诊疗、检验检疫以及动物饲养、屠宰加工、运输、经营等活动的有关单位和个人，发现动物出现群体发病或者死亡的，应当立即向所在地的县（市）动物防疫监督机构报告。

第十七条 县（市）动物防疫监督机构接到报告后，应当立即赶赴现场调查核实。初步认为属于重大动物疫情的，应当在2小时内将情况逐级报省、自治区、直辖市动物防疫监督机构，并同时报所在地人民政府兽医主管部门；兽医主管部门应当及时通报同级卫生主管部门。

省、自治区、直辖市动物防疫监督机构应当在接到报告后1小时内，向省、自治区、直辖市人民政府兽医主管部门和国务院兽医主管部门所属的动物防疫监督机构报告。

省、自治区、直辖市人民政府兽医主管部门应当在接到报告后1小时内报本级人民政府和国务院兽医主管部门。

重大动物疫情发生后，省、自治区、直辖市人民政府和国务院兽医主管部门应当在4

小时内向国务院报告。

第十八条　重大动物疫情报告包括下列内容：

（一）疫情发生的时间、地点；

（二）染疫、疑似染疫动物种类和数量、同群动物数量、免疫情况、死亡数量、临床症状、病理变化、诊断情况；

（三）流行病学和疫源追踪情况；

（四）已采取的控制措施；

（五）疫情报告的单位、负责人、报告人及联系方式。

第十九条　重大动物疫情由省、自治区、直辖市人民政府兽医主管部门认定；必要时，由国务院兽医主管部门认定。

第二十条　重大动物疫情由国务院兽医主管部门按照国家规定的程序，及时准确公布；其他任何单位和个人不得公布重大动物疫情。

第二十一条　重大动物疫病应当由动物防疫监督机构采集病料，未经国务院兽医主管部门或者省、自治区、直辖市人民政府兽医主管部门批准，其他单位和个人不得擅自采集病料。

从事重大动物疫病病原分离的，应当遵守国家有关生物安全管理规定，防止病原扩散。

第二十二条　国务院兽医主管部门应当及时向国务院有关部门和军队有关部门以及各省、自治区、直辖市人民政府兽医主管部门通报重大动物疫情的发生和处理情况。

第二十三条　发生重大动物疫情可能感染人群时，卫生主管部门应当对疫区内易受感染的人群进行监测，并采取相应的预防、控制措施。卫生主管部门和兽医主管部门应当及时相互通报情况。

第二十四条　有关单位和个人对重大动物疫情不得瞒报、谎报、迟报，不得授意他人瞒报、谎报、迟报，不得阻碍他人报告。

第二十五条　在重大动物疫情报告期间，有关动物防疫监督机构应当立即采取临时隔离控制措施；必要时，当地县级以上地方人民政府可以作出封锁决定并采取扑杀、销毁等措施。有关单位和个人应当执行。

第四章　应急处理

第二十六条　重大动物疫情发生后，国务院和有关地方人民政府设立的重大动物疫情应急指挥部统一领导、指挥重大动物疫情应急工作。

第二十七条　重大动物疫情发生后，县级以上地方人民政府兽医主管部门应当立即划定疫点、疫区和受威胁区，调查疫源，向本级人民政府提出启动重大动物疫情应急指挥系统、应急预案和对疫区实行封锁的建议，有关人民政府应当立即作出决定。

疫点、疫区和受威胁区的范围应当按照不同动物疫病病种及其流行特点和危害程度划定，具体划定标准由国务院兽医主管部门制定。

第二十八条　国家对重大动物疫情应急处理实行分级管理，按照应急预案确定的疫情等级，由有关人民政府采取相应的应急控制措施。

第二十九条 对疫点应当采取下列措施：

（一）扑杀并销毁染疫动物和易感染的动物及其产品；

（二）对病死的动物、动物排泄物、被污染饲料、垫料、污水进行无害化处理；

（三）对被污染的物品、用具、动物圈舍、场地进行严格消毒。

第三十条 对疫区应当采取下列措施：

（一）在疫区周围设置警示标志，在出入疫区的交通路口设置临时动物检疫消毒站，对出入的人员和车辆进行消毒；

（二）扑杀并销毁染疫和疑似染疫动物及其同群动物，销毁染疫和疑似染疫的动物产品，对其他易感染的动物实行圈养或者在指定地点放养，役用动物限制在疫区内使役；

（三）对易感染的动物进行监测，并按照国务院兽医主管部门的规定实施紧急免疫接种，必要时对易感染的动物进行扑杀；

（四）关闭动物及动物产品交易市场，禁止动物进出疫区和动物产品运出疫区；

（五）对动物圈舍、动物排泄物、垫料、污水和其他可能受污染的物品、场地，进行消毒或者无害化处理。

第三十一条 对受威胁区应当采取下列措施：

（一）对易感染的动物进行监测；

（二）对易感染的动物根据需要实施紧急免疫接种。

第三十二条 重大动物疫情应急处理中设置临时动物检疫消毒站以及采取隔离、扑杀、销毁、消毒、紧急免疫接种等控制、扑灭措施的，由有关重大动物疫情应急指挥部决定，有关单位和个人必须服从；拒不服从的，由公安机关协助执行。

第三十三条 国家对疫区、受威胁区内易感染的动物免费实施紧急免疫接种；对因采取扑杀、销毁等措施给当事人造成的已经证实的损失，给予合理补偿。紧急免疫接种和补偿所需费用，由中央财政和地方财政分担。

第三十四条 重大动物疫情应急指挥部根据应急处理需要，有权紧急调集人员、物资、运输工具以及相关设施、设备。

单位和个人的物资、运输工具以及相关设施、设备被征集使用的，有关人民政府应当及时归还并给予合理补偿。

第三十五条 重大动物疫情发生后，县级以上人民政府兽医主管部门应当及时提出疫点、疫区、受威胁区的处理方案，加强疫情监测、流行病学调查、疫源追踪工作，对染疫和疑似染疫动物及其同群动物和其他易感染动物的扑杀、销毁进行技术指导，并组织实施检验检疫、消毒、无害化处理和紧急免疫接种。

第三十六条 重大动物疫情应急处理中，县级以上人民政府有关部门应当在各自的职责范围内，做好重大动物疫情应急所需的物资紧急调度和运输、应急经费安排、疫区群众救济、人的疫病防治、肉食品供应、动物及其产品市场监管、出入境检验检疫和社会治安维护等工作。

中国人民解放军、中国人民武装警察部队应当支持配合驻地人民政府做好重大动物疫情的应急工作。

第三十七条 重大动物疫情应急处理中，乡镇人民政府、村民委员会、居民委员会应当组织力量，向村民、居民宣传动物疫病防治的相关知识，协助做好疫情信息的收集、报告和各项应急处理措施的落实工作。

第三十八条 重大动物疫情发生地的人民政府和毗邻地区的人民政府应当通力合作，相互配合，做好重大动物疫情的控制、扑灭工作。

第三十九条 有关人民政府及其有关部门对参加重大动物疫情应急处理的人员，应当采取必要的卫生防护和技术指导等措施。

第四十条 自疫区内最后一头（只）发病动物及其同群动物处理完毕起，经过一个潜伏期以上的监测，未出现新的病例的，彻底消毒后，经上一级动物防疫监督机构验收合格，由原发布封锁令的人民政府宣布解除封锁，撤销疫区；由原批准机关撤销在该疫区设立的临时动物检疫消毒站。

第四十一条 县级以上人民政府应当将重大动物疫情确认、疫区封锁、扑杀及其补偿、消毒、无害化处理、疫源追踪、疫情监测以及应急物资储备等应急经费列入本级财政预算。

第五章 法律责任

第四十二条 违反本条例规定，兽医主管部门及其所属的动物防疫监督机构有下列行为之一的，由本级人民政府或者上级人民政府有关部门责令立即改正、通报批评、给予警告；对主要负责人、负有责任的主管人员和其他责任人员，依法给予记大过、降级、撤职直至开除的行政处分；构成犯罪的，依法追究刑事责任：

（一）不履行疫情报告职责，瞒报、谎报、迟报或者授意他人瞒报、谎报、迟报，阻碍他人报告重大动物疫情的；

（二）在重大动物疫情报告期间，不采取临时隔离控制措施，导致动物疫情扩散的；

（三）不及时划定疫点、疫区和受威胁区，不及时向本级人民政府提出应急处理建议，或者不按照规定对疫点、疫区和受威胁区采取预防、控制、扑灭措施的；

（四）不向本级人民政府提出启动应急指挥系统、应急预案和对疫区的封锁建议的；

（五）对动物扑杀、销毁不进行技术指导或者指导不力，或者不组织实施检验检疫、消毒、无害化处理和紧急免疫接种的；

（六）其他不履行本条例规定的职责，导致动物疫病传播、流行，或者对养殖业生产安全和公众身体健康与生命安全造成严重危害的。

第四十三条 违反本条例规定，县级以上人民政府有关部门不履行应急处理职责，不执行对疫点、疫区和受威胁区采取的措施，或者对上级人民政府有关部门的疫情调查不予配合或者阻碍、拒绝的，由本级人民政府或者上级人民政府有关部门责令立即改正、通报批评、给予警告；对主要负责人、负有责任的主管人员和其他责任人员，依法给予记大过、降级、撤职直至开除的行政处分；构成犯罪的，依法追究刑事责任。

第四十四条 违反本条例规定，有关地方人民政府阻碍报告重大动物疫情，不履行应急处理职责，不按照规定对疫点、疫区和受威胁区采取预防、控制、扑灭措施，或者对上级人民政府有关部门的疫情调查不予配合或者阻碍、拒绝的，由上级人民政府责令立即改正、通报批评、给予警告；对政府主要领导人依法给予记大过、降级、撤职直至开除的行政处分；构成犯罪的，依法追究刑事责任。

第四十五条 截留、挪用重大动物疫情应急经费，或者侵占、挪用应急储备物资的，按照《财政违法行为处罚处分条例》的规定处理；构成犯罪的，依法追究刑事责任。

第四十六条 违反本条例规定，拒绝、阻碍动物防疫监督机构进行重大动物疫情监测，或者发现动物出现群体发病或者死亡，不向当地动物防疫监督机构报告的，由动物防疫监督机构给予警告，并处2 000元以上5 000元以下的罚款；构成犯罪的，依法追究刑事责任。

第四十七条 违反本条例规定，擅自采集重大动物疫病病料，或者在重大动物疫病病原分离时不遵守国家有关生物安全管理规定的，由动物防疫监督机构给予警告，并处5 000元以下的罚款；构成犯罪的，依法追究刑事责任。

第四十八条 在重大动物疫情发生期间，哄抬物价、欺骗消费者，散布谣言、扰乱社会秩序和市场秩序的，由价格主管部门、工商行政管理部门或者公安机关依法给予行政处罚；构成犯罪的，依法追究刑事责任。

第六章　附　则

第四十九条 本条例自公布之日起施行。

动物检疫管理办法

第一章 总 则

第一条 为加强对动物检疫活动的管理，根据《中华人民共和国动物防疫法》（以下简称《动物防疫法》），制定本办法。

第二条 本办法所称动物检疫，是指对动物、动物产品实施的产地检疫和屠宰检疫。

第三条 本办法适用于在中华人民共和国境内的动物检疫活动。

从事动物饲养、经营，动物产品生产、经营，以及从事与动物、动物产品检疫有关活动的单位和个人必须遵守本办法。

第四条 各级人民政府畜牧兽医行政管理部门主管本行政区域内的动物检疫工作。

各级人民政府所属的动物防疫监督机构负责对本行政区域内的动物、动物产品实施检疫。

第五条 国家对动物检疫实行报检制度。

动物、动物产品在出售或者调出离开产地前，货主必须向所在地动物防疫监督机构提前报检。

第六条 动物防疫监督机构设动物检疫员，实施动物检疫。

动物防疫监督机构根据工作需要，可以在乡镇畜牧兽医站和其他有条件的单位聘用专业兽医人员，作为动物防疫监督机构的派出动物检疫员，代表动物防疫监督机构执行规定范围内的检疫任务。

动物检疫员必须按照国家标准、行业标准、检疫规程和本办法的规定，对动物、动物产品实施检疫，并对检疫结果负责。

第七条 动物检疫员按照国家标准和农业部颁布的检疫标准、检疫对象以及本办法的有关规定实施动物检疫。

对检疫合格的动物、动物产品出具检疫合格证明，加盖验讫印章或加封规定的检疫标志。

对检疫不合格的动物、动物产品，包括染疫或者疑似染疫的动物、动物产品，病死或者死因不明的动物、动物产品，必须按照国家有关规定，在动物防疫监督机构监督下由货主进行无害化处理；无法做无害化处理的，予以销毁。

第八条 运载动物、动物产品的车辆、船舶、机舱以及饲养用具、装载用具，货主或者承运人必须在装货前和卸货后进行清扫、洗刷，并由动物防疫监督机构或其指定单位进行消毒后，凭运载工具消毒证明装载和运输动物、动物产品。清除的垫料、粪便、污物由货主或者承运人在动物防疫监督机构监督下进行无害化处理。

第九条 出具检疫合格证明和消毒证明应当执行动物防疫证章填写及使用规范的规定。

动物检疫合格证明有效期最长为七天；赛马等特殊用途的动物，检疫合格证明有效期可延长至十五天；动物产品检疫合格证明有效期最长为三十天。运载工具消毒证明有效期与当次运输动物或动物产品的检疫合格证明有效期相同。

第二章　产地检疫

第十条　动物、动物产品出售或调运离开产地前必须由动物检疫员实施产地检疫。

第十一条　货主按下列时间向动物防疫监督机构提前报检：

动物产品、供屠宰或者育肥的动物提前三天；种用、乳用或者役用动物提前十五天；因生产生活特殊需要出售、调运和携带动物或者动物产品的，随报随检。

第十二条　动物产地检疫按照国家和行业有关标准实施。符合下列条件的，出具动物产地检疫合格证明：

（一）供屠宰和育肥的动物、达到健康标准的种用、乳用、役用动物、因生产生活特殊需要出售、调运和携带的动物，必须来自非疫区，免疫在有效期内，并经群体和个体临床健康检查合格；

（二）猪、牛、羊必须具备合格的免疫标识；

（三）未达到健康标准的种用、乳用、役用动物，除符合上述条件外，必须经过实验室检验合格。

第十三条　动物产品经产地检疫，符合下列条件或者按照以下规定处理后，出具动物产品产地检疫合格证明：

（一）生皮、原毛、绒等产品的原产地无规定疫情，并按照有关规定进行消毒。炭疽易感动物生皮、原毛、绒等产品炭疽沉淀试验为阴性，或经环氧乙烷消毒；

（二）精液、胚胎、种蛋的供体达到动物健康标准；

（三）骨、角等产品的原产地应无规定疫情，并按有关规定进行消毒。

第十四条　参展、参赛和演出的动物在启运前，必须向当地动物防疫监督机构报检，符合本办法第十二条第一项规定的，出具检疫合格证明。必要时，可以进行实验室检验。到达参展、参赛、演出地点后，货主凭检疫合格证明到当地动物防疫监督机构报验。

第十五条　合法捕获的野生动物，货主必须到捕获地动物防疫监督机构报检，经捕获地动物防疫监督机构临床健康检查和实验室检疫合格，方可出售和运输；到达接受地后，货主凭检疫合格证明到接受地动物防疫监督机构报验。

第十六条　跨省引进种用动物及其精液、胚胎、种蛋的，经输出地动物防疫监督机构按照本办法第十二条和第十三条第二项规定检疫合格后方可起运；到达输入地后，向输入地动物防疫监督机构报验。

第三章　屠宰检疫

第十七条　国家对生猪等动物实行定点屠宰，集中检疫。

第十八条　动物防疫监督机构对依法设立的定点屠宰场（厂、点）派驻或派出动物检疫员，实施屠宰前和屠宰后检疫。

第十九条　对动物应当凭产地检疫合格证明进行收购、运输和进场（厂、点）待宰。动物检疫员负责查验收缴产地检疫合格证明和运载工具消毒证明。动物产地检疫合格证明和消毒证明至少应当保存十二个月。

第二十条 动物检疫员按屠宰检疫有关国家和行业标准实施屠宰检疫。

动物屠宰前应当逐头（只）进行临床检查，健康的动物方可屠宰；患病动物和疑似患病动物按照有关规定处理。

动物屠宰过程实行全流程同步检疫，对头、蹄、胴体、内脏进行统一编号，对照检查。

检疫合格的动物产品，加盖验讫印章或加封检疫标志，出具动物产品检疫合格证明。检疫不合格的动物产品，按规定做无害化处理；无法做无害化处理的，予以销毁。

第二十一条 未实行定点屠宰和农民个人自宰自用动物的屠宰检疫，按省、自治区、直辖市人民政府有关规定执行。

第四章 检疫管理

第二十二条 动物防疫监督机构对动物和动物产品的产地检疫和屠宰检疫情况进行监督。

第二十三条 对经营依法应当检疫而没有检疫证明的动物、动物产品的，由动物防疫监督机构责令停止经营，没收违法所得。

对尚未出售的动物、动物产品，未经检疫或者无检疫合格证明的依法实施补检；证物不符、检疫合格证明失效的依法实施重检。

对动物、动物产品实施补检或者重检，应当按照本办法第二章、第三章规定的检疫程序进行。对补检或者重检合格的动物、动物产品，出具检疫合格证明。对检疫不合格或者疑似染疫的，按照本办法规定进行无害化处理，并依照《动物防疫法》第四十八条第三项的规定予以处罚。对涂改、伪造、转让检疫合格证明的，依照《动物防疫法》第五十一条的规定予以处罚。

第二十四条 动物检疫员实施产地检疫和屠宰检疫必须按照本办法规定进行，并出具相应的检疫证明。对不出具或不使用国家统一规定检疫证明的，或者不按规定程序实施检疫的，或者对未经检疫或者检疫不合格的动物、动物产品出具检疫合格证明、加盖验讫印章的，由其所在单位或者上级主管机关给予记过或者撤销动物检疫员资格的处分；情节严重的，给予开除公职处分。

第二十五条 各级畜牧兽医行政管理部门要加强对检疫工作的监督管理。对重复检疫、重复收费等违法行为的责任人及主管领导，要追究其行政责任。

第二十六条 各级畜牧兽医行政管理部门对动物检疫员应当加强培训、考核和管理工作，建立健全内部任免、奖惩机制。

第五章 附 则

第二十七条 动物防疫监督机构按照本办法规定对动物和动物产品进行检疫、消毒，按国务院物价和财政行政管理部门有关规定收取检疫费和消毒费。

第二十八条 本办法自2002年7月1日起施行。

病害动物和病害动物产品生物安全处理规程

前 言

本标准的全部技术内容为强制性。

本标准是对 GB16548—1996 的修订。

本标准根据《中华人民共和国动物防疫法》及有关法律法规和规章的规定，参照世界动物卫生组织（OIE）《国际动物卫生法典》标准性文件的有关部分，依据相关科技成果和实践经验修订而成。

本标准与 GB16548—1996 的主要区别在于：

——将标准名称改为《病害动物和病害动物产品生物安全处理规程》；

——将适用范围改为“适用于国家规定的染疫动物及其产品，病死、毒死或者死因不明的动物尸体，经检验对人畜健康有危害的动物和病害动物产品、国家规定应该进行生物安全处理的动物和动物产品”；

——“术语和定义”中，明确“生物安全处理”的含义；

——在销毁的方法中增加“掩埋”一项，并规定具体的操作程序和方法。

1. 范围

本标准规定了病害动物和病害动物产品的销毁、无害化处理的技术要求。

本标准适用于国家规定的染疫动物及其产品、病死毒死或者死因不明的动物尸体、经检验对人畜健康有危害的动物和病害动物产品、国家规定的其他应该进行生物处理的动物和动物产品。

2. 术语和定义

下列术语和定义适用于本标准。

生物安全处理

通过用焚毁、化制、掩埋或其他物理、化学、生物学等方法将病害动物尸体和病害动物产品或附属物进行处理，以彻底消灭其所携带的病原体，达到消除病害因素，保障人畜健康安全的目的。

3. 病害动物和病害动物产品的处理

3.1 运送

运送动物尸体和病害动物产品应采用密闭、不渗水的容器，装前卸后必须要消毒。

3.2 销毁

3.2.1 使用对象

3.2.1.1 确认为口蹄疫、猪水疱病、猪瘟、非洲猪瘟、牛瘟、牛传染性胸膜肺炎、牛海绵状脑病、痒病、绵羊梅迪—维斯那病、蓝舌病、小反刍兽疫、绵羊痘和山羊痘。山羊关节炎脑炎、高致病性禽流感、鸡新城疫、炭疽、鼻疽、狂犬病、羊快疫、羊肠毒血症、肉毒梭菌中毒症、羊猝狙、马传染性贫血病、猪螺旋体痢疾、猪囊尾蚴、急性猪丹毒、钩端螺旋体病（已黄染肉尸）、布鲁氏菌病、结核病、鸭瘟、兔病毒性出血症、野兔热的染疫动物以及其他严重危害人畜健康的病害动物及其产品。

3.2.1.2　病死、毒死或不明死因动物的尸体。

3.2.1.3　经检验对人畜有毒有害的、需销毁的病害动物和病害动物产品。

3.2.1.4　从动物体割除的病变部分。

3.2.1.5　人工接种病原微生物或进行药物实验的病害动物和病害动物产品。

3.2.1.6　国家规定的其他应该销毁的动物和动物产品。

3.2.2　操作方法

3.2.2.1　焚毁

将病害动物尸体、病害动物产品投入焚化炉或用其他方式烧毁碳化。

3.2.2.2　掩埋

本法不适用于患有炭疽等芽胞杆菌类疫病，以及牛海绵状脑病、痒病的染疫动物及产品、组织的处理。具体掩埋要求如下：

（a）掩埋地应远离学校、公共场所、居民住宅区、村庄、动物饲养和屠宰场所、饮用水源地、河流等地区；

（b）掩埋前应对需掩埋的病害动物尸体和病害动物产品实施焚烧处理；

（c）掩埋坑底铺 2cm 厚生石灰；

（d）掩埋后需将掩埋土夯实。病害动物尸体和病害动物产品上层应距地表 1.5m 以上；

（e）焚烧后的病害动物尸体和病害动物产品表面，以及掩埋后的地表环境应使用有效消毒药喷、洒消毒。

3.3　无害化处理

3.3.1　化制

3.3.1.1　适用对象

除 3.2.1 规定的动物疫病以外的其他疫病的染疫动物，以及病变严重、肌肉发生退行性变化的动物的整个尸体或胴体、内脏。

3.3.1.2　操作方法

利用干化、湿化机，将原料分类、分别投入化制。

3.3.2　消毒

3.3.2.1　适用对象

除 3.2.1 规定的动物疫病以外的其他疫病的染疫动物的生皮、原毛以及未经加工的蹄、骨、角、绒。

3.3.2.2　操作方法

3.3.2.2.1　高温处理法

适用于染疫动物蹄、骨和角的处理。

将肉尸做高温处理时剔出的骨、蹄、角放入高压锅内蒸煮至骨脱胶或脱脂时止。

3.3.2.2.2　盐酸食盐溶液消毒法

适用于被病原微生物污染或可疑被污染和一般染疫动物的皮毛消毒。

用2.5%盐酸溶液和15%食盐水溶液等量混合，将皮张浸泡在此溶液中，并使溶液温度保持在30℃左右，浸泡40h，1m² 皮张用10L消毒液，浸泡后捞出沥干，放入2%氢氧化钠溶液中，以中和皮张上的酸，再用水冲洗后晾干。也可按100ml 25%食盐水溶液中加入盐酸1ml配制消毒液，在室温15℃条件下浸泡48h，皮张与消毒液之比为1∶4。浸泡后捞出沥干，再放入1%氢氧化钠溶液中浸泡，以中和皮张上的酸，再用水冲洗后晾干。

3.3.2.2.3　过氧乙酸消毒法

适用于任何染疫动物的皮毛消毒。

将皮毛放入新鲜配制的2%过氧乙酸溶液中浸泡30min，捞出，用水冲洗后晾干。

3.3.2.2.4　碱盐液浸泡消毒法

适用于被病原微生物污染的皮张消毒。

将皮毛浸入5%碱盐液（饱和盐水内加5%氢氧化钠）中，室温（18～25℃）浸泡24h，并随时加以搅拌，然后取出挂起，待碱盐液流净，放入5%盐酸液内浸泡，使皮上的酸碱中和，捞出，用水冲洗后晾干。

3.3.2.2.5　煮沸消毒法

适用于染疫动物鬃毛的处理。

将鬃毛于沸水中煮沸2～2.5h。

主要参考文献

［1］动物防疫研究小组．《中华人民共和国动物防疫法》实施手册［M］．北京：卫生防疫出版社，2007.

［2］马春霞．家畜环境卫生［M］．北京：中国农业出版社，2001.

［3］中国标准出版社第一编辑室．动物防疫标准汇编［M］．北京：中国标准出版社，2004.

［4］中国科学技术协会，中国畜牧兽医学会．畜牧兽医科学学科发展报告［M］．北京：中国科学技术出版社，2008.

［5］刘作华．规模化健康养殖关键技术［M］．北京：中国农业出版社，2009.

［6］代广军，蔡雪辉，苗连叶，等．规模养猪高热病等流行疫病防控新技术［M］．北京：中国农业出版社，2008.

［7］魏刚才，等．养殖场消毒技术［M］．北京：化学工业出版社，2007.

［8］蔡宝祥．家畜传染病学（第4版）［M］．北京：中国农业出版社，2001.

［9］李清艳．动物传染病学［M］．北京：中国农业科学技术出版社，2008.